新工科建设 · 计算机类系列教材

Python语言程序设计

（第2版）（含视频教学）

◆ 刘卫国　主编

電子工業出版社
Publishing House of Electronics Industry
北京 · BEIJING

内 容 简 介

Python 语言不仅语法简洁、优雅、清晰，而且存在大量的第三方库，因此很适合作为程序设计入门语言进行学习，对学科交叉应用也很有帮助。本书在第 1 版的基础上修订而成，介绍 Python 语言程序设计的基础知识，并以 Python 语言作为实现工具，介绍程序设计的基本思想和方法，培养学生利用 Python 语言解决各类实际问题的开发能力。在编写过程中，本书以程序设计应用为导向，突出问题求解方法与思维能力训练。全书共 13 章，内容包括 Python 语言基础、顺序结构、选择结构、循环结构、字符串与文本分析、列表与元组、字典与集合、函数与模块、面向对象程序设计、文件操作、异常处理、图形绘制、图形用户界面设计等；附录 A 是实验指导，方便读者上机练习。

本书既可作为高等学校计算机程序设计课程的教材，也可供社会各类工程技术与科研人员阅读参考。

图书在版编目（CIP）数据

Python 语言程序设计：含视频教学 / 刘卫国主编 . —2 版 . —北京：电子工业出版社，2024.1
ISBN 978-7-121-47191-9

Ⅰ . ① P…　Ⅱ . ①刘…　Ⅲ . ①软件工具－程序设计　Ⅳ . ① TP311.561

中国国家版本馆 CIP 数据核字（2024）第 018134 号

责任编辑：戴晨辰　　特约编辑：张燕虹
印　　刷：大厂回族自治县聚鑫印刷有限责任公司
装　　订：大厂回族自治县聚鑫印刷有限责任公司
出版发行：电子工业出版社
　　　　　北京市海淀区万寿路 173 信箱　邮编　100036
开　　本：787×1 092　1/16　印张：20.5　字数：524 千字
版　　次：2016 年 5 月第 1 版
　　　　　2024 年 1 月第 2 版
印　　次：2024 年 1 月第 1 次印刷
定　　价：69.90 元

凡所购买电子工业出版社图书有缺损问题，请向购买书店调换。若书店售缺，请与本社发行部联系，联系及邮购电话：（010）88254888，88258888。

质量投诉请发邮件至 zlts@phei.com.cn，盗版侵权举报请发邮件至 dbqq@phei.com.cn。

本书咨询联系方式：dcc@phei.com.cn。

前言 Preface

党的二十大报告指出："推动战略性新兴产业融合集群发展，构建新一代信息技术、人工智能、生物技术、新能源、新材料、高端装备、绿色环保等一批新的增长引擎。"当前，云计算、大数据、物联网、区块链、人工智能等新兴技术蓬勃发展，并日益融入经济社会发展各个领域，促进传统生产方式实现数字化、网络化和智能化变革。程序设计既是战略性新兴产业发展的技术基础，又是高素质人才培养的重要内容。程序设计基础也是高等学校非常重要的课程，该课程的目的是介绍程序设计的基础知识，使学生掌握高级语言程序设计的基本思想、方法和技术，理解利用计算机解决实际问题的基本过程和思维规律，从而更好地培养学生的创新能力，为学生将来应用计算机进行科学研究与实际应用奠定坚实的基础。

Python 语言（简称为 Python）是一种功能强大的程序设计语言，在支持面向过程程序设计的同时还支持面向对象程序设计，它具有简洁、优雅、清晰的语法特点，能将初学者从语法细节中摆脱出来，而专注于解决问题的方法、分析程序本身的逻辑和算法。Python 语言还是一种开源的语言，其发达的语言社区提供了大量优秀的第三方库，形成了完备的 Python 语言生态，为基于 Python 语言的快速开发提供了强大支持。经过 30 多年的发展，Python 语言已经成为一门重要的程序设计语言。目前，基于 Python 语言的相关技术正在飞速发展，在云计算、大数据、物联网、区块链、人工智能等战略性新兴领域有着广泛的应用。

本书在第 1 版的基础上修订而成，编写的基本定位是，将 Python 语言作为第一门程序设计语言，介绍 Python 语言程序设计的基础知识，为进一步实现学科交叉和战略性新兴领域应用打下良好基础。全书以 Python 语言作为实现工具，介绍程序设计的基本思想和方法，培养学生利用 Python 语言解决各类实际问题的开发能力。全书共 13 章，内容包括 Python 语言基础、顺序结构、选择结构、循环结构、字符串与文本分析、列表与元组、字典与集合、函数与模块、面向对象程序设计、文件操作、异常处理、图形绘制、图形用户界面设计等。本书以学习程序设计方法为主线，将算法训练与 Python 生态应用相融合，突出程序设计思维能力训练，体现 Python 应用特色；结合大量实例，引导读者在问题求解过程中掌握语言知识，使读者能够更好地利用相关语言知识解决复杂的实际问题；以逐层递进的方式给出不同的问题求解方法，帮助读者化难为易，在循序渐进中构建清晰的知识体系，培养读者解决复杂问题的能力。

学习 Python 程序设计，上机实践十分重要。只有通过上机实践，才能熟练掌握 Python 语法知识，充分理解程序设计的基本思想和方法，并将所学知识应用到实际中。为了方便读者上机练习，本书附录 A 是实验指导，共设计了 15 个实验，每个实验都和课程学习内容相配合，读者可以根据实际情况从每个实验中选择部分内容作为上机练习。作为一门程序设计课程，实验内容既包含与 Python 语法规则相关的内容，也包含许多实际问题的程序设计，以增强学生的学习兴趣，提高学生分析问题和解决问题的能力。

本书既可作为高等学校计算机程序设计课程的教材，也可供社会各类工程技术与科研人员阅读参考。

本书的配套教学资源可以通过华信教育资源网 http://www.hxedu.com.cn 注册免费下载。我们对书中的一些重要内容配套制作了微视频，读者可利用手机等移动智能终端扫描书中的二维码直接观看。

本书由刘卫国担任主编，参与编写的有李利明、何小贤、康松林、曹岳辉等。许多教师参与了课程建设实践，为本书的编写积累了丰富的素材，而且许多教师、读者为本书提出了宝贵意见和建议，在此表示衷心的感谢。

由于编者学识水平有限，书中难免存在疏漏或不妥之处，恳请广大读者批评指正。

编　者

于中南大学

目录 Contents

第 1 章　Python 语言基础

Python 语言具有简洁、优雅、清晰的语法特点，能将初学者从语法细节中摆脱出来，而专注于解决问题的方法、分析程序本身的逻辑和算法。Python 语言还具有大量优秀的第三方库，对学科交叉应用很有帮助。目前，基于 Python 语言的相关技术正在飞速发展，在软件开发领域有着广泛的应用。

程序（program）是用程序设计语言所描述的解决问题的方法和步骤。从组成上讲，程序包括数据和对数据的操作两部分。数据是程序加工处理的对象，操作则反映了对数据的处理方法，体现了程序的功能。用计算机解决一个实际问题，必须先对该问题进行抽象，以恰当的方式来描述问题中的数据，这关系到能否方便、高效地处理数据。程序中的数据描述涉及数据类型、各类型数据的表示方法及运算规则。

本章介绍内容包括 Python 语言概述、Python 语言的开发环境、常量与变量、Python 数据类型、常用系统函数、基本运算等。

1.1 Python 语言概述

Python 语言是一种面向对象、解释型、动态数据类型的高级程序设计语言，具有简洁的语法规则，使得学习程序设计更容易；同时，它具有强大的功能，能满足大多数应用领域的开发需求。从学习程序设计的角度考虑，选择 Python 语言作为入门语言是十分合适的。

1.1.1 Python 语言的发展历史

Python 语言起源于 1989 年年末。当时，荷兰国家数学与计算机科学研究所（CWI）的研究员吉多 • 范罗苏姆（Guido van Rossum）需要一种高级脚本编程语言，为其研究小组的 Amoeba 分布式操作系统执行管理任务。为创建新语言，吉多从高级教学语言 ABC 汲取了大量语法，并从系统编程语言 Modula-3 借鉴了错误处理机制。吉多之所以把这种新的语言命名为 Python，是因为他是 BBC 电视剧——蒙提 • 派森的飞行马戏团（Monty Python's Flying Circus）的爱好者。

ABC 语言是由吉多参加设计的一种教学语言。吉多认为 ABC 语言非常优美和强大，是专门为非专业程序员设计的。但是，ABC 语言并没有成功，究其原因，吉多认为是非开放造成的。吉多决心在 Python 语言中避免这一缺陷，并取得了非常好的效果。

Python 语言的第一个版本于 1991 年年初公开发行。由于功能强大和采用开源方式发行，Python 语言发展很快，其用户越来越多，形成了一个庞大的语言社区。

Python 2.0 于 2000 年 10 月发布，增加了许多新的语言特性。同时，整个开发过程更加透明，社区对开发进度的影响逐渐扩大。Python 3.0 于 2008 年 12 月发布，此版本不完全兼容之前的 Python 版本，导致用早期 Python 版本设计的程序无法在 Python 3.0 上运行。

在 Python 语言发展过程中，形成了 Python 2.x 和 Python 3.x 两个版本，并不断朝着 Python 3.x

进化。Python 2.x 的最终版本是 Python 2.7.18，在 2020 年 4 月后停止了更新。本书选择 Windows 操作系统下的 Python 3.x 版本作为程序实现环境（下载安装时的最高版本是 Python 3.11.4）。

1.1.2 Python 语言的特点

人们学习程序设计往往是从学习一种高级语言开始的，因为语言是描述程序的工具，熟悉一种高级语言是程序设计的基础。高级语言有很多，任何一种语言都有其自身诞生的背景，从而决定了其特点和擅长的应用领域，例如，FORTRAN 语言诞生在计算机发展的早期，主要用于科学计算；C 语言具有代码简洁紧凑、执行效率高、贴近硬件、可移植性好等特点，广泛应用于系统软件、嵌入式软件的开发。Python 语言作为一种诞生较晚的高级语言，有其自身的特点。

1. Python 语言的优势

具体来说，Python 语言具有如下优势。

（1）语法简洁。组成一个 Python 程序没有太多的语法细节和规则要求，“信手拈来”就可以组成一个程序。一个良好的Python程序就像一篇英语文章一样，代表问题求解过程的描述。而其他高级语言由于其语法过于灵活，所需要掌握的细节概念非常庞杂，即使是实现最简单的功能，也要涉及很多概念。例如，书写一个 FORTRAN 程序或一个 C 程序都有很多规则要求。Python 语言具有简洁、优雅、清晰的语法特点，能将初学者从语法细节中摆脱出来，而专注于解决问题的方法、分析程序本身的逻辑和算法。这种特点对学习程序设计是很有好处的。

（2）程序可读性好。Python 语言和其他高级语言相比，一个重要的区别是，一个语句块的界限完全是由每行的首字符在这一行的位置来决定的。通过强制程序缩进，Python 语言确实使得程序具有很好的可读性，同时 Python 语言的缩进规则也有利于程序员养成良好的程序设计习惯。

（3）丰富的数据类型。除了基本的数值型，Python 语言还提供了字符串、列表、元组、字典和集合等丰富的复合数据型，利用这些数据类型，可以更方便地解决许多实际问题，如文本处理、数据分析等。

（4）开源的语言。Python 语言是一种开源的语言，可移植到多种操作系统，只要避免使用依赖于特定操作系统的特性，Python 程序不需修改就可以在各种平台上运行。Python 语言的开源特性使很多开放社区对用户提供快速的技术支持，学习和使用 Python 技术不再是孤军奋战。如今，各种社区提供了成千上万种不同功能的开源库，而且还在不断地发展，这为基于 Python 语言的快速开发提供了强大支持。

（5）解释型语言。用 Python 语言编写的程序不需要编译成二进制代码，而可以直接运行源代码。在计算机内部，Python 解释器把 .py 文件中的源代码转换成 Python 语言的字节码（byte code），然后再由 Python 虚拟机（virtual machine）一条一条地执行字节码指令，从而完成程序的执行。

对于 Python 的解释型语言特性，要一分为二地看待。一方面，因为每次运行时都要先将源文件转换成字节码，然后再由虚拟机执行字节码，较之于编译型语言，每次运行都会多出两道工序，所以程序的执行性能会受到影响。另一方面，由于不用关心程序的编译及库的连接等问题，所以程序调试和维护会变得更加轻松方便；因为虚拟机距离物理机器更远了，所以 Python 程序更加易于移植，实际上不需改动就能在多种平台上运行。

（6）面向对象的语言。Python 语言既可以面向过程，也可以面向对象，支持灵活的程序设计方式。

2．Python 语言的局限性

虽然 Python 语言是一个非常成功的语言，但也有它的局限性。相比其他一些语言（如 C 语言、C++ 语言），Python 程序的运行速度比较慢，对于速度有着较高的要求的应用，就要考虑 Python 语言是否能满足需要。不过这一点可以通过先使用 C 语言编写关键模块，然后由 Python 语言调用的方式加以解决。而且，现在计算机的硬件配置在不断提高，对于一般的开发来说，速度已经不成问题。

1.1.3　Python 语言的应用领域

由于 Python 语言自身的特点，加上大量第三方库的支持，Python 语言得到越来越广泛的应用。利用 Python 语言进行应用开发，熟练地使用各种库无疑是十分重要的，但首先要掌握 Python 语言的基础知识，这是应用的基础。

1．系统维护与管理

Python 语言是跨平台的程序设计语言，Python 标准库包含了多个调用操作系统功能的模块。例如，通过使用 pywin32 模块提供的 Windows API 函数接口，就可以编写与 Windows 系统底层功能相关的 Python 程序，包括访问注册表、调用 ActiveX 控件及各种 COM 组件等工作。还有许多其他的日常系统维护和管理工作也可以交给 Python 来实现。

利用 py2exe 模块可以将 Python 程序转换为 .exe 可执行程序，使得 Python 程序可以脱离 Python 系统环境来运行。

2．科学计算与数据可视化

科学计算也称数值计算，是研究工程问题的近似求解方法，并在计算机上进行程序实现的一门科学。随着科学计算与数据可视化 Python 模块的不断产生，使得 Python 语言可以在科学计算与数据可视化领域发挥独特的作用。

在 Python 中用于科学计算与数据可视化的模块有很多。例如，支持多维数组运算与矩阵运算的 NumPy 模块，支持高级科学计算功能的 SciPy 模块，支持二维、三维绘图功能的 Matplotlib 模块等。

3．数据库应用

在数据库应用方面，Python 语言提供对 SQLite、Access、MySQL、SQL Server、Oracle 等关系数据库的访问接口。Python 数据库模块有很多，例如，可以通过内置的 sqlite3 模块访问 SQLite 数据库，使用 pywin32 模块访问 Access 数据库，使用 pymysql 模块访问 MySQL 数据库，使用 pywin32 和 pymssql 模块访问 SQL Sever 数据库。

4．多媒体应用

Python 多媒体应用开发可以为图形、图像、声音、视频等多媒体数据处理提供强有力的支持。PyMedia 模块可以对 WAV、MP3、AVI 等多媒体格式文件进行编码、解码和播放。PyOpenGL 模块封装了 OpenGL 应用程序编程接口，通过该模块可在 Python 程序中集成二维或三维图形。PIL（Python Imaging Library，Python 图形库）为 Python 提供了强大的图像处理功能，并提供广泛的图像文件格式支持；该模块能进行图像格式的转换、打印和显示，还能进行一些图像效果的处理，如图形的放大、缩小和旋转等，是 Python 进行图像处理的重要工具。

5. 网络应用

Python 语言为众多的网络应用提供了解决方案，利用有关模块可方便地定制出所需要的网络服务。Python 语言提供了 socket 模块，对 Socket 接口进行了二次封装，支持 Socket 接口的访问，简化了程序的开发步骤，提高了开发效率。Python 语言还提供了 urllib、requests、BeautifulSoap4、Scrapy 等大量模块和框架，用于对网页内容进行读取和处理，并可以结合多线程编程及其他有关模块快速开发网页爬虫之类的应用程序。既可以使用 Python 语言编写 CGI 程序，也可以把 Python 程序嵌入网页中运行。Python 语言还支持 Web 网站开发，比较流行的开发框架有 web2py、Django、Flask 等。

6. 电子游戏应用

Python 在很早的时候就是一种电子游戏编程工具。目前，在电子游戏开发领域也得到越来越广泛的应用。Pygame 就是用来开发电子游戏软件的 Python 模块，它在 SDL 多媒体开发库的基础上开发，能在 Python 程序中创建功能丰富的游戏和多媒体程序。

7. 数据科学和人工智能应用

Python 是数据科学和人工智能领域的主流编程语言，在数据处理、文本分析、机器学习、深度学习等领域得到广泛应用。Pandas 是基于 NumPy 的数据处理和分析工具，NLTK 用于自然语言处理，jieba 库用于中文分词，Wordcloud 可以生成词云图。Scikit-learn 是常用的机器学习模块，提供了各种分类、回归、聚类等算法。TensorFlow、PyTorch 是常见的深度学习框架，提供了构建神经网络的功能。Keras 是一个用 Python 编写的开源人工神经网络库。

1.2 Python 语言的开发环境

运行 Python 程序需要相应开发环境的支持。Python 内置的命令解释器（称为 Python 解释器即 Python Shell，Shell 有操作的接口或外壳之意）提供了 Python 的开发环境，能方便地进行交互式操作，即输入一行语句，就可以立刻执行该语句，并看到执行结果。此外，还可利用第三方的 Python 集成开发环境（Integrated Development Environment，IDE）进行 Python 程序开发。本书基于 Windows 操作系统，使用 Python 内置的命令解释器。

1.2.1 Python 系统的下载与安装

若使用 Python 语言进行程序开发，则必须安装其开发环境，即 Python 解释器。在安装前，先要从 Python 官网下载 Python 系统文件。在此选择基于 Windows 操作系统的 Python 3.11.4 进行下载。

下载完成后，运行系统文件（如 python-3.11.4-amd64.exe），进入 Python 系统安装界面，如图 1-1 所示。

选中“Add python.exe to PATH”复选框，并使用默认的安装路径，单击“Install Now”选项，这时进入系统安装过程，安装完成后单击“Close”按钮即可。如果设置安装路径和其他特性，则选择“Customize installation”选项。

在 Python 的默认安装路径下包含 Python 的启动文件 python.exe、Python 库文件和其他文件。为了能在 Windows 命令提示符窗口中自动寻找安装路径下的文件，需要在安装完成后将 Python 安装文件夹添加到环境变量 Path 中。

如果在安装时选中了“Add python.exe to PATH”复选框，则自动将安装路径添加到环境变量 Path 中，否则可以在安装完成后添加，其方法为：在 Windows 桌面右键单击“此电脑”图标，在弹出的快捷菜单中选择“属性”命令，然后在打开的“设置”对话框中选择“高级系统设置”选项，再在打开的“系统属性”对话框中选择“高级”选项卡，单击“环境变量”按钮，打开“环境变量”对话框，在“系统变量”区域选择“Path”选项，单击“编辑”按钮，将安装路径添加到 Path 中，最后单击“确定”按钮逐级返回。

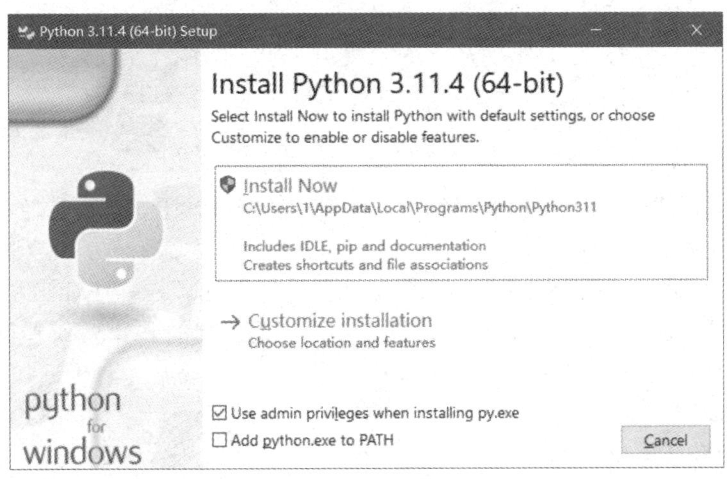

图 1-1　Python 系统安装界面

1.2.2　Python 程序的运行

在 Python 系统安装完成后，可以启动 Python 解释器，它有命令行（command line）和图形用户界面（Graphical User Interface，GUI）两种操作界面。在不同的操作界面下，Python 语句既可以采用交互式的命令执行方式，又可以采用程序执行方式。

1. 启动 Python 解释器

1）命令行形式的 Python 解释器

在 Windows 系统桌面选择“开始”菜单中的“Python 3.11”→“Python 3.11（64-bit）”命令，即启动命令行形式的 Python 解释器，出现如图 1-2 所示的窗口，其中的“>>>”是 Python 解释器的提示符，在提示符后面输入语句，Python 解释器将解释执行。

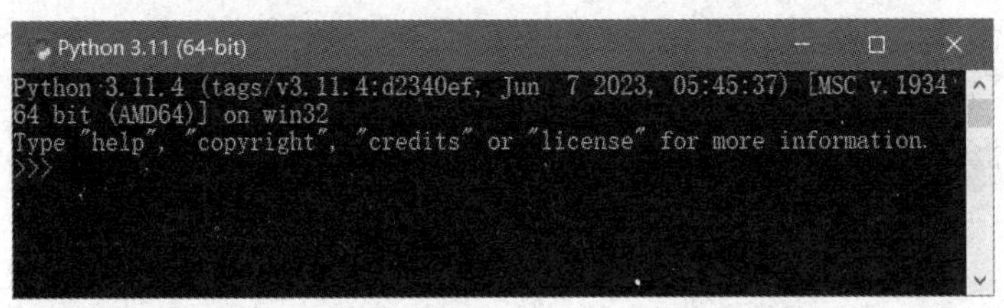

图 1-2　命令行形式的 Python 解释器窗口

先按 Ctrl+Z 组合键，再按 Enter 键，或输入 quit() 函数，或单击命令行形式的 Python 解释器窗口的“关闭”按钮，均可退出 Python 解释器。

2）图形用户界面形式的 Python 解释器

在 Windows 系统桌面选择“开始”菜单中的“Python 3.11”→“IDLE(Python 3.11 64-bit)”命令来启动图形用户界面形式的 Python 解释器，其窗口如图 1-3 所示。

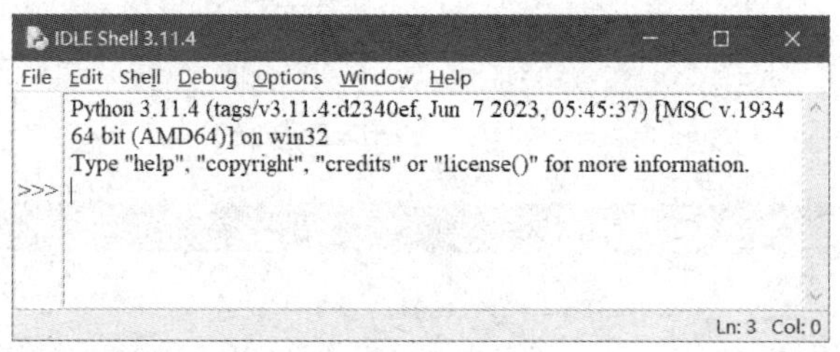

图 1-3　图形用户界面形式的 Python 解释器窗口

图形用户界面形式的 Python 解释器集程序编辑、解释执行于一体，是一个集成开发环境，可以提高程序设计的效率。

在图形用户界面形式的 Python 解释器窗口，选择“File”→“Exit IDLE”命令，或按 Ctrl+Q 组合键，或输入 quit() 函数，或单击图形用户界面形式的 Python 解释器窗口的“关闭”按钮，均可退出 Python 解释器图形用户界面窗口。

2．Python 的运行方式

1）Python 的命令运行方式

启动 Python 解释器后，可以直接在其提示符（>>>）后输入语句。例如，先在提示符 >>> 后输入一个输出语句，下一行将接着输出结果。

```
>>> print("Hello,World!")
Hello,World!
```

让 Python 系统在屏幕上显示“Hello,World!”。

实际上，Python 解释器用起来的确有点像是计算器，利用输出语句可以输出一个表达式的值。例如，在提示符 >>> 后输入下列语句将得到结果 1.75。

```
>>> print(1+3/4)
1.75
```

2）Python 的程序运行方式

Python 的命令运行方式又称交互式运行方式，这对执行单个语句来说是合适的。但是，如果要执行多个语句，就显得麻烦。通常的做法是将语句写成程序，再把程序存放到一个文件中，然后批量执行程序文件中的全部语句，这称为程序运行方式。

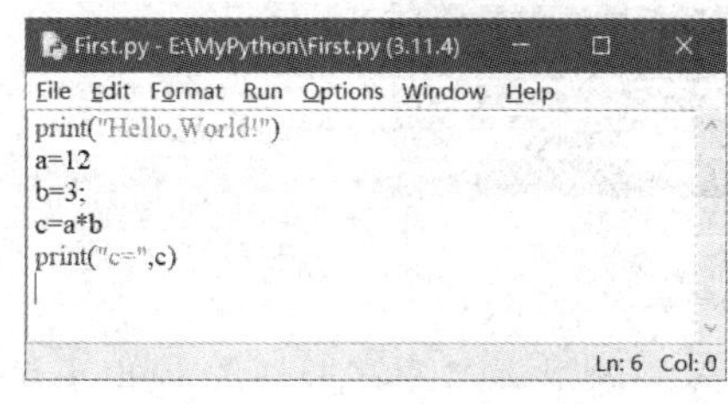

图 1-4　Python 程序编辑窗口

在图形用户界面形式的 Python 解释器窗口中，选择“File”→“New File”命令，或按 Ctrl+N 组合键，打开 Python 程序编辑窗口。先在其中输入程序的全部语句，然后在 Python 程序编辑窗口中选择“File”→“Save”命令，确定保存文件位置和文件名，例如 E:\MyPython\First.py，如图 1-4 所示。

在 Python 程序编辑窗口中选择“Run”→“Run

Module”命令或按 F5 键，运行程序。在图形用户界面形式的 Python 解释器窗口中输出运行结果。

1.3 常量与变量

在问题求解过程中，用符号化的方法记录现实世界中的客观事实，这种符号化的表示称为数据（data）。数据有不同的表现形式，也具有不同的类型。在高级语言中，基本的数据形式有常量和变量。

计算机处理的数据存放在内存单元中。机器语言或汇编语言通过内存单元的地址访问内存单元，而在高级语言中，不需直接通过内存单元的地址访问内存单元，而只需给内存单元命名，以后通过内存单元的名字访问内存单元。对于常量，在程序运行期间，其内存单元中存放的数据始终保持不变。对于变量，在程序运行期间，其内存单元中存放的数据可以根据需要随时改变。

1．常量

在程序运行过程中，其值不能改变的数据对象称为常量（constant）。常量按其值的表示形式区分它的类型。例如，0、435、−78 是整型常量，−5.8、3.14159、1.0 是实型常量（也称为浮点型常量），'410083'、'Python' 是字符串常量。

2．变量的一般概念

为了更好地理解变量的概念，有必要讨论程序和数据在内存中的存储问题。将程序装入内存时，程序中的变量（数据）和语句（指令）都要占用内存单元。计算机如何找到指令，执行的指令又如何找到它要处理的数据呢？这得从内存地址说起。内存是以字节为单位的一片连续存储空间，为了便于访问，计算机系统给每个字节单元一个唯一的编号，编号从 0 开始，第一字节单元编号为 0，以后各单元按顺序连续编号，这些编号称为内存单元的地址，利用地址来使用具体的内存单元，就像用房间编号来管理一栋大楼的各个房间一样。地址的具体编号方式与计算机结构有关，如同大楼房间编号方式与大楼结构和管理方式有关一样。

在高级语言中，变量（variable）可以看成一个特定的内存存储区，该存储区由一定个数字节的内存单元组成，并可以通过变量的名字来访问。在汇编语言和机器语言中，程序员需要知道内存地址，通过地址对内存直接进行操作，但内存地址不易于记忆，且管理内存复杂易错。在高级语言中，程序员不用直接对内存进行操作，不需考虑具体的内存单元地址，只需直观地通过变量名来访问内存单元，让内存单元有了容易记忆的名字，使用简单方便，这正是高级语言的优点所在。

高级语言中的变量具有变量名、变量值和变量地址三个属性。变量名是内存单元的名称，变量值是变量所对应内存单元的内容，变量地址是变量所对应内存单元的地址。对变量的操作，等同于对变量所对应内存单元的操作。

变量在其存在期间，占据一定的内存单元，以存放变量值。变量的内存地址在程序编译时得以确定，不同类型的变量被分配不同大小的内存单元，也对应不同的内存地址，具体由编译系统来完成。对于程序员而言，变量所对应内存单元的物理地址并不重要，只需要使用变量名来访问相应内存单元即可。

3. Python 变量

1）变量的数据类型

一般而言，变量需要先定义后使用，变量的数据类型决定了变量占用多少个字节的内存单元。这种在使用变量之前定义其数据类型的语言称为静态类型语言。但 Python 语言不同，它是一种动态类型语言。这种动态类型语言确定变量的数据类型是在给变量赋值时对变量的每次赋值都可能改变变量的类型。因此，在 Python 中使用变量时不用定义数据类型，而可直接使用。例如：

```
>>> x=12                          # 给变量 x 赋值
>>> y=12.34                       # 给变量 y 赋值
>>> z='Hello World'               # 给变量 z 赋值
>>> print(x,y,z)
12 12.34 Hello World
```

可以使用 Python 内置函数 type() 来查询变量的类型。例如：

```
>>> type(x)                       # 查看 x 的数据类型，x 是整型（int）变量
(class 'int')
>>> type(y)                       # 查看 y 的数据类型，y 是浮点型（float）变量
(class 'float')
>>> type(z)                       # 查看 z 的数据类型，z 是字符串型（string）变量
(class 'str')
```

2）对象及其引用

在 Python 中，把每个数据都抽象为一个对象，不管是数值还是文本，是简单数据还是复合数据，任何类型的数据都是一个对象。Python 对象存储在计算机的内存中，对不同的对象分配不同的内存单元。为了引用对象就需要给对象附加一个名字。有了名字后，就可以在程序中通过这个名字来引用该对象。这个名字与常规的变量作用相似，在 Python 中也称作变量，当然含义截然不同。

Python 语言采用的是基于值的内存管理方式，对不同的值分配不同的内存单元。当给变量赋值时，Python 解释器为该值分配一个内存单元，而变量则指向这个单元，当变量的值被改变时，改变的并不是该内存单元的内容，而是改变了变量的指向关系，使变量指向另一个内存单元。这可理解为，Python 变量并不是某个固定内存单元的标识，而是对内存中存储的某个数据的引用（reference），这个引用是可以动态改变的。例如，执行下面的赋值语句后，Python 在内存中创建数据 12，并使变量 x 指向这个整型数据，因此可以说变量 x 现在是整型数据，如图 1-5(a) 所示。

```
>>> x=12
>>> print(x)
12
```

如果进一步执行下面的赋值语句，则 Python 又在内存中创建数据 3.14，并使变量 x 改为指向这个浮点型（实型）数据，因此变量 x 的数据类型现在变成了浮点型，如图 1-5(b) 所示。

```
>>> x=3.14
>>> print(x)
3.14
```

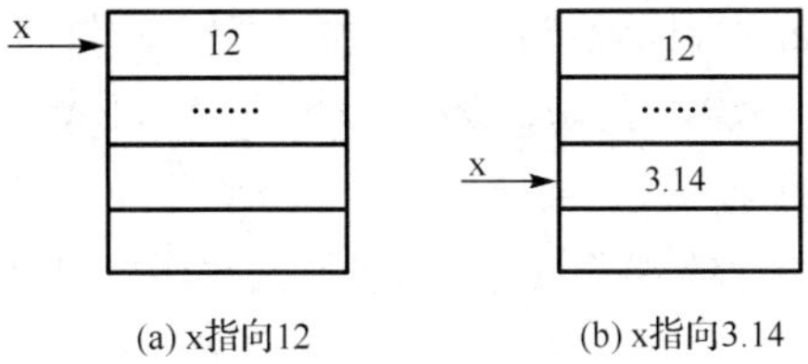

(a) x指向12　　(b) x指向3.14

图 1-5　Python 动态类型变量

Python 具有自动内存管理功能，对于没有任何变量指向的值（称为垃圾数据），Python 系统自动将其删除。例如，当 x 从指向 12 转而指向 3.14 后，数据 12 就变成了没有被变量引用的垃圾数据，Python 会回收垃圾数据的内存单元，以便提供给别的数据使用，这称为垃圾回收（garbage collection）。也可以使用 del 语句删除一些对象引用，例如：

```
del x
```

删除 x 变量后，如果再使用它，则出现变量未定义错（name 'x' is not defined）。

Python 的 id() 函数可以返回对象的内存地址，看下面的语句执行结果。

```
>>> a=2.0
>>> b=2.0
>>> id(a)
2238925394672
>>> id(b)
2238926588880
>>> a=2
>>> b=2
>>> id(a)
140715326825288
>>> id(b)
140715326825288
```

Python 解释器会为每个出现的对象分配内存单元，即使它们的值相等，也会这样。例如，在执行 a=2.0，b=2.0 这两个语句时，会先后为 2.0 这个 float 类型对象分配内存单元，然后将 a 与 b 分别指向这两个对象。所以 a 与 b 指向的不是同一对象。但是为了提高内存利用效率，对于一些简单的对象，如 [-5, 256] 区间内的整数对象，Python 采取重用对象内存的办法。例如，在执行 a=2，b=2 时，由于 2 作为简单的整数类型且数值小，Python 不会两次为其分配内存单元，而是只分配一次，然后将 a 与 b 同时指向已分配的对象。如果赋值的不是 2，而是较大的数值，情况就跟前面的一样了。例如：

```
>>> a=2222
>>> b=2222
>>> id(a)
2238926598512
>>> id(b)
2238926598448
```

4. Python 标识符

标识符（identifier）主要用来表示常量、变量、函数和类型等程序要素的名字，是只起标识作用的一类符号。在 Python 中，标识符由字母、数字和下画线（_）组成，但不能以数字开头，标识符中的字母是区分大小写的。例如，abc、a_b_c、Student_ID 都是合法的标识符，sum、Sum、SUM 代表不同的标识符。

单独的下画线（_）是一个特殊变量，用于表示上一次运算的结果。例如：

```
>>> 55
55
>>> _+100
155
```

5．Python 关键字

关键字（keyword）是指在 Python 语言中事先定义、具有特定含义的标识符，有时又称保留字。关键字不允许另作他用，否则执行时会出现语法错误。

可以在使用 import 语句导入 keyword 模块后使用 print(keyword.kwlist) 语句查看所有 Python 关键字。语句如下。

```
>>> import keyword
>>> print(keyword.kwlist)
['False', 'None', 'True', 'and', 'as', 'assert', 'async', 'await', 'break', 'class', 'continue', 'def', 'del', 'elif', 'else', 'except',
'finally', 'for', 'from', 'global', 'if', 'import', 'in', 'is', 'lambda', 'nonlocal', 'not', 'or', 'pass', 'raise', 'return', 'try', 'while', 'with',
'yield']
```

1.4 Python 数据类型

根据数据描述信息的逻辑含义，将数据分为不同的种类，对数据种类的区分规定，称为数据类型。例如，在内存中存放的数据 01000001B，是整数“65”还是字符“A”，取决于对该内存单元所存放数据的类型定义，如果定义为整型（int），则代表整数“65”；如果定义为字符串型（str），则代表字符“A”。一种高级程序设计语言，它的每个常量、变量或表达式都有一个确定的数据类型。数据类型明显或隐含地规定了程序执行期间变量或表达式所有可能取值的范围以及在这些值上允许的操作。因此，数据类型是一个值的集合和定义在这个值集上的一组操作的总称。

Python 提供了一些内置的数据类型，它们由系统预定义好，在程序中可以直接使用。Python 数据类型包括数值型、字符串型、布尔型等基本数据类型，这是一般程序设计语言都有的数据类型。此外，为了使程序能描述现实世界中各种复杂数据，Python 还有列表、元组、字典和集合等复合数据型，这是 Python 中具有特色的数据类型。

1.4.1 数值型

数值型用于存储数值，可以参与算术运算。Python 支持三种不同的数值类型，即整型（int）、浮点型（float）和复数型（complex）。

1．整型数据

整型数据即整数，不带小数点，但可以有正号或负号。在 Python 3.x 中，整型数据的值在计算机内的表示不是固定长度的，只要内存许可，整数可以扩展到任意长度，整数的取值范围几乎包括了全部整数（无限大），这给大数据的计算带来便利。

Python 的整型常量有以下 4 种表示形式。

（1）十进制整数，如 120、0、-374 等。

（2）二进制整数。它以 0b 或 0B（数字 0 加字母 b 或 B）开头，后接数字 0,1 的整数。例如：

```
>>> 0b1111
15
```

0b1111 表示一个二进制整数，其值等于十进制数 15。

（3）八进制整数。它是以 0o 或 0O（数字 0 加小写字母 o 或大写字母 O）开头，后接数字 0 ～ 7 的整数。例如：

```
>>> 0o127
87
```

0o127 表示一个八进制整数，其值等于十进制数 87。

（4）十六进制整数。它是以 0x 或 0X 开头，后接 0 ～ 9 和 A ～ F（或用小写字母）字符的整数。例如：

```
>>> 0xabc
2748
```

0xabc 表示一个十六进制整数，其值等于十进制数 2748。

2．浮点型数据

浮点型数据表示一个实数，有以下两种表示形式。

（1）十进制小数形式。它由数字和小数点组成，如 3.23、34.0、0.0 等。浮点型数据允许小数点后面没有任何数字，表示小数部分为 0，如 34. 表示 34.0。

（2）指数形式。指数形式即用科学计数法表示的浮点数，用字母 e（或 E）表示以 10 为底的指数，e 之前为数字部分，之后为指数部分，且两部分必须同时出现，指数必须为整数。例如：

```
>>> 45e-5
0.00045
>>> 45e-6
4.5e-05
>>> 9.34e2
934.0
```

45e-5、45e-6、9.34e2 是合法的浮点型常量，分别代表 45×10^{-5}、45×10^{-6}、9.34×10^{2}，而 e4、3.4e4.5、34e 等是非法的浮点型常量。

对于浮点数，Python 3.x 默认提供 17 位有效数字的精度。例如：

```
>>> 1234567890123456.0
1234567890123456.0
>>> 1234567890123456789.0
1.2345678901234568e+18
>>> 1234567890123456789.0+1
1.2345678901234568e+18
```

```
>>> 1234567890123456789.0+1-1234567890123456789.0
0.0
>>> 1234567890123456789.0-1234567890123456789.0+1
1.0
```

在 Python 中，为什么 1234567890123456789.0+1-1234567890123456789.0 的结果为 0.0，而 1234567890123456789.0-1234567890123456789.0+1 的结果为 1.0 ？这就需要了解 Python 浮点数的表示方法。数学上 1234567890123456789.0+1 等于 1234567890123456790.0，但由于浮点数受 17 位有效数字的限制，在 Python 中 1234567890123456789.0+1 的结果等于 1.2345678901234568e+18，其中加 1 的结果被忽略了，1234567890123456789.0+1 再减去 1234567890123456789.0 的结果为 0。1234567890123456789.0-1234567890123456789.0+1 先执行的是减法运算，得到 0，然后再加上 1，结果为 1.0，所以计算机中的计算与数学上的计算是不同的，其原因是计算机中的计算必须依赖于计算机的计算能力。在进行问题求解时必须注意这种差别，这就是计算思维的思想。这方面的例子还有很多，下面再看一例。

```
>>> 1.001*10
10.009999999999998
```

为什么 Python 中的 1.001*10 结果是 10.009999999999998，而不是 10.01 ？其原因在于十进制小数转换为二进制小数时可能出现无限小数问题，而 Python 在存储小数时使用的是双精度浮点数，这种数只可以保存一定位数的有效数字，所以当遇到无限小数时就会出现损失精度的问题。

3．复数型数据

在科学计算问题中常会遇到复数运算问题。例如，数学中求方程的复根、电工学中交流电路的计算、自动控制系统中传递函数的计算等都要用到复数运算。Python 提供了复数型，这使得有关复数运算问题变得方便容易。

复数型数据的形式如下：

```
a+bJ
```

其中，a 是复数的实部，b 是复数的虚部，J 表示 -1 的平方根（虚数单位）。J 也可以写成小写 j，注意不是数学上的 i。例如：

```
>>> x=12+34J
>>> print(x)
(12+34j)
```

可以通过 x.real 和 x.imag 来分别获取复数 x 的实部与虚部，结果都是浮点型。接着上面的语句，继续执行以下语句：

```
>>> x.real
12.0
>>> x.imag
34.0
```

1.4.2　字符串型

1. Python 标准字符串

在 Python 中定义一个标准字符串可以使用单引号、双引号和三引号（三个单引号或三个双引号），这使得 Python 输入文本更方便。例如，当字符串的内容中包含双引号时，就可以用单引号定义，反之亦然。例如：

```
>>> str1='Central South University'
>>> print(str1)
Central South University
>>> print(str1[0])                    # 输出字符串的第 1 个字符
C
>>> print(str1[8:13])                 # 输出字符串的第 9~13 个字符
South
>>> str2="I am 'Python'"
>>> print(str2)
I am 'Python'
```

用单引号或双引号引起来的字符串必须在一行内表示，这是最常见的表示字符串的方法，而用三引号引起来的字符串可以是多行的。例如：

```
>>> str3="""I'm "Python"!"""
>>> print(str3)
I'm "Python"!
>>> str4="""
I'm "Python"!
"""
>>> print(str4)
（空一行）
I'm "Python"!
（空一行）
```

Python 字符串中的字符不能被改变，向一个位置赋值会导致错误。例如：

```
>>> word="ABCDEFG"
>>> word[1]="8"                       # 试图改变第 2 个字符导致出错
```

在 Python 中，修改字符串只能重新赋值，每修改一次字符串就生成一个新的字符串对象，这看起来好像会造成处理效率下降。其实，Python 系统会自动对不再使用的字符串进行垃圾回收，所以，新的对象重用了前面已有字符串的空间。

2. 转义字符

转义字符以反斜杠“\”开头，后跟一个或几个字符。转义字符具有特定的含义，不同于字符原有的意义，故称转义字符。例如，“\n”就是一个转义字符，其意义是回车换行。转义字符主要用来表示那些用一般字符不便于表示的控制代码。Python 常用的转义字符及其含义如表 1-1 所示。

表 1-1　Python 常用的转义字符及其含义

转义字符	十进制 ASCII 代码值	说明
\0	0	空字符
\a	7	产生铃声
\b	8	退格符（Backspace）
\n	10	换行符
\r	13	回车符
\t	9	水平制表符（Tab）
\\	92	反斜杠
\'	44	单引号
\"	34	双引号
\ddd		1～3 位八进制数表示的 ASCII 码所代表的字符
\xhh		1～2 位十六进制数表示的 ASCII 码所代表的字符

当字符“\b”、“\n”、“\r”和“\t”用于输出时，控制后面输出项的输出位置。“\b”表示往回退一格；“\n”表示以后的输出从下一行开始；“\r”表示对当前行进行重叠输出（只回车，不换行）；字符“\t”是制表符，其作用是使当前输出位置横向跳至一个输出区的第 1 列。系统一般设定每个输出区占 8 列（设定值可以改变），这样，各输出区的起始位置依次为 1，9，17，…各列。若当前输出位置在第 1～8 列任意位置上，则遇“\t”都使当前输出位置移到第 9 列上。

例 1-1　控制输出格式的转义字符的用法示例。

```
print("**ab*c\t*de***\ttg**\n")
print("h\nn***k")
程序运行结果如下：
**ab*c □□ *de*** □□ tg**
（空一行）
h
n***k
```

其中，□表示一个空格。

程序中的第 1 个输出语句先在第 1 行左端开始输出 **ab*c，然后遇到“\t”，它的作用是跳格，跳到下一制表位置，从第 9 列开始，故在第 9 ～ 14 列上输出 *de***。下面再遇到“\t”，它使当前输出位置移到第 17 列，输出 tg**。下面是“\n”字符，作用是回车换行。第 1 个输出语句结束再次产生换行，即输出一个空行。第 2 个输出语句先在第 1 列输出字符 h，后面的“\n”再一次回车换行，使当前输出位置跳到下一行第 1 列，接着输出字符 n***k。

广义地讲，Python 字符集（包括英文字母、数字、下画线及其他一些符号）中的任何一个字符均可用转义字符来表示。表 1-1 中的“\ddd”和“\xhh”正是为此而提出的。ddd 和 xhh 分别为八进制与十六进制表示的 ASCII 码。如“\101”表示 ASCII 码为八进制数 101 的字符，即为字母 A。与此类似，“\134”表示反斜杠“\”,“\x0A”表示换行即“\n”,“\x7”表示响铃等。

如果不想让反斜杠发生转义，则在字符串前面添加一个 r，表示原始字符串。例如：

```
>>> print('C:\some\name')                    # "\n" 当转义字符
C:\some
ame
>>> print(r'C:\some\name')                   # "\n" 不发生转义
C:\some\name
```

3．基本的字符串函数

1）eval() 函数

与字符串有关的一个重要函数是 eval()，其调用格式如下：

```
eval(字符串)
```

eval() 函数的作用是把字符串的内容作为对应的 Python 表达式来求值。例如：

```
>>> c='23+45'
>>> eval(c)
68
```

2）len() 函数

len() 函数返回字符串的长度，即字符串中所包含的字符个数，其调用格式如下：

```
len(字符串)
```

例如：

```
>>> s='abcd'
>>> len(s)
4
```

1.4.3　布尔型

布尔型（bool）数据用于描述逻辑判断的结果，具有真和假两种值。在 Python 中，布尔型数据有 True 和 False，分别代表逻辑真和逻辑假。

值为真或假的表达式称为布尔表达式，Python 的布尔表达式包括关系运算表达式和逻辑运算表达式。它们通常用来在程序中表示条件，当条件满足时结果为 True，当条件不满足时结果为 False。将在第 3 章中详细介绍条件的描述方法。下面先看简单的例子。

```
>>> x=10
>>> x>x+1
False
>>> x-1<x
True
```

在 Python 中，逻辑值 True 与 False 实际上是分别用整型值 1 和 0 参与运算。例如：

```
>>> x=False
>>> x+(5>4)
1
```

1.4.4 复合数据型

数值型、布尔型数据不可再分解为其他类型，而列表、元组、字典和集合型数据包含多个相互关联的数据元素，所以称它们为复合数据型。字符串其实也是一种复合数据，其元素是单个字符。

列表、元组和字符串是有顺序的数据元素的集合体，称为序列（sequence）。序列具有顺序存取的特征，可以通过各数据元素在序列中的位置编号（索引）来访问数据元素。字典和集合属于无顺序的数据集合体，数据元素没有特定的排列顺序，因此不能像序列那样通过位置编号来访问数据元素。

本节只介绍这些复合数据的概念，帮助读者建立对Python数据类型的整体认识，关于复合数据型的详细用法将在第5～7章中介绍。

1．列表

列表（list）是在Python中使用较多的复合数据型，可以完成大多数复合数据结构的操作。列表是写在中括号之间、用逗号分隔的元素序列，元素的类型可以不相同，可以是数字、单个字符、字符串甚至可以包含列表（所谓嵌套）。例如：

```
>>> mlist=['brenden',45.3,911,'john',32]
>>> print(mlist)                          # 输出完整列表
['brenden', 45.3, 911, 'john', 32]
>>> print(mlist[0])                       # 输出列表的第 1 个元素
brenden
```

与Python字符串不同的是，列表中的元素是可以改变的。例如：

```
>>> a=[1,2,3,4,5,6]
>>> a[0]=9
>>> a
[9, 2, 3, 4, 5, 6]
```

2．元组

元组（tuple）是写在小括号之间、用逗号隔开的元素序列。元组中的元素类型也可以不相同。元组与列表类似，不同之处在于元组的元素不能修改，相当于只读列表。例如：

```
>>> mtuple=('brenden',45.3,911,'john',32)
>>> print(mtuple)                         # 输出完整元组
('brenden', 45.3, 911, 'john', 32)
>>> print(mtuple[0])                      # 输出元组的第 1 个元素
brenden
```

要注意一些特殊元组的表示方法。空的圆括号表示空元组。当元组只有一个元素时，必须以逗号结尾。例如：

```
>>> ()                  # 空元组
()
>>> (9,)                # 含有一个元素的元组
(9,)
>>> (9)                 # 整数 9
9
```

任何一组以逗号分隔的对象，当省略标识序列的括号时，默认为元组。例如：

```
>>> 2,3,4
(2, 3, 4)
>>> s=2,3,4
>>> s
(2, 3, 4)
```

元组与字符串类似，元素不能二次赋值。其实，可以把字符串看成一种特殊的元组。以下给元组赋值是无效的，因为元组是不允许更新的，而列表允许更新。

```
>>> tup=(1,2,3,4,5,6)
>>> lst=[1,2,3,4,5,6]
>>> tup[2]=1000                    # 在元组中是非法应用
>>> lst[2]=1000                    # 在列表中是合法应用
```

元组和列表有几点重要的区别。列表元素用中括号 [] 括起来，且元素的个数及元素的值可以改变。元组元素用小括号 () 括起来，且不可以更改。元组可以看成只读的列表。

3. 字典

字典（dictionary）是写在大括号之间、用逗号分隔的元素集合，其元素由关键字（也称为键）和关键字对应的值（value）组成，通过关键字来存取的字典中的元素。

列表和元组是有序的对象结合，字典是无序的对象集合。字典是一种映射类型（mapping type），它是一个无序的“关键字 : 值”对集合。关键字必须使用不可变类型，也就是说列表和包含可变类型的元组不能做索引关键字。在同一个字典中，关键字还必须互不相同。例如：

```
>>> mdict={'name':'brenden','code':410012,'dept':'sales'}
>>> print(mdict)                   # 输出完整的字典
{'name': 'brenden', 'dept': 'sales', 'code': 410012}
>>> print(mdict['code'])           # 输出关键字为“code”的值
410012
>>> mdict['payment']=4500          # 在字典中添加一个“关键字 : 值”对
>>> print(mdict)                   # 输出完整的字典
{'name': 'brenden', 'dept': 'sales', 'code': 410012, 'payment': 4500}
```

4. 集合

集合（set）是一个无序且包含不重复元素的数据类型。其基本功能是进行成员关系测试和消除重复元素。可以使用大括号或者 set() 函数创建集合类型，注意：创建一个空集合必须用 set() 而不是 {}，因为 {} 用来创建一个空字典。

```
>>> mset={'Tom','Jim','Mary','Tom','Jack','Rose'}
>>> print(mset)                    # 重复的元素被自动去掉
{'Jim', 'Tom', 'Jack', 'Rose', 'Mary'}
```

1.5　常用系统函数

Python 的标准库包含很多模块，每个模块中定义了很多有用的函数，这些函数称为系统函数。任何 Python 程序都可直接或间接地调用这些函数。系统函数有很多。例如，数学模块 math 提供了很多数学运算函数，复数模块 cmath 提供了用于复数运算的函数，随机数模块 random 提供了用于生成随机数的函数，时间模块 time 和日历模块 calendar 提供了能处理日期与时间的函数。

在调用系统函数之前，先要使用 import 语句导入相应的模块，格式如下：

```
import 模块名
```

该语句将模块中定义的函数代码复制到自己的程序中，然后就可以访问模块中的任何函数，其方法是在函数名前面加上“模块名.”。例如，调用数学模块 math 中的平方根函数 sqrt()，语句如下：

```
>>> import math          # 导入 math 模块
>>> math.sqrt(2)         # 调用 sqrt() 函数
1.4142135623730951
```

另外还有一种导入模块的方法，格式如下：

```
from 模块名 import 函数名
```

该语句从指定模块中导入指定函数的定义，这样调用模块中的函数时，不需要在前面加上“模块名.”。例如：

```
>>> from math import sqrt
>>> sqrt(2)
1.4142135623730951
```

如果希望导入模块中的所有函数定义，则函数名用“*”。格式如下：

```
from 模块名 import *
```

这样调用指定模块中的任意函数时，不需要在前面加“模块名.”。使用这种方法固然省事方便，但当多个模块有同名的函数时，会引起混乱，使用时要注意。

1.5.1 常用模块函数

1. math 模块函数

math 模块主要处理数学相关的运算，其中定义的常用数学常量和函数如下。

（1）数学常量。

- e：返回常数 e（自然对数的底）。
- pi：返回圆周率 π 的值。

（2）绝对值和平方根函数。

- fabs(x)：返回 x 的绝对值（返回值为浮点数），例如 fabs(-10) 返回 10.0。
- sqrt(x)：返回 x 的平方根（x>0），例如 sqrt(4) 返回 2.0。

（3）幂函数和对数函数。

- pow(x,y)：返回 x 的 y 次幂，例如 pow(2,3) 返回 8.0。
- exp(x)：返回 e（自然对数的底）的 x 次幂，例如 exp(1) 返回 2.718281828459045。
- log(x[,base])：返回 x 的自然对数，例如 log(e) 返回 1.0。可以使用 base 参数来改变自然对数的底，例如 log(100,10) 返回 2.0。

- log10(x)：返回 x 的常用对数，例如 log10(100) 返回 2.0。

（4）取整和求余函数。

- ceil(x)：对 x 向上取整，例如 ceil(4.1) 返回 5。
- floor(x)：对 x 向下取整，例如 floor(4.9) 返回 4。
- fmod(x,y)：返回求 x/y 的余数（返回值为浮点数），例如 fmod(7,4) 返回 3.0。

（5）弧度角度转换函数。

- degrees(x)：将弧度转换为角度，例如 degrees(pi) 返回 180.0。
- radians(x)：将角度转换为弧度，例如 radians(90) 返回 1.5707963267948966。

（6）三角函数和反三角函数。

- sin(x)：返回 x 的正弦值（x 为弧度），例如 sin(pi/2) 返回 1.0。
- cos(x)：返回 x 的余弦值（x 为弧度），例如 cos(pi) 返回 -1.0。
- tan(x)：返回 x 的正切值（x 为弧度），例如 tan(pi/4) 返回 0.9999999999999999（数学上为 1）。
- asin(x)：返回 x 的反正弦值（返回值为弧度），例如 degrees(asin(1)) 返回 90.0。
- acos(x)：返回 x 的反余弦值（返回值为弧度），例如 degrees(acos(-1)) 返回 180.0。
- atan(x)：返回 x 的反正切值（返回值为弧度），例如 degrees(atan(1)) 返回 45.0。

2. cmath 模块函数

cmath 模块函数与 math 模块函数基本一致，包括圆周率、自然对数的底，还有复数的幂指数、对数函数、平方根函数、三角函数等。cmath 模块函数名和 math 模块函数名一样，只是 math 模块对实数运算进行支持，cmath 模块对复数运算进行支持。例如：

```
>>> cmath.pi
3.141592653589793
>>> import cmath
>>> cmath.sqrt(-1)
1j
>>> cmath.sin(1)
(0.8414709848078965+0j)
>>> cmath.log10(100)
(2+0j)
>>> cmath.exp(100+10j)
(-2.255522560520288e+43-1.4623924736915717e+43j)
```

当然，也有复数运算特有的函数，如复数的幅角、复数的极坐标和笛卡儿坐标表示形式的转换等。

对于复数 x=a+bi，phase(x) 函数返回复数 x 的幅角，即 atan(b/a)。例如：

```
>>> phase(1+1j)
0.7853981633974483
>>> phase(1+2j)
1.1071487177940904
```

cmath 模块的 polar() 函数、rect() 函数可以对复数进行极坐标表示和笛卡儿表示方法的转换。polar(x) 函数将复数的笛卡儿坐标表示转换为极坐标表示，输出为一个二元组（r, p），r 为复数的模，即 r=abs(x)，p 为幅角，即 p=phase(x)。rect(r,p) 函数将复数的极坐标表示转换为笛卡儿坐标表示，输出为 r*cos(p)+r*sin(p)*1j 的值。例如：

```
>>> import cmath
>>> c=3+4j
>>> r,p=cmath.polar(c)
>>> print(r,p)
5.0 0.9272952180016122
>>> cmath.rect(r,p)
(3.0000000000000004+3.9999999999999996j)
```

3. random 模块函数

1）随机数种子

使用 seed(x) 函数可以设置随机数生成器的种子，通常在调用其他随机数模块函数之前调用此函数。对于相同的种子，每次调用随机函数生成的随机数是相同的。默认将系统时间作为种子值，使得每次产生的随机数都不一样。

2）随机挑选和排序

- choice(seq)：从序列的元素中随机挑选一个元素，例如 choice([0,1,2,3,4,5,6,7,8,9])，从 0 到 9 中随机挑选一个整数。

```
>>> from random import *
>>> choice([0,1,2,3,4,5,6,7,8,9])
0
>>> choice([0,1,2,3,4,5,6,7,8,9])
9
```

- sample(seq,k)：从序列中随机挑选 k 个元素。
- shuffle(seq)：将序列的所有元素随机排序。

3）生成随机数

下面生成的随机数符合均匀分布（uniform distribution），意味着某个范围内的每个数字出现的概率相等。

- random()：随机生成一个 [0,1) 范围内的实数。
- uniform(a,b)：随机生成一个 [a,b) 范围内的实数。
- randrange(a,b,c)：随机生成一个 [a,b) 范围内以 c 递增的整数，省略 c 时以 1 递增，省略 a 时初值为 0。
- randint(a,b)：随机生成一个 [a,b] 范围内的整数，相当于 randrange(a,b+1)。

4. time 模块函数

- time()：返回当前时间的时间戳。时间戳是从 Epoch（1970 年 1 月 1 日 00:00:00 UTC）开始所经过的秒数，不考虑闰秒。
- localtime([secs])：接收从 Epoch 开始的秒数，并返回一个时间元组。时间元组包含 9 个元素，相当于 struct_time 结构。省略秒数时，返回当前时间戳对应的时间元组。例如：

```
>>> from time import *
>>> localtime()
time.struct_time(tm_year=2023, tm_mon=7, tm_mday=18, tm_hour=22, tm_min=46, tm_sec=27, tm_wday=1, tm_yday=199, tm_isdst=0)
```

- asctime([tupletime])：接收一个时间元组，并返回一个日期时间字符串。时间元组省略时，返回当前系统日期和时间。例如：

```
>>> asctime()
'Tue Jul 18 22:47:29 2023'
>>> asctime(localtime(time()))
'Tue Jul 18 22:48:06 2023'
```

- ctime([secs]):类似于 asctime(localtime([secs])),不带参数时与 asctime() 功能相同。例如:

```
>>> ctime(time())
'Tue Jul 18 22:48:55 2023'
```

- strftime(日期格式) ：按指定的日期格式返回当前日期。例如：

```
>>> strftime('%Y-%m-%d %H:%M:%S')
'2023-07-18 22:49:34'
```

Python 时间日期格式化符号有：%y 表示 2 位数的年份（00~99）；%Y 表示 4 位数的年份（000~9999）；%m 表示月份（01~12）；%d 表示月中的一天（0~31）；%H 表示 24 小时制小时数（0~23）；%I 表示 12 小时制小时数（01~12）；%M 表示分钟数（00~59）；%S 表示秒数（00~59）。

5．calendar 模块函数

calendar 模块提供与日历相关的功能。在默认情况下，日历把星期一作为一周的第一天，星期日为最后一天。要改变这种设置，可以调用 setfirstweekday() 函数。

- setfirstweekday(weekday)：设置每个星期的开始工作日代码。星期代码是 0~6，代表星期一 ~ 星期日。
- firstweekday()：返回当前设置的每个星期开始工作日。默认是 0，代表星期一。
- isleap(year)：如果指定年份是闰年则返回 True，否则为 False。
- leapdays(y1,y2)：返回在 [y1,y2) 范围内的闰年数。
- calendar(year)：返回指定年份的日历。例如：

```
>>> from calendar import *
>>> cal=calendar(2023)
>>> print(cal)
```

将打印出 2023 年的日历（结果未予列出）。

- month(year,month)：返回指定年份和月份的日历。例如：

```
>>> cal=month(2023,5)
>>> print(cal)
```

将打印出 2023 年 5 月的日历（结果未予列出）。

- monthcalendar(year,month)：返回整数列表，每个子列表表示一个星期（从星期一到星期日）。例如：

```
>>> cal=monthcalendar(2023,1)
>>> print(cal)
[[0, 0, 0, 0, 0, 0, 1], [2, 3, 4, 5, 6, 7, 8], [9, 10, 11, 12, 13, 14, 15], [16, 17, 18, 19, 20, 21, 22], [23, 24, 25, 26, 27, 28, 29], [30, 31, 0, 0, 0, 0, 0]]
```

- monthrange(year,month):返回两个整数,第 1 个整数代表指定年和月的第一天是星期几,第二个整数代表所指定月份的天数。例如：

```
>>> monthrange(2023,1)
(6, 31)
```

表明 2023 年 1 月的第 1 天是星期日，该月有 31 天。

- weekday(year,month,day)：返回给定日期的星期代码。

1.5.2 常用内置函数

Python 还有一类函数叫内置函数（built-in function）。Python 内置函数包含在模块 builtins 中，该模块在启动 Python 解释器时自动装入内存，而其他的模块函数都要在使用 import 语句导入后才会装入内存。内置函数随着 Python 解释器的运行而创建，在程序中可以随时调用这些函数。前面用到的 print() 函数、type() 函数、id() 函数都是常见的内置函数。下面再介绍一些常见的内置函数，其实内置函数有很多，有些将在后续章节中陆续介绍。

1. range() 函数

在 Python 2.x 中，range() 函数生成一个整数列表。Python 3.x 更好地利用了迭代器（iterator）和生成器（generator），range() 函数返回的是可迭代对象，迭代时产生指定范围的数字序列。

迭代器和生成器都是 Python 中特有的概念。迭代器可以看成一个特殊的对象，每次调用该对象时会返回自身的下一个元素。生成器是能够返回一个迭代器的函数。迭代器不要求事先准备好整个迭代过程中所有的元素。迭代器仅在迭代到某个元素时才计算该元素，而在这之前或之后，元素可以不存在。这个特点使得迭代器能节省内存空间，特别适合用于遍历一些很大的或无限的集合。

range() 函数的调用格式如下：

```
range([start,]end[,step])
```

range() 函数产生的数字序列从 start 开始，默认为从 0 开始；序列到 end 结束，但不包含 end；如果指定了可选的步长 step，则序列按步长增加，默认为 1。例如：

```
>>> range(2)          # 产生可迭代对象
range(0, 2)
```

使用内置函数“iter(可迭代对象)”可以获取可迭代对象的迭代器，使用内置函数“next(迭代器对象)”可以得到迭代器对象的下一个元素，如果迭代器对象没有新的元素，则抛出 StopIteration 异常（关于异常的概念将在第 11 章详细介绍）。例如：

```
>>> lst=range(2)      # 产生可迭代对象
>>> it=iter(lst)      # 产生迭代器对象
>>> it
<range_iterator object at 0x000002094A6CAC30>
>>> next(it)          # 产生迭代器对象的下一个元素
0
>>> next(it)          # 产生迭代器对象的下一个元素
1
>>> next(it)          # 迭代器对象没有新的元素时导致 StopIteration 异常
```

可以利用 range() 函数和 list() 函数产生一个列表。例如：

```
>>> list(range(2,15,3))
```

```
[2, 5, 8, 11, 14]
>>> list(range(5))
[0, 1, 2, 3, 4]
```

还可以利用 range() 函数和 tuple() 函数产生一个元组。例如：

```
>>> tuple(range(2,15,3))
(2, 5, 8, 11, 14)
>>> tuple(range(5))
(0, 1, 2, 3, 4)
```

2. 数值运算函数

Python 有些内置函数用于数值运算。

- abs(x)：返回 x 的绝对值，结果保持 x 的类型。x 为复数时返回复数的模。例如：

```
>>> abs(-10)
10
>>> abs(3+4j)        # 求复数的模（复数的表示方法见 1.4.1 节）
5.0
```

- pow(x,y[,z])：其中的 x、y 是必选参数，z 是可选参数（z 加中括号，表示 z 是可选参数）。省略 z 时，返回 x 的 y 次幂，结果保持 x 或 y 的类型。如果使用了参数 z，其结果是 x 的 y 次方再对 z 求余数。例如：

```
>>> pow(2,3)
8
>>> pow(2,3,3)
2
```

- round(x[,n])：用于对浮点数进行四舍五入运算，返回值为浮点数。它有一个可选的小数位数参数。如果不提供小数位参数，它返回与第 1 个参数最接近的整数，但仍然是浮点型。第 2 个参数告诉 round() 函数将结果精确到小数点后指定位数。例如：

```
>>> round(3.46)
3
>>> round(3.14159,3)
3.142
```

- divmod(x,y)：把除法和取余运算结合起来，返回一个包含商和余数的元组。对整数来说，它的返回值就是 x/y 取商和 x/y 取余数的结果。例如：

```
>>> divmod(7,4)
(1, 3)
```

3. Python 系统的帮助信息

对于初学者而言，学会利用 Python 系统的帮助信息来熟悉有关内容是十分重要的。查看 Python 系统的帮助信息可以使用内置函数 dir() 和 help()。

dir() 函数的调用方法很简单，只需把想要查询的对象加到括号中就可以了，它返回一个列表，其中包含要查询对象的所有属性和方法。例如：

```
>>> import math
>>> dir(math)
...
```

用 dir() 函数查看数学模块 math 的属性和方法（结果未予列出）。

查看某个对象的帮助信息可以用 help() 函数。例如：

```
>>> help(str)
...
```

查看 str 类型的详细帮助文档（结果未予列出）。又如：

```
>>> help(math.sqrt)
...
```

显示 sqrt() 函数的帮助信息。

在 Python 解释器提示符下输入“help()”命令，可以进入联机帮助环境。

```
>>> help()
...
help>
```

“help>”是帮助系统提示符，在该提示符下输入想了解的主题，Python 就会给出有关主题的信息。例如，输入 modules 可以得到所有模块的信息。

```
help> modules
...
```

输入某个模块的名字可以得到该模块的信息。例如，输入 math 可以得到 math 模块中所有函数的意义和用法。

```
help> math
...
```

输入 quit 命令返回 Python 解释器提示符。

```
help> quit
...
>>>
```

编写实用的 Python 应用程序，可以充分利用丰富的系统资源，而不需要自己从原始的算法开始，从而显著提高程序设计的效率，这是 Python 的特点之一。读者可以根据需要随时查阅有关 Python 的标准模块资料，以求事半功倍。

1.6 基本运算

运算即对数据的操作，对于最基本的运算形式，常常可以用一些简洁的符号记述，这些符号称为运算符或操作符，被运算的对象（数据）称为运算量或操作数。Python 中的数据运算主要是通过对表达式的计算完成的。表达式（expression）是将运算量用运算符连接起来组成的式子，其中的运算量可以是常量、变量或函数。由于运算量可以为不同的数据类型，每种数据类型都规定了自己特有的运算或操作，这就形成了对应于不同数据类型的运算符集合。

Python 的运算符非常丰富，包括算术运算符、位运算符、关系运算符、逻辑运算符、成员运算符、身份运算符等。每种运算符有不同的优先级。例如，人们所熟悉的“先乘除后加减”就反映了乘除运算的优先级比加减运算高。通过运算符将运算量连接起来就构成表达式。不同类型的表达式有不同的作用，例如算术表达式实现算术运算、关系表达式和逻辑表达式用来表示条件。

下面介绍算术运算和位运算，其他运算符将在后续章节中陆续介绍。

1.6.1　算术运算

1. 算术运算符与算术表达式

Python 的算术运算符有：

+（加）、-（减）、*（乘）、/（除）、//（整除）、%（求余）、**（乘方）

其中，+、- 和 * 运算符与平常使用的习惯完全一致，这里不再赘述。下面着重介绍其余各种运算符。

/、// 和 % 运算符都进行除法运算，其中“/”运算符做一般意义上的除法，其运算结果是一个浮点数，即使被除数和除数都是整型，也返回一个浮点数；“//”运算符做除法运算后返回商的整数部分。如果结果为正数，可将其视为朝向小数位取整（注意，不是四舍五入）。当整数除以负数时，“//”运算符将结果朝着最近的整数“向上”四舍五入。“//”运算符并非总是返回整数结果。如果分子或者分母是浮点型，它返回的值将会是浮点类型；“%”运算符做除法运算后返回余数。例如：

```
>>> 5/3
1.6666666666666667
>>> 5/3.0
1.6666666666666667
>>> 5//3
1
>>> 5//3.0
1.0
>>> -5//3
-2
>>> 5%3
2
>>> 5%3.0
2.0
```

“**”运算符实现乘方运算，其优先级高于乘除运算，乘除运算优先级高于加减运算。例如：

```
>>> 2**10
1024
>>> 4*5/2**3
2.5
```

书写 Python 语言表达式应遵循以下规则：

（1）表达式中的所有字符都必须写在一行，特别是分式、乘方、带有下标的变量等，不能像写数学表达式那样书写。例如，$z=x_1+x_2$ 应写成 z=x1+x2。

（2）表达式中常量的表示、变量的命名及函数的调用要符合 Python 的规定。

（3）要根据运算符的优先顺序，合理地加括号，以保证运算顺序的正确性。特别是当分式中的分子分母有加减运算时，或分母有乘法运算，要加括号表示分子分母的起始范围。下面是将数学式写成 Python 表达式的一些例子。

数学式：	Python 表达式：
$\sin 45^\circ + 10^{-5}\lvert a-b \rvert$	(math.sin(45*math.pi/180))+1e-5*abs(a-b)
$\frac{\sqrt[3]{c}}{a+b}$	c**(1/3)/(a+b)
$\frac{e^2+\ln 10}{\sqrt{xy}}$	(math.exp(2)+math.log(10))/math.sqrt(x*y)

2．浮点数的计算误差

Python 中能表示浮点数的有效数字是有限的，而在实际应用中对数据的有效位数并无限制，这种矛盾势必带来计算时的微小误差。例如：

```
>>> x=2.2
>>> x-1.2
1.0000000000000002
```

尽管在很多情况下这种误差不至于影响数值计算结果的实际应用，但对浮点数进行“等于”判断时就会得到截然不同的结果。例如，如果要判断 x-1.2 是否等于 1，显然当 x=2.2 时，x-1.2 是等于 1，即条件成立，但 Python 中的结果不成立。语句执行结果如下：

```
>>> x=2.2
>>> x-1.2==1
False
```

语句中的“==”是 Python 用于比较两个表达式的值是否相等的“等于”运算符。当表达式“x-1.2==1”的结果为假（False）时，表示条件不成立。当条件成立时，结果为真（True）。关于这些内容将在第 3 章详细介绍。

通过上面的结果可以总结出这样的结论：对浮点数判断是否相等要慎用“==”运算符。恰当的办法是，判断它们是否“约等于”，只要在允许的误差范围内，这种判断仍是有意义的。所谓“约等于”是指两个浮点数非常接近，即它们的差足够小（具体误差可以根据实际情况进行调整）。看下面的语句执行结果。

```
>>> x=2.2
>>> abs((x-1.2)-1)<1e-6
True
```

3．数据类型的转换

在 Python 中，同一个表达式允许不同类型的数据参加运算，这就要求在运算之前，先将这些不同类型的数据转换成同一类型，然后进行运算。这里主要讨论算术运算时的数据类型转换。

若两个同类型运算量参加运算，则结果就是运算量的类型。若整型运算量与浮点型运算量进行运算，则 Python 系统自动对它们进行转换，将整型转成浮点型。例如：

```
>>> 2+3.0
5.0
>>> 2.0+3//5
2.0
```

在表达式“2.0+3//5”中，“3//5”的结果仍是整型的，结果为 0。做加法运算时，由于 2.0 是浮点型，所以将整型 0 转化为实型 0，再进行加法运算，结果为 2.0。

当算术表达式中需要违反自动类型转换规则，或者说自动类型转换规则达不到目的时，可以使用类型转换函数，将数据从一种类型强制转换到另一个类型，以满足运算要求。常用的类型转换函数如下。

- int(x)：将 x 转换为整型。
- float(x)：将 x 转换为浮点型。
- complex(x)：将 x 转换为复数，其中复数的实部为 x 和虚部为 0。
- complex(x,y)：将 x 和 y 转换成一个复数，其中实部为 x 和虚部为 y。

通过调用 float() 函数，可以显式地将 int 型强制转换为 float 型，也可以通过调用 int() 函数将 float 型强制转换为 int 型。int() 函数将进行取整，而不是四舍五入。对于负数，int() 函数朝着 0 的方向进行取整，它是个真正的取整（截断）函数，而与 ceil() 函数向上取整、floor() 函数向下取整不同。

下面是一些具体的例子。

```
>>> float(2+3.0)
5.0
>>> int(2+3.0)
5
>>> int(-2.546)
-2
>>> complex(3)
(3+0j)
>>> complex(3.5,5.0)
(3.5+5j)
>>> 5-int(5/3)*3
2
>>> m=1234
>>> (m//10)%10
3
```

显然，表达式“5-int(5/3)*3”的结果是 5 除以 3 的余数，等价于 5%3。表达式“(m//10)%10”求得整数 m 的十位数字，“m//10”等价于“int(m/10)”。使用取整、求余等运算可以进行整除的判断，可以分离整数的各位数字，这些技巧在程序设计过程中是很有用的。

可以用 int() 函数将整数字符串转换成对应的整数，用 float() 函数将浮点数字符串转换成对应的浮点数，用 complex() 函数将复数字符串转换成对应的复数，还可以用 str() 函数将数值型数据转换为字符串。例如：

```
>>> int("7")+9
16
```

```
>>> str(9)
'9'
>>> float(str(8.9))+7
15.9
>>> complex('3+4j')
(3+4j)
>>> str(3+4j)
'(3+4j)'
```

1.6.2　位运算

位运算就是直接对整数按二进制位进行操作，其运算符主要有 &、|、~、^、>> 和 <<。在计算机内部常用补码来表示数，这也是 Python 采用的表示方法，这在使用时应注意。

1．按位与运算

按位与运算符是 &，其运算规则如下：

```
0&0=0，0&1=0，1&0=0，1&1=1
```

例如：

```
>>> -5&3
3
```

其中 -5 的补码（为简便起见，用 8 位二进制数表示）为 1111 1011，3 的补码为 0000 0011，按位与运算的结果为 0000 0011，即值为十进制数 3。

一个整数 n 和 1 进行按位与运算，如果结果为 1，则说明 n 为奇数；如果结果为 0，则说明 n 为偶数。利用这个规律可以判断整数的奇偶性。例如：

```
>>> 35&1
1
>>> 344&1
0
```

2．按位或运算

按位或运算符是 |，其运算规则如下：

```
0|0=0，0|1=1，1|0=1，1|1=1
```

例如：

```
>>> -5|3
-5
```

-5 与 3 按位或运算后得 11111011，其真值为 -0000101，即 -5。

3．按位异或运算

按位异或运算符是 ^，其运算规则如下：

```
0^0=0，0^1=1，1^0=1，1^1=0
```

例如：

```
>>> -5^3
-8
```

4．按位取反运算

按位取反运算符是 ~，其运算规则如下：

```
~0=1，~1=0
```

例如：

```
>>> ~7
-8
```

5．左移运算

左移运算符是 <<。例如：

```
>>> 3<<2
12
```

将 3 左移 2 位，右边（最低位）补 0，结果为 12，相当于 3×2×2 的结果。

6．右移运算

右移运算符是 >>。移动对象为正数时，高位补 0。为负数时，高位补 1。例如：

```
>>> -3>>2
-1
```

将 3 右移 2 位，左边（最高位）补 1，结果为 -1。

下面再看一个例子，请读者仔细理解各种运算符的含义与区别。

例 1-2　表达式应用实例。

```
x=2**10
y=pow(2,10)
z=2<<9
a=3/5
b=3//5
c=3%5
print(x,y,z)
print(a,b,c)
```

程序输出结果如下：

```
1024 1024 1024
0.6 0 3
```

习　题　1

一、选择题

1．Python 语言属于（　）。

A．机器语言　　B．汇编语言　　C．高级语言　　D．科学计算语言

2．下列选项中，不属于 Python 特点的是（　）。

A．面向对象　　B．运行效率高　　C．可读性好　　D．开源

3．Python 程序文件的扩展名是（　）。

A．.python　　B．.pyt　　C．.pt　　D．.py

4．以下叙述中正确的是（　）。

A．Python 3.x 与 Python 2.x 兼容

B．Python 语句只能以程序方式执行

C．Python 是解释型语言

D．Python 语言出现得晚，具有其他高级语言的一切优点

5．下列选项中合法的标识符是（　）。

A．_7a_b　　B．break　　C．_a$b　　D．7ab

6．下列标识符中合法的是（　）。

A．i’m　　B．_　　C．3Q　　D．for

7．Python 不支持的数据类型有（　）。

A．char　　B．int　　C．float　　D．list

8．关于 Python 中的复数，下列说法中错误的是（　）。

A．表示复数的语法形式是 a+bj　　B．实部和虚部都必须是浮点数

C．虚部必须加后缀 j，且必须是小写　　D．函数 abs() 可以求复数的模

9．函数 type(1+0xf*3.14) 的返回结果是（　）。

A．<class 'int'>　　B．<class 'long'>　　C．<class 'str'>　　D．<class 'float'>

10．若字符串 s='a\nb\tc'，则 len(s) 的值是（　）。

A．7　　B．6　　C．5　　D．4

11．Python 语句 print(0xA+0xB) 的输出结果是（　）。

A．0xA+0xB　　B．A+B　　C．0xA0xB　　D．21

12．下列属于 math 库中的数学函数的是（　）。

A．time()　　B．round()　　C．sqrt()　　D．random()

13．在 Python 表达式中，可以使用（　）控制运算的优先顺序。

A．圆括号 ()　　B．方括号 []　　C．大括号 {}　　D．尖括号 <>

14．在下列表达式中，值不是 1 的是（　）。

A．4//3　　B．15 % 2　　C．1^0　　D．~1

15．Python 语句 print(r"\nGood") 的运行结果是（　）。

A．新行和字符串 Good　　B．r"\nGood"

C．\nGood　　D．字符 r、新行和字符串 Good

16．语句 eval('2+4/5') 执行后的输出结果是（　）。

A．2.8　　B．2　　C．2+4/5　　D．'2+4/5'

17．整型变量 x 中存放了一个两位数，要将这个两位数的个位数字和十位数字交换位置，例如，13 变成 31，正确的 Python 表达式是（　）。

A．(x%10)*10+x//10　　B．(x%10)//10+x//10

C．(x/10)%10+x//10　　D．(x%10)*10+x%10

18．在与数学表达式 $\frac{cd}{2ab}$ 对应的 Python 表达式中，不正确的是（　）。

A．c*d/(2*a*b)　　B．c/2*d/a/b　　C．c*d/2*a*b　　D．c*d/2/a/b

二、填空题

1．Python 语句既可以采用交互式的________执行方式，又可以采用________执行方式。

2．在 Python 集成开发环境中，可使用快捷键________运行程序。

3．使用 math 模块库中的函数时，必须使用________语句导入该模块。

4．Python 表达式 1/2 的值为________，1//3+1//3+1//3 的值为________，5%3 的值为________。

5．Python 表达式 0x66 & 0o66 的值为________。

6．设 m、n 为整型，则与 m%n 等价的表达式为________。

7．计算 $2^{31}-1$ 的 Python 表达式是________。

8．数学表达式 $\frac{e^{|x-y|}}{3^x+\sqrt{6}\sin y}$ 的 Python 表达式为________。

三、问答题

1．Python 语言有何特点？

2．简述 Python 的主要应用领域及常用的模块。

3．Python 语言有哪些数据类型？

4．写出与下列数学式对应的 Python 表达式。

（1）$\frac{\sin\alpha+\sin\beta}{\alpha+\beta}$　　（2）$\frac{1}{3}\sqrt[3]{a^3+b^3+c^3}$

5．按要求写出 Python 表达式。

（1）将整数 k 转换成实数。

（2）求实数 x 的小数部分。

（3）求正整数 m 的百位数字。

（4）随机产生一个 8 位数，每位数字可以是 1 ～ 6 中的任意一个整数。

6．下列语句的执行结果是 False，分析其原因。

```
>>> from math import sqrt
>>> print(sqrt(3)*sqrt(3)==3)
False
```

第 2 章　顺序结构

程序包含三种基本结构：顺序结构、选择结构和循环结构。顺序结构是最简单的一种结构，它只需按照问题的处理顺序，依次写出相应的语句即可。学习程序设计，首先从顺序结构开始。

一个程序通常包括数据输入、数据处理和数据输出三个操作步骤，其中输入、输出反映了程序的交互性，一般是一个程序必需的步骤，而数据处理是指对数据要进行的操作与运算，根据解决的问题不同而需要使用不同的语句来实现，其中最基本的数据处理语句是赋值语句。有了赋值语句、输入/输出语句就可以编写简单的 Python 程序了。

本章介绍内容包括程序设计概述、Python 程序的书写规则、赋值语句、数据输入/输出语句、顺序结构程序举例等。

2.1　程序设计概述

在学习 Python 语言程序设计之前，需要了解一些程序设计的基础知识，包括程序设计的基本步骤、算法的概念及其描述方法。

2.1.1　程序设计的基本步骤

一个解决问题的程序主要描述两部分内容：一是描述问题的每个数据对象和数据对象之间的关系，二是描述对这些数据对象进行操作的规则。其中，关于数据对象及数据对象之间的关系是数据结构（data structure）的内容，而操作规则是求解问题的算法（algorithm）。计算机按照程序所描述的算法对某种结构的数据进行加工处理，因此设计一个好的算法是十分重要的，而好的算法在很大程度上取决于合理的数据结构。数据结构和算法是程序最主要的两个方面。瑞士计算机科学家沃斯（N. Wirth）教授曾提出：

算法 + 数据结构 = 程序

程序设计的任务是选择描述问题的数据结构，并设计解决问题的方法和步骤，即设计算法，再将算法用程序设计语言来描述。什么叫程序设计？对于初学者来说，往往把程序设计简单地理解为只是编写一个程序，这是不全面的。程序设计反映了利用计算机解决问题的全过程，包含多方面的内容，而编写程序只是其中的一个方面。使用计算机解决实际问题，通常先要对问题进行分析并建立数学模型，然后考虑数据的组织方式和算法，并用某一种程序设计语言编写程序，最后调试程序，使之运行后能产生预期的结果。这个过程称为程序设计（programming），具体要经过以下四个基本步骤。

1．分析问题，确定数学模型或方法

若用计算机解决实际问题，首先要对待解决的问题进行详细分析，弄清问题求解的需求，包括需要输入什么数据，要得到什么结果，最后应输出什么，即弄清让计算机“做什么”。然后把实际问题简化，用数学语言来描述它，这称为建立数学模型。建立数学模型后，需选择计算方法，即选择用计算机求解该数学模型的近似方法。对不同的数学模型，往往要进行一定的近似处理。对于非数值计算问题则要考虑数据结构。

2. 设计算法，画出流程图

在弄清楚让计算机“做什么”后，就要设计算法，明确让计算机“怎么做”。解决一个问题，可能有多种算法。这时，应该通过分析、比较，挑选一种最优的算法。设计好算法后，要用流程图把算法形象地表示出来。

3. 选择编程工具，按算法编写程序

当为解决一个问题确定了算法后，还必须将该算法用程序设计语言编写成程序，这个过程称为编码（coding）。

4. 调试程序，分析输出结果

编写完成的程序，还必须在计算机上运行，排除程序可能存在的错误，直到得到正确结果为止。这个过程称为程序调试（debug）。即使是经过调试的程序，在使用一段时间后，仍然会被发现尚有错误或不足之处。这就需要对程序做进一步的修改，使之更加完善。

解决实际问题时，应对问题的性质与要求进行深入分析，从而确定求解问题的数学模型或方法，接下来进行算法设计，并画出流程图。有了算法流程图后，再编写程序就容易了。有些初学者，在没有把所要解决的问题分析清楚之前就急于编写程序，结果编程思路紊乱，很难得到预想的结果。

2.1.2 算法及其描述

在程序设计过程中，算法设计是最重要的步骤。算法需要借助于一些直观、形象的工具来进行描述，以便于分析和查找问题。

1. 算法的概念

在日常生活中，人们做任何一件事情，都是按照一定规则、一步一步地进行的，这些解决问题的方法和步骤称为算法。例如，工厂生产一部机器，先把零件按一道道工序进行加工，然后，把各种零件按一定法则组装起来，生产机器的工艺流程就是算法。

计算机解决问题的方法和步骤，就是计算机解题的算法。计算机用于解决数值计算，如科学计算中的数值积分、解线性方程组等的计算方法，就是数值计算的算法；用于解决非数值计算，如用于数据处理的排序、查找等方法，就是非数值计算的算法。若编写解决问题的程序，首先应设计算法，任何一个程序都依赖于特定的算法，有了算法后，再编写程序是容易的事情。

下面举两个简单例子，以说明计算机解题的算法。

例 2-1 求$y=\begin{cases}\dfrac{a+b}{a-b}, & a<b\\[2mm] \dfrac{4}{a+b}, & a\geqslant b\end{cases}$

这一题的算法并不难，可写成：

（1）从键盘输入 a、b 的值。

（2）如果 $a<b$，则 $y=\dfrac{a+b}{a-b}$，否则 $y=\dfrac{4}{a+b}$。

（3）输出 y 的值。

例 2-2 输入 20 个数，要求找出其中最大的数。

设 max 单元用于存放最大数，先将输入的第 1 个数放在 max 中，再将输入的第 2 个数与 max 相比较，较大者放在 max 中，然后将第 3 个数与 max 相比，较大者放在 max 中，…，一直到比完 19 次为止。

算法要在计算机上实现，还需要把它描述为更适合程序设计的形式，对算法中的量要抽象化、符号化，对算法的实施过程要条理化。上述算法可写成如下形式：

（1）输入一个数，存放在 max 中。

（2）用 i 来统计比较的次数，其初值置 1。

（3）若 i 小于或等于 19，则执行第（4）步，否则执行第（8）步。

（4）输入一个数，放在 x 中。

（5）比较 max 和 x 中的数，若 x 大于 max，则将 x 的值送给 max，否则 max 值不变。

（6）i 增加 1。

（7）返回到第（3）步。

（8）输出 max 中的数，此时 max 中的数就是 20 个数中最大的数。

从上述算法示例可以看出，算法是解决问题的方法和步骤的精确描述。算法并不给出问题的精确解，只是说明怎样才能得到解。每个算法都是由一系列基本的操作组成的。这些操作包括加、减、乘、除、判断、置数等。因此，研究算法的目的就是要研究怎样把问题的求解过程分解成一些基本的操作。

算法设计好之后，要检查其正确性和完整性，再根据它用某种高级语言编写出相应的程序。程序设计的关键就在于设计出一个好的算法。因此，算法是程序设计的核心。

2．算法的描述

描述算法有很多不同的工具，前面两个例子的算法是用自然语言——汉语描述的，其优点是通俗易懂，但它不太直观，描述不够简洁，且容易产生二义性。在实际应用中，常用传统流程图和结构化流程图来描述算法。

1）用传统流程图描述算法

传统流程图也称为框图，它是用一些几何框图、流程线和文字说明表示各种类型的操作。一般用矩形框表示进行某种处理，有一个入口、一个出口，在框内写上简明的文字或符号表示具体的操作；用菱形框表示判断，有一个入口、两个出口。菱形框中包含一个为真或为假的表达式，它表示一个条件，两个出口表示程序执行时的两个流向，一个是表达式为真（条件满足）时程序的流向，另一个是表达式为假（条件不满足）时程序的流向，条件满足时用 Y（即 Yes）表示，条件不满足时用 N（即 No）表示；用平行四边形框表示输入/输出；流程图中用带箭头的流程线表示操作的先后顺序。

流程图是人们交流算法设计的一种工具，不是输入给计算机的。只要逻辑正确，且能被人们看懂就可以了，一般是由上而下按执行顺序画下来。

例 2-3　用传统流程图来描述例 2-1 和例 2-2 的算法。

用传统流程图描述的算法分别如图 2-1 和图 2-2 所示。

传统流程图的主要优点是直观性强，初学者容易掌握。缺点是对流程线的使用没有严格限制，如毫无限制地使流程任意转来转去，将使流程图变得毫无规律，难以阅读。为了提高算法的可读性和可维护性，需要限制无规则的转移，使算法结构规范化。

2）用结构化流程图描述算法

（1）程序的三种基本结构。

随着计算机技术的发展和应用的普及，程序越来越复杂，语句多，程序的流向复杂，常常用无条件转移语句去实现复杂的逻辑判断功能，因而造成程序可读性差，维护困难。20 世纪 60 年代末期，国际上出现了所谓的软件危机（software crisis）。

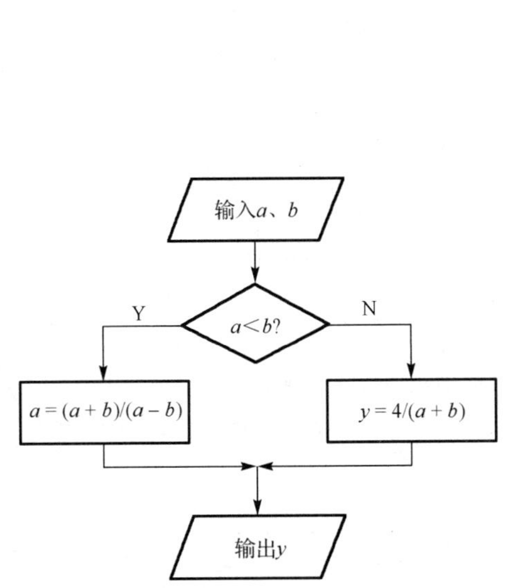

图 2-1 用传统流程图描述例 2-1 的算法

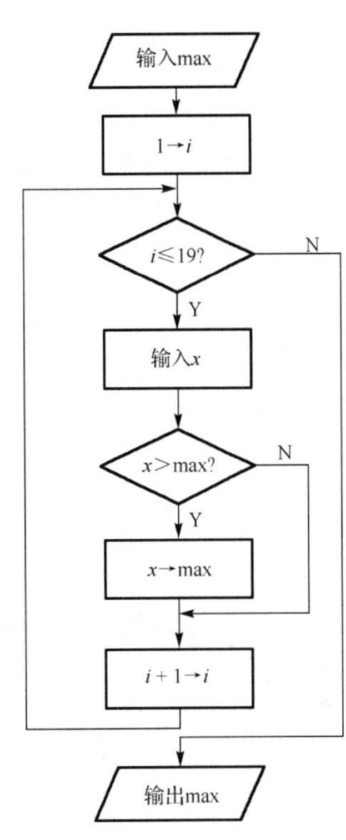

图 2-2 用传统流程图描述例 2-2 的算法

为了解决这一问题，就出现了结构化程序设计。它的基本思想是像玩积木游戏那样，只要有几种简单类型的结构，就可以构成任意复杂的程序。这样可以使程序设计规范化，便于用工程的方法来进行软件生产。基于这样的思想，意大利的 Bohm 和 Jacopini 于 1966 年提出了组成结构化算法的三种基本结构，即顺序结构、选择结构和循环结构。

顺序结构是最简单的一种基本结构，依次顺序执行不同的程序块，如图 2-3 所示。其中，A 块和 B 块分别代表某些操作，先执行 A 块，然后再执行 B 块。

选择结构根据条件满足或不满足而去执行不同的程序块。在图 2-4 中，当条件 P 满足时执行 A 块，否则执行 B 块。

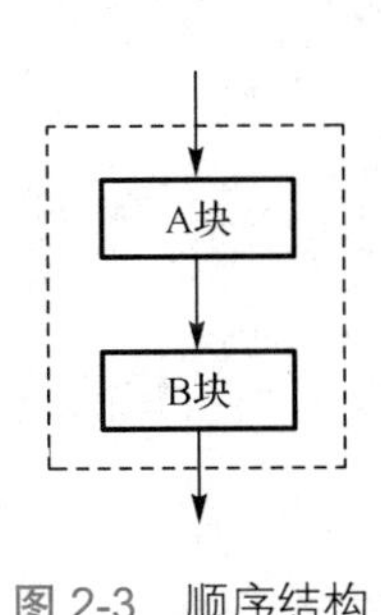

图 2-3 顺序结构

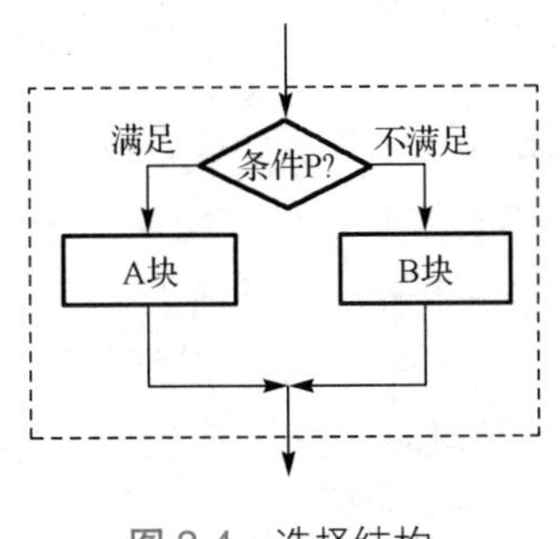

图 2-4 选择结构

循环结构也称重复结构，是指重复执行某些操作，重复执行的部分称为循环体。循环结构分为当型循环和直到型循环两种，分别如图 2-5(a) 和图 2-5(b) 所示。当型循环先判断条件是否满足，当条件 P 满足时反复执行 A 块，每执行一次测试一次 P，直到条件 P 不满足为止，跳出循环体执行它下面的基本结构。直到型循环先执行一次循环体，再判断条件 P 是否满足，如果不满足则反复执行循环体，直到条件 P 满足为止。

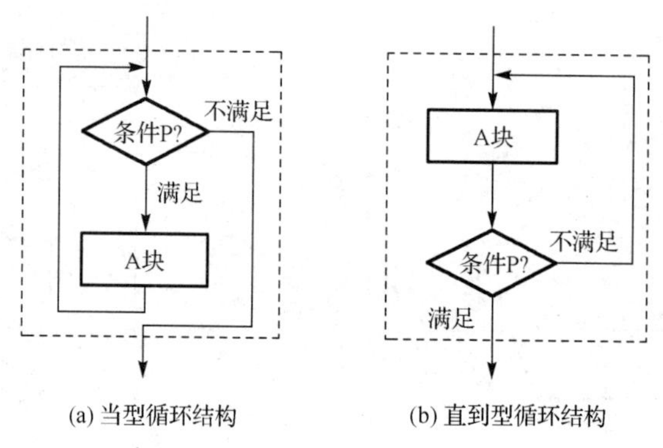

(a) 当型循环结构　　(b) 直到型循环结构

图 2-5　循环结构

两种循环结构的区别是：当型循环结构是先判断条件，后执行循环体；而直到型循环结构则是先执行循环体，后判断条件。直到型循环至少执行一次循环体，而当型循环可能一次都不执行循环体。

三种基本程序结构具有如下共同特点：

- 只有一个入口。
- 只有一个出口。
- 结构中无死语句，即结构内的每一部分都有机会被执行。
- 结构中无死循环，即循环在满足一定条件后能正常结束。

结构化定理表明，任何一个复杂问题的程序都可以用以上三种基本结构组成。具有单入口单出口性质的基本结构之间形成顺序执行关系，使不同基本结构之间的接口关系简单，相互依赖性低，从而呈现出清晰的结构。

（2）结构化流程图（N-S 图）。

由于传统流程图的缺点，美国学者 Ike Nassi 和 Ben Shneiderman 于 1973 年提出了一种新的流程图工具。由于他俩人的姓以 N 和 S 开头，故把这种流程图称为 N-S 图。N-S 图以三种基本结构作为构成算法的基本元素，每种基本结构用一个矩形框来表示，而且取消了流程线，各基本结构之间保持顺序执行关系。因为 N-S 图可以保证程序具有良好的结构，所以 N-S 图又称为结构化流程图。

三种基本结构的 N-S 图画法规定如下：

- 顺序结构由若干个前后衔接的矩形块顺序组成，如图 2-6 所示。先执行 A 块，然后执行 B 块。各块中的内容表示一条或若干条需要顺序执行的操作。
- 选择结构如图 2-7 所示，在此结构内有两个分支，它表示当给定的条件满足时执行 A 块的操作，条件不满足时，执行 B 块的操作。

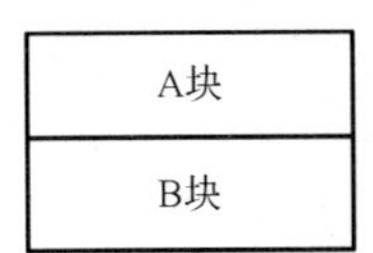

图 2-6 顺序结构的 N-S 图

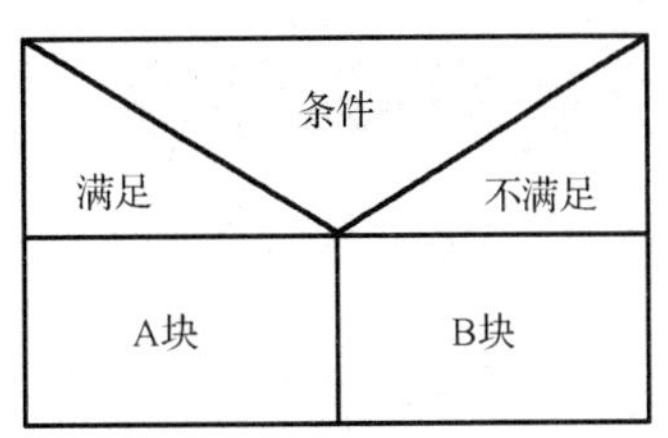

图 2-7 选择结构的 N-S 图

- 当型循环结构如图 2-8(a) 所示。先判断条件是否满足，若满足则执行 A 块（循环体），然后再返回判断条件是否满足，若满足则再执行 A 块，如此循环下去，直到条件不满足为止。
- 直到型循环结构如图 2-8(b) 所示。它先执行 A 块（循环体），然后判断条件是否满足，若不满足则返回再执行 A 块，若满足则不再继续执行循环体。

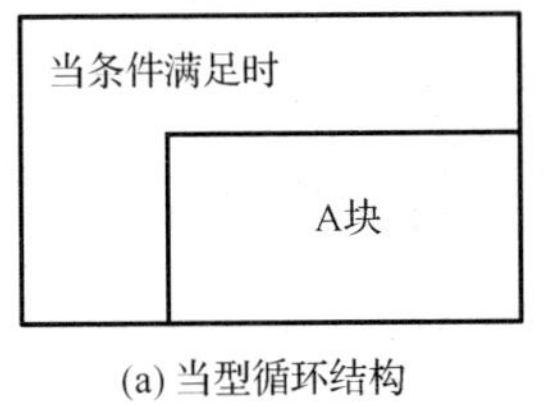

(a) 当型循环结构

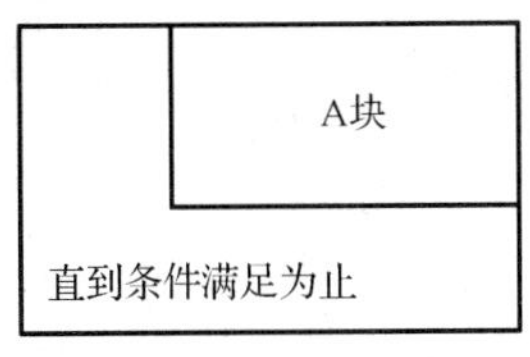

(b) 直到型循环结构

图 2-8 循环结构的 N-S 图

例 2-4 用 N-S 图描述例 2-1 和例 2-2 的算法。

用 N-S 图描述的算法分别如图 2-9 和图 2-10 所示。

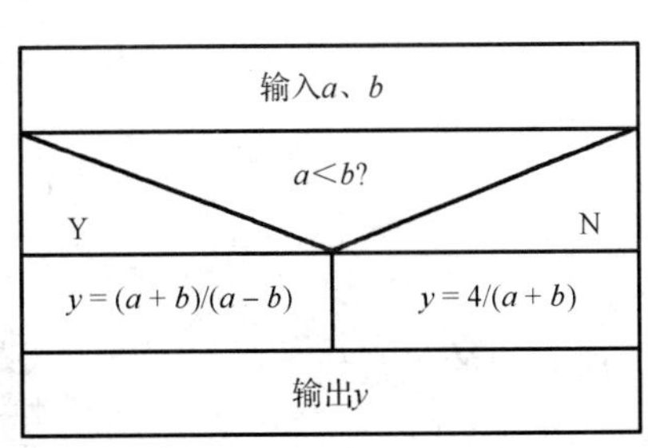

图 2-9 用 N-S 图描述例 2-1 的算法

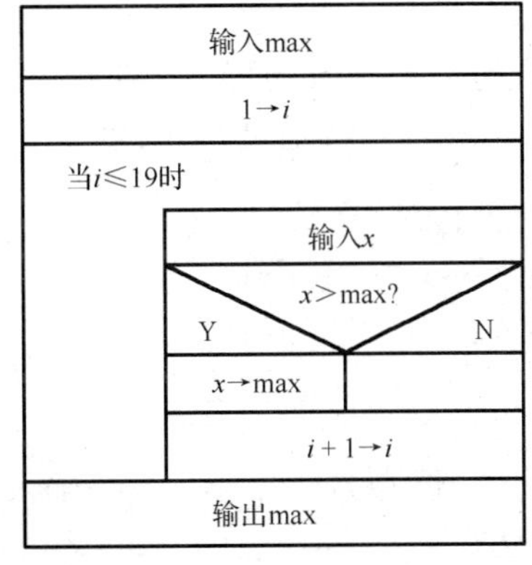

图 2-10 用 N-S 图描述例 2-2 的算法

N-S 流程图是由三种基本结构单元组成的，各基本结构单元之间是顺序执行关系，即从上到下，各个基本结构依次按顺序执行。对于任何复杂的问题，这样的程序结构都可以很方便地用以上三种基本结构顺序地构成。因此，它描述的算法是结构化的，这是 N-S 图的最大优点。

用 N-S 图表示算法，思路清晰，阅读起来直观、明确、容易理解，大大方便了结构化程序的设计，并能有效地提高算法设计的质量和效率。对初学者来说，使用 N-S 图还能培养良好的程序设计风格，因此提倡用 N-S 图表示算法。

2.2 Python 程序的书写规则

书写一个 Python 程序，需要遵循基本的规则，这是利用 Python 语言进行程序设计的基础。

2.2.1 初识 Python 程序

为了对 Python 程序有直观的认识，下面看几个程序实例。程序设计变化很多，求解同一个问题的程序可以有多种。例子中给出的程序尽量利用 Python 语言的特点，以展示 Python 语言与众不同之处。

例 2-5　先输入三个变量的值，然后按从小到大的顺序输出。

程序如下：

```
x=int(input('input x:'))                # 输入 x 的值
y=int(input('input y:'))                # 输入 y 的值
z=int(input('input z:'))                # 输入 z 的值
if x>y:                                 # 如果 x>y，则 x 和 y 的值互换
    x,y=y,x
if x>z:                                 # 如果 x>z，则 x 和 z 的值互换
    x,z=z,x
if y>z:                                 # 如果 y>z，则 y 和 z 的值互换
    y,z=z,y
print(x,y,z)
```

程序先输入 x、y、z 三个变量的值，经过前两个 if 语句的比较，x 中存放的是三个数中的最小数，最后比较 y 和 z 的值，小数存放到 y 中，大数存放到 z 中。例中将两个变量的值互换的语句是 Python 的特色，在一般的程序语言中，通常设一个中间变量，通过三个赋值语句来实现。程序运行结果如下：

```
input x:543 ↙（↙代表 Enter 键）
input y:-34 ↙
input z:21 ↙
-34 21 543
```

例 2-6　已知 $f(x, y) = x^2 + y^2$，输入 x，y 的值，求出对应的函数值。

程序如下：

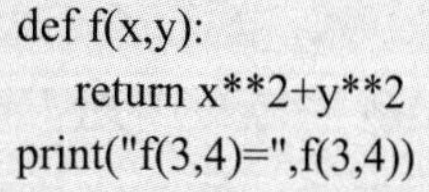

```
def f(x,y):
    return x**2+y**2
print("f(3,4)=",f(3,4))
```

第一个语句定义了一个函数，然后调用该函数。程序运行结果如下：

```
f(3,4)= 25
```

在 Python 中还可以使用匿名函数（也称为 lambda 函数），它是一个可以接收任意多个参数且返回单个表达式值的函数。前面的 f(x,y) 函数可以定义成匿名函数的形式。

```
f=lambda x,y:x**2+y**2
```

```
print("f(3,4)=",f(3,4))
```

例 2-7　Fibonacci 数列定义如下：

$$
\begin{cases} f_1 = 1 \\ f_2 = 1 \\ f_n = f_{n-1} + f_{n-2} \qquad n > 2 \end{cases}
$$

输出 Fibonacci 数列前 50 项之和。

程序如下：

```
a,b=0,1
s=0
for i in range(50):   # i 从 0 变化到 49
    s+=b
    a,b=b,a+b
print("s=",s)
```

程序运行结果如下：

```
s= 32951280098
```

如果用整型数据进行计算，则在很多程序设计语言中都会产生溢出，而 Python 支持大数据运算，不会产生溢出。

2.2.2　Python 语句缩进规则

Python 通过语句缩进对齐反映语句之间的逻辑关系，从而区分不同的语句块。缩进可以由任意的空格或制表符组成，缩进的宽度不受限制，一般为四个空格或一个制表符，但在同一程序中不建议混合使用空格和制表符。就一个语句块来讲，需要保持一致的缩进量。这是 Python 语言区别于其他语言的重要特点。例如，下面两段程序的含义是截然不同的。

程序段一：

```
for i in range(0,50):   # i 从 0 变化到 49
    s+=b
    a,b=b,a+b
```

程序段二：

```
for i in range(0,50):   # i 从 0 变化到 49
    s+=b
a,b=b,a+b
```

在程序段一中，for 语句后面的两个语句都是重复执行的语句，它们组成一个语句块。在程序段二中，重复执行的语句只有“s+=b”，语句“a,b=b,a+b”是与 for 循环语句并列的语句，它在执行 for 循环之后再执行。两种缩进方式的比较如图 2-11 所示。

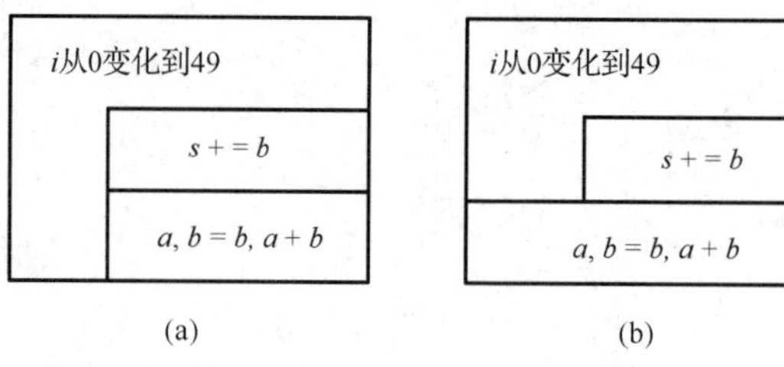

图 2-11　两种缩进方式的比较

2.2.3　Python 语句行与注释

1. 语句行

在 Python 中，语句行从解释器提示符后的第一列开始，前面不能有任何空格，否则会产生语法错误。每个语句行以回车符结束。可以在同一行中使用多条语句，语句之间使用分号分隔。例如：

```
>>> x='f='; f=100; print(x,f)
f= 100
```

如果语句行太长，可以使用反斜杠将一行语句分为多行显示，例如：

```
>>> total=1+1/2+1/3+1/4+1/5+1/6+\
            1/7+1/8+1/9+1/10
```

如果在语句中包含小括号、中括号或大括号，则不需要使用多行续行符。例如：

```
>>> def f(
              ):return 120
>>> f()
120
```

2. 注释

注释对程序的执行没有任何影响，目的是对程序做解释说明，以增强程序的可读性。此外，在程序调试阶段，有时需要暂时不执行某些语句，这时可以给这些语句加注释符号，相当于对这些语句做逻辑删除，需要执行时，再去掉注释符号即可。

程序中的单行注释采用 # 开头，注释可以从任意位置开始，可以在语句行末尾，也可以独立成行。对于多行注释，一般推荐使用多个 # 开头的多行注释，也可采用三引号（实际上是用三引号引起来的一个多行字符串，起到注释的作用）。注意，注释行是不能使用反斜杠续行的。

2.3　赋值语句

在高级语言中，赋值（assignment）是一个很重要的概念，其含义是将值赋给变量，或者将值传送（move）到变量所对应的存储单元中。Python 的赋值和一般的高级语言的赋值有很大的不同，它是数据对象的一个引用。

2.3.1 赋值语句的一般格式

一个变量通过赋值可以指向不同类型的对象。在 Python 中，通常把“=”称为赋值号。赋值语句的一般格式如下：

```
变量 = 表达式
```

赋值号左边必须是变量，右边则是表达式。赋值的意义是先计算表达式的值，然后使该变量指向该数据对象，该变量可以理解为该数据对象的别名，被赋值变量的值即表达式的值。例如：

```
>>> a=5
>>> b=8
>>> a=b
```

开始的时候，a 指向的是 5，b 指向的是 8，当执行“a=b”的时候，b 把自己指向的地址（也就是 8 的内存地址）赋给了 a，那么最后的结果就是 a 和 b 同时指向了 8。

Python 是动态类型语言，也就是说不需要预先定义变量类型，变量的类型和值在赋值那一刻被初始化。

Python 通过给变量赋值的方法来给已创建的对象附加名字。当给变量赋值时，Python 解释器首先为该值分配一个内存单元（创建一个对象），然后把该对象关联到该变量，也可以说该变量指向这个内存单元。当变量的值被改变时，改变的并不是该内存单元的内容，而是改变了变量的指向关系，使变量指向另一个内存单元。

2.3.2 复合赋值语句

在程序设计中，经常遇到在变量已有值的基础上做某种修正的运算，如 x=x+5.0。这类运算的特点是：变量既是运算对象，又是赋值对象。为避免对同一存储对象的地址重复计算，Python 还提供了以下 12 种复合赋值运算符：

```
+=、-=、*=、/=、//=、%=、**=、<<=、>>=、&=、|=、^=
```

其中，前 7 种是常用的算术运算，后 5 种是关于位运算的复合赋值运算符。例如：

```
x+=5.0
x*=u+v
```

分别等价于“x=x+5.0”和“x=x*(u+v)”。

一般，记 θ 为一个需要两个操作数的运算符，复合赋值语句的格式如下：

```
xθ=e
```

其等价的语句如下：

```
x=xθ(e)
```

注意：当 e 是一个复杂表达式时，等价表达式的括号是必需的，即 e 表示表达式，使用复合赋值语句连接两个运算量时，要把右边的运算量视为一个整体。例如，x*=y+5 表示 x=x*(y+5)，而不是 x=x*y+5。

2.3.3 多变量赋值

在 Python 中，赋值语句有很多变化形式，利用这些形式的赋值语句可以给多个变量赋值。

1. 链式赋值

链式赋值语句的一般形式如下：

```
变量 1= 变量 2=…= 变量 n= 表达式
```

链式赋值用于为多个变量赋同一个值。例如：

```
>>> a=b=10
>>> a
10
>>> b
10
```

赋值语句执行时，创建一个值为 10 的整型对象，将对象的同一个引用赋值给 a 和 b，即 a 和 b 均指向数据对象 10。

2. 同步赋值

同步赋值是指用一个赋值号给多个变量分别赋值。一般格式如下：

```
变量 1, 变量 2,…, 变量 n= 表达式 1, 表达式 2,…, 表达式 n
```

其中，赋值号左边变量的个数与右边表达式的个数要一致。用逗号连接的多个数据对象等同于一个未加括号的元组。同步赋值首先计算右侧所有的表达式的值，创建一个元组对象（称为元组打包），然后将元组中的元素分别关联到赋值号左侧的变量（称为序列解包）。例如：

```
>>> a,b,c=10,20,30    # a、b、c 依次指向 10、20、30
```

要交换 a、b 两个变量的值，一般需要一个中间变量，执行三个语句：

```
>>> t=a
>>> a=b
>>> b=t
```

如果采用同步赋值，一个语句即可完成，即

```
>>> a,b=b,a
```

由此可以看出 Python 的优雅、简洁。

2.4 数据输入/输出

通常，一个程序都会有数据输入与数据输出，这样用户可以通过程序与计算机进行交互操作。在前面章节中，其实已经使用了 Python 数据输入与输出功能，本节做进一步介绍。

2.4.1 标准输入/输出

一个 Python 程序既可以从键盘读取数据，也可以从文件读取数据；程序的结果既可以输出到屏幕上，也可以保存到文件中便于以后使用。标准输入/输出是指通过键盘和屏幕的输入/

输出，即控制台输入/输出。

1. 标准输入

Python 用内置函数 input() 实现标准输入，其调用格式如下：

```
input([ 提示字符串 ])
```

其中，中括号中的“提示字符串”是可选项。如果有“提示字符串”，则原样显示，提示用户输入数据。input() 函数从标准输入设备（键盘）读取一行数据，并返回一个字符串（去掉结尾的换行符）。例如：

```
>>> name=input("Please input your name:")
Please input your name:jasmine ↙
```

input() 函数把输入的内容当成字符串，如果要输入数值数据，则使用类型转换函数将字符串转换为数值。例如：

```
>>> x=input()
12 ↙
>>> x
'12'
>>> x=int(input())
12 ↙
>>> x
12
```

本来 x 接收的是字符串“12”，通过 int() 函数可以将字符串转换为整型数据。

使用 input() 函数可以给多个变量赋值。例如：

```
>>> x,y=eval(input())
3,4 ↙
>>> x
3
>>> y
4
```

语句执行时从键盘输入“3,4”，input() 函数返回一个字符串“3,4”，经过 eval() 函数处理，变成由 3 和 4 组成的元组。看下面语句的执行结果。

```
>>> eval('3,4')
(3, 4)
```

因此，语句“x,y=eval(input())”等价于“x,y=3,4”或“x,y=(3,4)”。

2. 标准输出

Python 语言有两种输出方式：使用表达式和使用 print() 函数。直接使用表达式可以输出该表达式的值。例如：

```
>>> x=123
>>> x+45
168
>>> x
123
```

使用表达式语句输出，其输出形式简单，一般用于检查变量的值。常用的输出方法是用 print() 函数，其调用格式如下：

```
print([ 输出项 1, 输出项 2,…, 输出项 n][,sep= 分隔符 ][,end= 结束符 ])
```

其中，输出项之间以逗号分隔，没有输出项时输出一个空行。sep 表示输出时各输出项之间的分隔符（默认以空格分隔），end 表示结束符（默认以回车换行结束）。print() 函数从左至右求每个输出项的值，并将各输出项的值依次显示在屏幕的同一行上。例如：

```
>>> print(10,20)
10 20
>>> print(10,20,sep=',')
10,20
>>> print(10,20,sep=',',end='*')
10,20*
```

第三次调用 print() 函数时，以“*”作为结束符，并且不换行。在程序方式下运行下列语句，会看得更清楚。

```
print(10,20,sep=',',end='*')
print(30)
```

程序运行结果如下：

```
10,20*30
```

2.4.2 格式化输出

在很多应用中都要求将数据按一定格式输出。例如：

```
>>> 7.80
7.8
```

末尾的 0 没有输出，在很多情况下没有太大问题，但有时就必须输出。例如在财务系统中，输出金额数据时有习惯的格式。如果表示七元八角则不应显示成 7.8，而应显示为 7.80，甚至在前面还要加货币符号，即￥7.80。为了解决这个问题，可以采用 Python 的格式化输出。其基本做法是，先将输出项格式化为一个字符串，然后利用 print() 函数输出。常用的实现方法有两种：

- 利用字符串的 format() 方法。
- 利用格式化字符串常量（formatted string literals，简称 f-string）。

看下面的例子。

```
>>> '￥{0:.2f}'.format(7.8)            # 将 7.8 格式化为字符串
'￥7.80'
>>> print('￥{0:.2f}'.format(7.8))     # 输出字符串
￥7.80
>>> f'￥{7.8:.2f}'                     # 将 7.8 格式化为字符串
'￥7.80'
>>> print(f'￥{7.8:.2f}')              # 输出字符串
￥7.80
```

1. 字符串的format()方法

Python是面向对象的语言，任何数据类型是一个类，任何具体的数据是一个对象。字符串也是一个类。若将输出项格式化为一个字符串，则使用字符串的format()方法。这个方法会把格式字符串当成一个模板，通过传入的参数对输出项进行格式化。字符串format()方法的调用格式如下：

```
格式字符串.format(输出项1,输出项2,…,输出项n)
```

其中，格式字符串中可以包括普通字符和格式说明符。普通字符原样输出，格式说明符决定所对应输出项的转换格式。

格式说明符使用大括号括起来，一般形式如下：

```
{[序号或键]:格式说明符}
```

其中，可选的序号对应于要格式化的输出项的位置，从0开始。0表示第一个输出项，1表示第二个输出项，以后依次类推。序号全部省略则按输出项的自然顺序输出；可选的键对应于要格式化的输出项的名字或字典的键值；格式说明符是根据输出项的类型来决定的，不同的类型有不同的格式化解释。基本的格式说明符有：d、b、o、x或X分别按十进制、二进制、八进制、十六进制形式输出一个整数；f或F、e或E、g或G按小数形式或科学计数形式输出一个整数或浮点数；c输出以整数为编码的字符；s输出一个字符串；%输出百分号。格式说明符还可以指定输出宽度，以及小数部分的保留位数。如果输出位数大于该宽度，则按实际位数输出；如果输出位数小于此宽度，则默认右对齐，左边补空格。小数部分按四舍五入和低位补0处理。例如：

```
>>> '{0:.2f},{1:10.5f},{2:6d}'.format(3.145,3.145,500)
'3.15,   3.14500,   500'
```

其中，格式说明符“{0:.2f}”包含两方面的含义：“0”表示该格式说明符决定了format()方法中第一个输出项3.145的输出格式；“:.2f”即格式说明符，它进一步说明对应的输出项如何被格式化，即小数部分占2位（按四舍五入处理），按输出项实际位数输出。格式说明符{1:10.5f}决定了第二个输出项3.145的输出格式，即小数部分占5位（低位补0），整个输出项占10位（左边补3个空格）。格式格式说明符“{2:6d}”会被传递给format()方法的第三个输出项500，按十进制输出，占6个字符宽度，所以在500前面补3个空格。

下面看一些字符串format()方法的使用实例。

（1）使用“{序号}”形式的格式说明符，在大括号中的数字用于指向输出对象在format()函数中的位置。例如：

```
>>> print('{0},I\'m {1}.My E-mail is {2}'.\
    format('Hello','Brenden','brenden@csu.edu.cn'))
Hello,I'm Brenden.My E-mail is brenden@csu.edu.cn
```

可以改变格式说明符的位置。例如：

```
>>> print('{1},I\'m {0}.My E-mail is {2}'.\
    format('Brenden','Hello','brenden@csu.edu.cn'))
Hello,I'm Brenden.My E-mail is brenden@csu.edu.cn
```

（2）使用“{ 键 }”形式的格式说明符，大括号中是一个标识符，该标识符会指向使用该名字的参数。例如：

```
>>> print('Hi,{nm},{ms}'.format(nm='Brenden',ms='How are you?'))
Hi,Brenden,How are you?
```

（3）混合使用“{ 序号 }”和“{ 键 }”形式的格式说明符。例如：

```
>>> print('{1},{0},{ms}'.format('Brenden','Hi',ms='How are you?'))
Hi,Brenden,How are you?
```

（4）格式说明符还可以指定填充字符、对齐方式（其中，< 表示左对齐、> 表示右对齐、^ 表示居中对齐、= 表示填充字符位于符号和数字之间）、符号（其中，+ 表示正号，- 表示负号）。例如：

```
>>> print('{0:<8.2f},{1:0=+10.5f},{2:06d}'.format(3.145,3.145,500))
3.15    ,+003.14500,000500
```

2. 格式化字符串常量（f-string）

f-string 格式化字符串常量与 format() 方法的格式字符串有相似之处，不同的是 f-string 格式化字符串常量以 f 或 F 开头，并将各个输出项直接放入字符串中的大括号 {} 中，在程序执行时，直接在相应位置输出。例如：

```
>>> print(f'{3.145:<8.2f},{3.145:0=+10.5f},{500:06d}')
3.15    ,+003.14500,000500
```

由此可见，f-string 格式化字符串常量和 format() 方法的显示效果相同，但格式更加简洁明了，因此推荐使用 f-string 格式化字符串常量进行格式化输出。

2.5 顺序结构程序举例

通过前面的学习，读者对 Python 程序有了更深的理解。一个 Python 程序不需要变量定义，可直接描述程序功能。程序功能一般包括以下三个部分：

（1）输入原始数据。

（2）对原始数据进行处理。

（3）输出处理结果。

其中，对原始数据进行处理是关键。对于顺序结构而言，程序是按语句出现的先后顺序依次执行的。下面看几个例子，虽然不难，但对形成清晰的编程思路是有帮助的。

例 2-8　已知 x=5+3i，$y=\mathrm{e}^{\frac{\sqrt{\pi}}{2}}$，求 $z=\dfrac{2\sin 56^\circ}{x+\cos|x+y|}$ 的值。

分析：这是一个求表达式值的问题，程序分为以下三步。

（1）求 x、y 的值。

（2）求 z 的值。

（3）输出 z 的值。

程序如下：

```
import math
x=5+3J                                    # x 是一个复数
y=math.exp(math.sqrt(math.pi)/2)
z=2*math.sin(math.radians(56))            # z 的分子
z/=(x+math.cos(abs(x+y)))                 # 求 z
print("z=",z)
```

程序运行结果如下：

```
z= (0.24736586291983403-0.1531502292295295j)
```

程序运行结果表明，z 的值是一个复数。求复数的模要使用内置函数 abs()，有一个类似的数学函数 fabs()，只用于求实数的绝对值，且调用时要加模块名“math.”。

例 2-9　从键盘输入一个 3 位整数 n，输出其逆序数 m。例如，输入 n=127，则 m=721。

分析：程序分为以下三步。

（1）输入一个 3 位整数 n。

（2）求逆序数 m。

（3）输出 m。

关键在第（2）步。先假设 3 位整数的各位数字已取出，分别存入不同的变量中，设个位数存入 a，十位数存入 b，百位数存入 c，则 m=100a+10b+c。关键是如何取出这个 3 位整数的各位数字。取出各位数字的方法，可用取余运算符 % 和整除运算符 // 实现。例如，n%10 取出 n 的个位数；n=n//10 去掉 n 的个位数，再用 n%10 取出原来 n 的十位数，依次类推。

程序如下：

```
n=int(input("n="))
a=n%10                        # 求 n 的个位数字
b=n//10%10                    # 求 n 的十位数字
c=n//100                      # 求 n 的百位数字
m=a*100+b*10+c
print("{0:3} 的逆序数是 {1:3}".format(n,m))
```

程序运行结果如下：

```
n=127 ↙
127 的逆序数是 721
```

例 2-10　求一元二次方程 $ax^2+bx+c=0$ 的根。

分析：由于 Python 能进行复数运算，所以不需要判断方程的判别式，而直接根据求根公式求根。调用复数运算函数需要导入 cmath 模块。

程序如下：

```
from cmath import sqrt
a=float(input('a=?'))
b=float(input('b=?'))
c=float(input('c=?'))
d=b*b-4*a*c
x1=(-b+sqrt(d))/(2*a)
```

```
x2=(-b-sqrt(d))/(2*a)
print(f"x1={x1:.5f}, x2={x2:.5f}")
```

程序的一次运行结果如下：

```
a=?6 ↙
b=?11 ↙
c=?3 ↙
x1=-0.33333+0.00000j, x2=-1.50000+0.00000j
```

再次运行程序的结果如下：

```
a=?4.5 ↙
b=?3 ↙
c=?2 ↙
x1=-0.33333+0.57735j, x2=-0.33333-0.57735j
```

例 2-11　有一线段 *AB*，*A* 的坐标为 (1,1)，*B* 的坐标为 (4.5,4.5)，如图 2-12 所示。求 *AB* 的长度，以及黄金分割点 *C* 的坐标。黄金分割点在线段的 0.618 处。

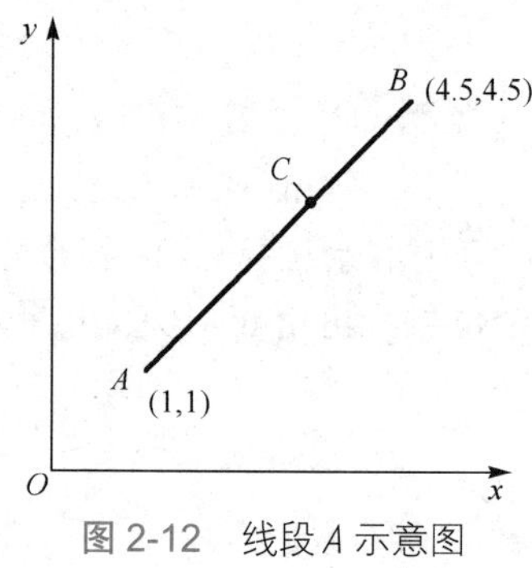

图 2-12　线段 *A* 示意图

分析：*A*、*B* 的坐标可用复数表示，即 *A* 为 (1+1*j*)，*B* 为 (4.5+4.5*j*)。*AB* 的长度就是 (*A*−*B*) 的模，可用 abs 函数直接求出复数的模。黄金分割点 *C* 的坐标为 *A*+0.618×(*B*−*A*)。

程序如下：

```
a=complex(input("a="))
b=complex(input("b="))
c=a+0.618*(b-a)
s=abs(a-b)
print(" 长度：",s)
print(f" 黄金分割点：{c}")
```

程序运行结果如下：

```
a=1+j ↙
b=4.5+4.5j ↙
长度：4.949747468305833
黄金分割点：(3.163+3.163j)
```

上面四个例题的求解都是从分析问题着手，先集中精力分析编程思路即设计算法，然后再编写程序。编写程序就像用自然语言写文章一样，有了提纲和素材，文章就能一气呵成。分析问题、提出数学模型和设计算法是搜集素材与编写大纲的过程，有了算法，编写程序就不难了。以上四个例题虽然简单，但说明了程序设计的基本过程。在解决一个问题时，从分析问题入手，进而提出求解问题的数学模型，再设计算法，最后编写程序并上机调试程序，这是应用计算机求解问题的基本步骤。若不将问题分析清楚，缺乏编程的思路和方法，就急于编写程序，则只能是事倍功半，甚至是徒劳无益的。

习 题 2

一、选择题

1．流程图中表示判断框的是（　）。

A．矩形框　B．菱形框　C．平行四边形框　D．椭圆形框

2．下面不属于程序的基本控制结构的是（　）。

A．顺序结构　B．选择结构　C．循环结构　D．输入 / 输出结构

3．以下关于 Python 语句的叙述中，正确的是（　）。

A．同一层次的 Python 语句必须对齐

B．Python 语句可以从一行的任意一列开始

C．在执行 Python 语句时，可发现注释中的拼写错误

D．Python 程序的每行只能写一条语句

4．在下列语句中，在 Python 中非法的是（　）。

A．x=y=z=1　B．x,y=y,x　C．x=(y=z+1)　D．x+=y

5．已知 x=2，语句 x*=x+1 执行后，x 的值是（　）。

A．2　B．3　C．5　D．6

6．在 Python 中，正确的赋值语句为（　）。

A．x+y=10　B．x=2y　C．x=y=30　D．3y=x+1

7．为了给整型变量 x，y，z 赋初值 10，下面正确的 Python 赋值语句是（　）。

A．xyz=10　B．x=10 y=10 z=10

C．x=y=z=10　D．x=10,y=10,z=10

8．语句 x=input() 执行时，如果从键盘输入 12 并按回车键，则 x 的值是（　）。

A．12　B．12.0　C．1e2　D．'12'

9．语句 x,y=eval(input()) 执行时，输入数据格式错误的是（　）。

A．3 4　B．(3,4)　C．3,4　D．[3,4]

10．语句 print('x=${:7.2f}'.format(123.5678)) 执行后的输出结果是（　）。选项中的□代表空格。

A．x= □ 123.56　B．$ □ 123.57

C．x=$ □ 123.57　D．x=$ □ 123.56

11．print(f'{101/7:7.2f}{101%8:2d}') 的运行结果是（　）。

A．{:7.2f}{:2d}　B．□□ 14.43 □ 5（□代表空格）

C．□ 14.43 □□ 5（□代表空格）　D．□□ 101/7 □ 101%8（□代表空格）

12．下列程序的运行结果是（　）。

```
x=y=10
x,y,z=6,x+1,x+2
print(x,y,z)
```

A．10 10 6　　B．6 10 10　　C．6 7 8　　D．6 11 12

二、填空题

1．流程图是描述________的常用工具。

2．在 Python 语句行中使用多条语句，语句之间使用_______分隔；如果语句太长，可以使用_______作为续行符。

3．Python 语言通过________来区分不同的语句块。

4．在 Python 中，赋值的含义是使变量________一个数据对象，该变量是该数据对象的_______。

5．和 x/=x*y+z 等价的语句是________。

6．语句 print('AAA',"BBB",sep='-',end='!') 执行的结果是________。

7．下列 Python 语句的输出结果是________。

```
print(" 数量 {0}, 单价 {1}".format(100,285.6))
print(f" 数量 {100}, 单价 {285.6:3.2f}")
print(" 数量 {100:<4d}, 单价 {285.6:3.3f}")
```

8．下列 Python 语句的输出结果是________。

```
print("121",f">{20:>5d}",sep='*')
print("12321\ta={a:},b={b:}".format(b=20,a=30))
```

三、问答题

1．简述程序设计的基本步骤。

2．简述 Python 程序中语句的缩进规则。

3．为什么要在程序中加注释？怎样在程序中加注释？加入注释对程序的执行是否有影响？

4．用 Python 语句完成下列操作：

（1）将变量 i 的值增加 1。

（2）i 的立方加上 j，并将其结果保存到 *i* 中。

（3）将 $2^{32}-1$ 的值存放到 g 中。

（4）将 2 位自然数的个位与十位互换，得到一个新的数（不考虑个位为 0 的情况）。

5．设 a=10，分别独立执行下列语句后，a 的值是多少？

（1）a+=a　　（2）a*=2　　（3）a<<2

（4）a,a=5,2*a　　（5）a*=1<<1　　（6）x=a;a+=x

6．Python 标准输入/输出通过哪些语句来实现？

7．格式化输出中有哪些常用的格式说明符？其含义是什么？

8．从功能上讲，一个程序通常包括哪些组成部分？

第 3 章　选择结构

选择结构又称为分支结构，它根据给定的条件是否满足，决定程序的执行路线。在不同的条件下执行不同的操作，这在实际求解问题过程中是大量存在的。例如，输入一个整数，若判断它是否为偶数，则需要使用选择结构来实现。根据程序执行路线或分支的不同，选择结构又分为单分支、双分支和多分支三种类型。例如，输入学生的成绩，需要统计及格学生的人数、统计及格和不及格学生的成绩、统计不同分数段学生的人数，这里就涉及单分支、双分支和多分支的选择结构。

实现选择结构，首先涉及如何表示条件，然后是如何实现选择结构。Python 提供 if 语句来实现选择结构。

本章介绍内容包括条件的描述、选择结构的实现、条件运算、选择结构程序举例等。

3.1 条件的描述

Python 提供了关系运算和逻辑运算来描述程序控制中的条件，这是一般程序设计语言均有的方法。此外，Python 还用成员运算和身份运算来表示条件。

3.1.1 关系运算

Python 的关系运算符有：

```
<（小于）、<=（小于或等于）、>（大于）、>=（大于或等于）、==（等于）、!=（不等于）
```

关系运算符用于两个量的比较判断。由关系运算符将两个表达式连接起来的式子就称为关系表达式，它用来表示条件，其一般格式如下：

```
表达式 1 关系运算符 表达式 2
```

例如，关系表达式 x>=7.8，当 x 的值为 13.14 时，x>=7.8 条件满足；当 x 的值为 0 时，x>=7.8 条件不满足。关系表达式的值是一个逻辑值，即结果为真（True）或假（False）。习惯称表达式值为 True 时，条件满足；表达式值为 False 时，条件不满足。设有 i=1，j=2，k=3，则 i>j 的值为 False，i+j==k 的值为 True。看下面的语句执行结果。

```
>>> i,j,k=1,2,3
>>> i>j
False
>>> i+j==k
True
```

关系运算符的优先级相同，但关系运算符的优先级低于算术运算符的优先级。例如，“a<b+c”等价于“a<(b+c)”。

3.1.2 逻辑运算

1. 逻辑运算符

Python 的逻辑运算符有 and(逻辑与)、or(逻辑或)、not(逻辑非)。

其中，and 和 or 逻辑运算符要求有两个运算量，用于连接两个条件，构成更复杂的条件。not 逻辑运算符只作用于后面的一个逻辑量。逻辑运算产生的结果是一个逻辑量，即 True 或 False。在逻辑运算符中，not 的优先级最高，其次是 and，or 的优先级最低。

2. 逻辑表达式

逻辑表达式是用逻辑运算符将逻辑量连接起来的式子。除 not 以外，and 和 or 构成的逻辑表达式一般形式如下：

```
P 逻辑运算符 Q
```

其中，P 和 Q 是两个逻辑量。

若逻辑运算符为 and，则当连接的两个逻辑量全为 True 时，逻辑表达式取值为 True，只要有一个为 False，便取 False 值。若逻辑运算符为 or，则当连接的两个逻辑量中只要有一个为 True 时，逻辑表达式的值为 True；只有当两个逻辑量同时为 False 时，才产生 False 值。not 对后面的逻辑量取非，如果逻辑量为 False，便产生 True 值；如果逻辑量为 True，便产生 False 值。逻辑运算的功能可用如表 3-1 所示的逻辑运算真值表来表示，表中用 T 表示 True，F 表示 False。

表 3-1 逻辑运算真值表

P	Q	P and Q	P or Q	not P
F	F	F	F	T
F	T	F	T	T
T	F	F	T	F
T	T	T	T	F

由于在计算机内部以 1 表示 True、0 表示 False，所以参与逻辑运算的分量也可以是其他类型的数据，以非 0 和 0 判定它们是 True 还是 False。例如：

```
>>> not 0
True
>>> not "AA"
False
>>> 3+(not False)
4
```

在程序设计中，常用关系表达式和逻辑表达式表示条件。下面看一些具体例子。

例 3-1 写出下列条件。

（1）判断年份 year 是否为闰年。

（2）判断 ch 是否为小写字母。

（3）判断 m 能否被 n 整除。

（4）判断 ch 既不是字母也不是数字字符。

条件1：

每4年一个闰年，但每100年少一个闰年，每400年又增加一个闰年。因此，year年是闰年的条件可用逻辑表达式描述如下：

```
(year%4==0 and year%100!=0) or year%400==0
```

条件2：

考虑到字母在ASCII码表中是连续排列的，ch中的字符是小写字母的条件可用逻辑表达式描述如下：

```
ch>='a' and ch<='z'
```

条件3：

m能被n整除，即m除以n的余数为0，故表示条件的表达式如下：

```
m%n==0 或 m-m//n*n==0
```

条件4：

先写ch是字母（包括大写或小写字母）或数字字符的条件，然后将该条件取非，故表示条件的表达式如下：

```
not((ch>='A' and ch<='Z') or (ch>='a' and ch<='z') or (ch>='0' and ch<='9'))
```

3. 逻辑运算的重要规则

逻辑与（and）和逻辑或（or）运算分别有如下性质。

（1）a and b：当a为False时，不管b为何值，结果为False。

（2）a or b：当a为True时，不管b为何值，结果为True。

Python利用上述性质，在计算连续的逻辑与运算时，若有运算分量的值为False，则不再计算后续的逻辑与运算分量，并以False作为逻辑与算式的结果；若前面的运算分量的值为True，则以后续的逻辑与运算分量作为逻辑与算式的结果。在计算连续的逻辑或运算时，若有运算分量的值为True，则不再计算后续的逻辑或运算分量，并以True作为逻辑或算式的结果；若前面的运算分量的值为False，则以后续的逻辑或运算分量作为逻辑或算式的结果。也就是说，对于a and b，若a的值可解释为False，则表达式的值为False，否则表达式的值为b；对于a or b，如果a的值为False，则表达式的值为b，否则表达式的值为True。

仔细分析，这种规则是很自然的。以a and b为例，当a的值不能解释为True（为False）时，则不管b为何值，表达式的值总为False；当a的值能解释为True时，则表达式的值就取决于b的值，若b的值为True则表达式的值为True，若b的值为False则表达式的值为False，因此返回b的值作为表达式的值。总之，当且仅当a和b的值都可解释为True时，表达式“a and b”的值才为True。这完全符合逻辑运算的定义。看下面的例子。

```
>>> 2 and "Program"
'Program'
>>> 2>1 and "Program"
'Program'
>>> 2>1 and 2>0 and 10
10
```

```
>>> 2>1 and 2==0 and 10
False
>>> 1==1 and 5>4
True
```

3.1.3 测试运算

1．成员测试

除以上的关系运算和逻辑运算符外，Python 还支持成员运算符，测试实例中包含了一系列的成员，包括字符串、列表或元组。

in 运算符用于在指定的序列中查找某个值是否存在，若存在则返回 True，否则返回 False。该运算符的使用格式是 x in y，如果 x 在 y 序列中则返回 True，否则返回 False。例如：

```
>>> 3 in(20,15,3,14,5)
True
```

“not in”的含义是，如果在指定的序列中没有找到值，则返回 True，否则返回 False。对于 x not in y，如果 x 不在 y 序列中则返回 True，否则返回 False。例如：

```
>>> 3 not in(20,15,3,14,5)
False
```

2．身份测试

身份运算符用于测试两个变量是否指向同一个对象。例如：

```
>>> a=20
>>> b=20
>>> a is b
True
>>> a is not b
False
```

3.2 选择结构的实现

选择结构根据给定的条件满足或不满足，分别执行不同的语句。它可分为单分支、双分支和多分支选择结构。Python 提供了实现选择结构的 if 语句。

3.2.1 单分支选择结构

可以用 if 语句实现单分支选择结构，其一般格式如下：

```
if 表达式:
   语句块
```

其中，表达式用来表示条件。语句的执行过程是：计算表达式的值，若值为 True，则执行语句块，然后执行 if 语句的后续语句。若值为 False，则直接执行 if 语句的后续语句。单分支 if 语句的执行过程如图 3-1 所示。

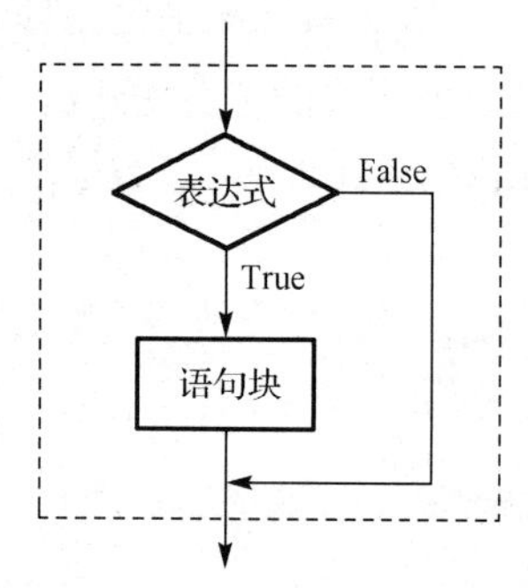

图 3-1 单分支 if 语句的执行过程

注意：

（1）在if语句的表达式后面必须加冒号。

（2）因为Python把非0当成真、0当成假，所以表示条件的表达式不一定必须是结果为True或False的关系表达式或逻辑表达式，可以是任意表达式。例如，下列语句是合法的，将输出字符串“BBBBB”。

```
if 'B':
    print('BBBBB')
```

if语句中条件表示的多样性，可以使得程序的描述灵活多变，但从提高程序可读性的角度考虑，还是直接用逻辑判断为好，因为这样更能表达程序员的思想意图，有利于日后对程序的维护。

（3）if语句中的语句块必须向右缩进，语句块既可以是单个语句，也可以是多个语句。当包含两个或两个以上的语句时，语句必须缩进一致，即语句块中的语句必须上下对齐。例如：

```
if x>y:
    x=10
    y=20
```

若语句块中的语句缩进不一致，则语句含义就不同了。

（4）如果语句块中只有一条语句，if语句也可以写在同一行上。例如：

```
var=100
if var==100:print("Value of expression is 100")
print("Good bye!")
```

程序运行结果如下：

```
Value of expression is 100
Good bye!
```

例 3-2 输入两个整数（a 和 b），先输出较大数，然后输出较小数。

分析：输入 a、b，若 a<b，则交换 a 和 b，否则不交换，最后输出 a、b。

程序如下：

```
a,b=eval(input(" 输入 a,b:"))
if a<b:                    # 若 a<b，则交换 a 和 b，否则不交换
    a,b=b,a
print(f"{a},{b}")
```

程序运行结果如下：

```
输入 a,b:234,1251 ↙
1251,234
```

3.2.2 双分支选择结构

可以用if语句实现双分支选择结构，其一般格式如下：

```
if 表达式:
```

```
    语句块 1
else:
    语句块 2
```

语句执行过程是：计算表达式的值，若为 True，则执行语句块 1，否则执行 else 后面的语句块 2，语句块 1 或语句块 2 执行后再执行 if 语句的后续语句。其双分支 if 语句的执行过程如图 3-2 所示。

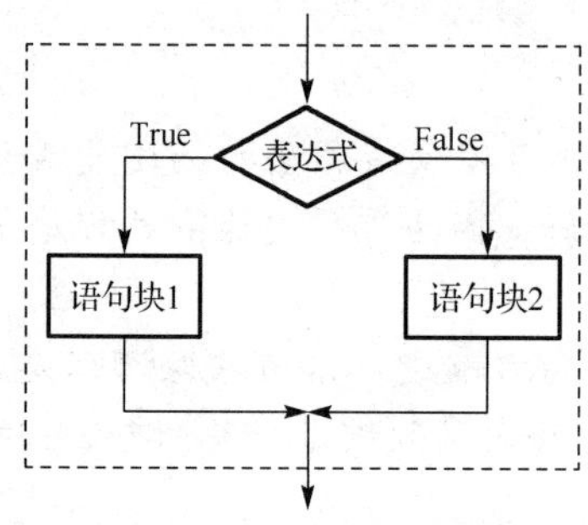

图 3-2 双分支 if 语句的执行过程

注意：与单分支 if 语句一样，对于表达式后面或 else 后面的语句块，应将它们缩进对齐。例如：

```
if i%2==1:
    x=i/2
    y=i*i
else:
    x=i
    y=i*i*i
```

例 3-3 输入三角形的三个边长，求三角形的面积。

分析：设 a、b、c 表示三角形的三个边长，则构成三角形的充分必要条件是任意两边之和大于第三边，即 $a+b>c$，$a+c>b$，$b+c>a$。如果该条件满足，则可按照海伦公式计算三角形的面积：

$$s=\sqrt{p(p-a)(p-b)(p-c)}$$

其中，$p=(a+b+c)/2$。

程序如下：

```
from math import *
a,b,c=eval(input("a,b,c="))
if a+b>c and a+c>b and b+c>a:
    p=(a+b+c)/2
    s=sqrt(p*(p-a)*(p-b)*(p-c))
    print(f"a={a},b={b},c={c}")
    print(f"area={s}")
else:
    print(f"a={a},b={b},c={c}")
    print("input data error")
```

程序的一次运行结果如下：

```
a,b,c=6,7,5 ↙
a=6,b=7,c=5
area=14.696938456699069
```

再次运行程序的结果如下：

```
a,b,c=34,3,21 ↙
a=34,b=3,c=21
input data error
```

选择结构程序运行时，每次只能执行一个分支，所以在检查选择结构程序的正确性时，设计的原始数据应包括每种情况，保证每条分支都检查到。例 3-3 的程序运行时，首先输入的三边能构成一个三角形，求出其面积。再次运行程序时，输入的三边不能构成一个三角形，提示用户输入数据有误。

例 3-4 输入 x，求对应的函数值 y。

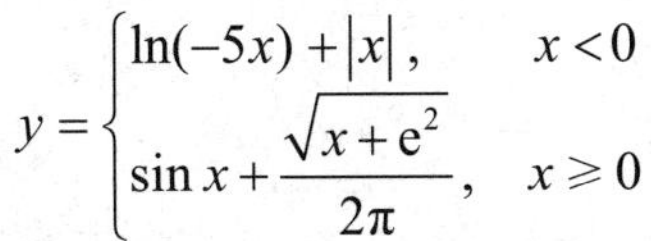

$$y=\begin{cases}\ln(-5x)+|x|, & x<0\\ \sin x+\dfrac{\sqrt{x+e^2}}{2\pi}, & x\geqslant 0\end{cases}$$

分析：这是一个具有两个分支的分段函数，为了求函数值，可以采用双分支结构来实现。程序如下：

```
from math import *
x=eval(input("x="))
if x<0:
    y=log(-5*x)+fabs(x)
else:
    y=sin(x)+sqrt(x+exp(2))/(2*pi)
print(f"x={x},y={y}")
```

还可以采用两个单分支结构来实现，程序如下：

```
from math import *
x=eval(input("x="))
if x<0:
    y=log(-5*x)+fabs(x)
if x>=0:
    y=sin(x)+sqrt(x+exp(2))/(2*pi)
print(f"x={x},y={y}")
```

请思考，第一个 if 语句能否不写，即程序能否改写成如下形式，并分析原因。

```
from math import *
x=eval(input("x="))
y=log(-5*x)+fabs(x)
if x>0:
    y=sin(x)+sqrt(x+exp(2))/(2*pi)
print(f"x={x},y={y}")
```

再思考，第二个 if 语句能否不写，即程序能否改写成如下形式，并分析原因。

```
from math import *
x=eval(input("x="))
if x<0:
    y=log(-5*x)+fabs(x)
y=sin(x)+sqrt(x+exp(2))/(2*pi)
print(f"x={x},y={y}")
```

3.2.3 多分支选择结构

多分支 if 语句的一般格式如下：

```
if 表达式 1:
    语句块 1
elif 表达式 2:
    语句块 2
elif 表达式 3:
    语句块 3
  …
elif 表达式 m:
    语句块 m
[else:
    语句块 n]
```

多分支 if 语句的执行过程如图 3-3 所示。当表达式 1 的值为 True 时，执行语句块 1，否则求表达式 2 的值；为 True 时，执行语句 2，否则处理表达式 3，依次类推。若表达式的值都为 False，则执行 else 后面的语句 n。不管有几个分支，程序执行完一个分支后，其余分支将不再执行。

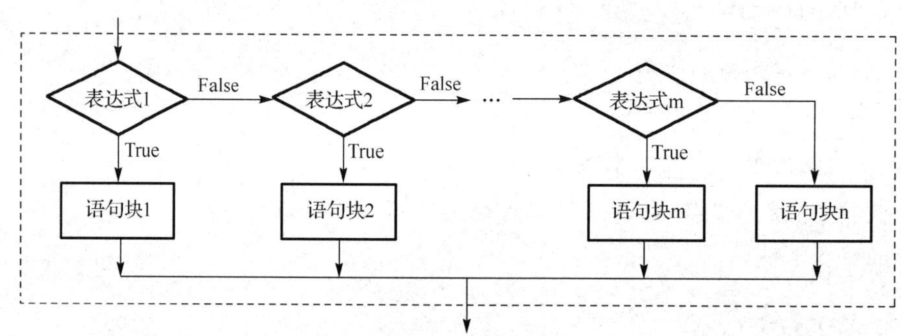

图 3-3 多分支 if 语句的执行过程

请思考：当表达式 1 和表达式 2 都为 True 时，语句的执行路线如何？

例 3-5 输入学生的成绩，根据成绩进行分类，85 分以上为优秀，70~84 分为良好，60~69 分为及格，60 分以下为不及格。

分析：将学生成绩分为四个分数段，然后根据各分数段的成绩，输出不同的等级。程序分为四个分支，既可以用四个单分支结构实现，也可以用多分支 if 语句实现。

程序如下：

```
g=float(input(" 请输入学生成绩 :"))
if g<60:
```

```
    print(" 不及格 ")
elif g<70:
    print(" 及格 ")
elif g<85:
    print(" 良好 ")
else:
    print(" 优秀 ")
```

程序的一次运行结果如下：

```
请输入学生成绩 :45 ↙
不及格
```

再次运行程序的结果如下：

```
请输入学生成绩 :76 ↙
良好
```

3.2.4 选择结构的嵌套

在 if 语句中可以再嵌套 if 语句，例如，有以下不同形式的嵌套结构。

语句一：

```
if 表达式 1:
    if 表达式 2:
        语句块 1
    else:
        语句块 2
```

语句二：

```
if 表达式 1:
    if 表达式 2:
        语句块 1
else:
    语句块 2
```

根据对齐格式来确定 if 语句之间的逻辑关系。在第一个语句中，else 与第二个 if 配对。在第二个语句中，else 与第一个 if 配对。

为了使嵌套层次清晰明了，在程序的书写上常常采用缩进格式，即不同层次的 if-else 出现在不同的缩进级别上。在 Python 语言中，语句的缩进格式代表了 else 和 if 的逻辑配对关系，同时也增强了程序的可读性。

例 3-6 用 if 语句的嵌套实现例 3-5。

程序如下：

```
g=float(input(" 请输入学生成绩 :"))
if g>=60:
    if g>=70:
        if g>=85:
            print(" 优秀 ")
        else:
```

```
            print(" 良好 ")
        else:
            print(" 及格 ")
    else:
        print(" 不及格 ")
```

例 3-7　输入三个数，找出其中的最大数。

分析：求三个数中最大数的具体方法是，输入三个数到 x、y、z 后，先假定第一个数是最大数，即将 x 送到 max 变量，然后将 max 分别和 y、z 比较，两次比较后，max 的值为 x、y、z 中的最大数。这里用嵌套的 if 结构来实现，看下面的程序：

```
x,y,z=eval(input("x,y,z=?"))
max=x
if z>y:
    if z>x:
        max=z
else:
    if y>x:
        max=y
print(f"The max is {max}")
```

程序的运行结果如下：

```
x,y,z=?12.3,4.5,34.9 ↙
The max is 34.9
```

程序中嵌套使用了 if 语句，要特别注意 if 和 else 语句的配对关系。

3.3 条件运算

Python 的条件运算有三个运算量，其一般格式如下：

```
表达式 1 if 表达式 else 表达式 2
```

条件运算的运算规则是，先求 if 后面表达式的值，如果其值为 True，则求表达式 1，并以表达式 1 的值为条件运算的结果。如果 if 后面表达式的值为 False，则求表达式 2，并以表达式 2 的值为条件运算的结果。例如：

```
>>> x,y=40,30
>>> z=x if x>y else y
>>> z
40
```

如果条件 x>y 满足，则条件运算取 x 的值，否则取 y 的值，即取 x、y 中较大的值。

注意：条件运算构成一个表达式，它可以作为一个运算量而出现在其他表达式中，它不是一个语句。

使用条件运算表达式可以使程序简洁明了。例如，赋值语句“z=x if x>y else y”中使用了条件运算表达式，很简洁地表示了判断变量 x 与 y 的较大值并赋给变量 z 的功能。因此，使用条件运算表达式可以简化程序。

另外，条件运算的三个运算分量的数据类型具有多样性。例如：

```
>>> i=45
>>> 'a' if i else 'A'
'a'
>>> i=0
>>> 'a' if i else 'A'
'A'
```

其中，i 是整型变量，若 i 的值为非 0，即代表 True，所以条件运算表达式的值为“a”，否则条件运算表达式的值为“A”。

例 3-8 生成三个 2 位随机整数，输出其中最大的数。

这里用条件运算表达式来实现，程序如下：

```
import random
x=random.randint(10,99)
y=random.randint(10,99)
z=random.randint(10,99)
max=x if x>y else y
max=max if max>z else z
print(f"x={x},y={y},z={z}".format(x,y,z))
print(f"max={max}")
```

程序的运行结果如下：

```
x=82,y=46,z=28
max= 82
```

在例 3-7 和例 3-8 中介绍了求三个数中最大数的不同实现方法，这说明了程序实现方法的多样性。在学习过程中，需要不断总结，以选择最简洁、效率最高的实现方法。

3.4 选择结构程序举例

解决在不同条件下执行不同操作的问题需要使用选择结构。选择结构的执行是依据一定的条件选择程序的执行路径，程序设计的关键在于构造合适的分支条件和分析程序流程，根据不同的程序流程选择适当的分支语句。为了加深对选择结构程序设计方法的理解，下面再看几个例子。

例 3-9 输入一个整数，判断它是否为水仙花数。所谓水仙花数，是指这样的一些 3 位整数：各位数字的立方和等于该数本身，例如 $153=1^3+5^3+3^3$，因此 153 是水仙花数。

分析：关键的一步是先分别求 3 位整数个位、十位、百位数字，再根据条件判断该数是否为水仙花数。

程序如下：

```
x=eval(input())
a=x%10                    #求个位数字
b=(x//10)%10              #求十位数字
```

```
c=x//100                                # 求百位数字
if x==a*a*a+b*b*b+c*c*c:
    print(f"{x} 是水仙花数 ")
else:
    print(f"{x} 不是水仙花数 ")
```

程序的一次运行结果如下：

```
153 ↙
153 是水仙花数
```

再次运行程序的结果如下：

```
223 ↙
223 不是水仙花数
```

例 3-10　输入一个时间（小时 : 分钟 : 秒），输出该时间经过 5 分 30 秒后的时间。

程序如下：

```
hour=int(input(' 请输入小时 :'))
minute=int(input(' 请输入分钟 :'))
second=int(input(' 请输入秒 :'))
second+=30
if second>=60:
    second=second-60
    minute+=1
minute+=5
if minute>=60:
    minute=minute-60
    hour+=1
if hour==24:
    hour=0
print(f'{hour}:{minute}:{second}')
```

程序运行结果如下：

```
请输入小时 :8 ↙
请输入分钟 :12 ↙
请输入秒 :56 ↙
8:18:26
```

例 3-11　硅谷公司员工的工资计算方法如下：

（1）工作时数超过 120 小时者，超过部分加发 15%。

（2）工作时数低于 60 小时者，扣发 700 元。

（3）其余按 84 元每小时计发。

输入员工的工号和该员工的工作时数，计算应发工资。

分析：为了计算应发工资，首先分两种情况，即工时数小于或等于 120 小时和大于 120 小时。工时数超过 120 小时时，实发工资有规定的计算方法。而工时数小于或等于 120 小时时，又分为大于 60 和小于或等于 60 两种情况，分别有不同的计算方法。因此，程序分为 3 个分支，即工时数 >120、60< 工时数≤ 120 和工时数≤ 60，既可以用多分支 if 结构实现，也可以用 if

的嵌套实现。

if 嵌套的程序如下：

```
IDNumber,WorkingHours=eval(input(" 请输入工号和工时："))
if WorkingHours>120:
    Payment=WorkingHours*84+(WorkingHours-120)*84*0.15
else:
    if WorkingHours>60:
        Payment=WorkingHours*84
    else:
        Payment=WorkingHours*84-700
print(f"{IDNumber} 号职工应发工资￥{Payment:.2f}.")
```

例 3-12　输入年月，求该月的天数。

分析：用 year、month 分别表示年和月，day 表示每月的天数。考虑到以下两点。

（1）每年的 1、3、5、7、8、10、12 月，每月有 31 天；4、6、9、11 月，每月有 30 天；闰年 2 月有 29 天，平年 2 月有 28 天。

（2）年份能被 4 整除，但不能被 100 整除，或者能被 400 整除的年均是闰年。

程序如下：

```
year=int(input("year="))
month=int(input("month="))
if month in(1,3,5,7,8,10,12):
    day=31
elif month in(4,6,9,11):
    day=30
else:
    logi=(year%4==0 and year%100!=0) or year%400==0
    day=29 if logi else 28
print(f"{year},{month},{day}")
```

程序的一次运行结果如下：

```
year=2022 ↙
month=12 ↙
2022,12,31
```

再次运行程序的结果如下：

```
year=2000 ↙
month=2 ↙
2000,2,29
```

还可以使用 calendar 模块的 isleap() 函数来判断闰年。例如：

```
>>> import calendar
>>> calendar.isleap(2022)
False
>>> calendar.isleap(2000)
True
```

习 题 3

一、选择题

1．以下不合法的表达式是（　）。

A．x in [1,2,3,4,5]　　B．x-6>5　　C．e>5 and 4==f　　D．3=a

2．将数学公式 2<*x* ≤ 10 表示成正确的 Python 表达式为（　）。

A．2<x ≤ 10　　B．2<x and x<=10　　C．2<x && x<=10　　D．x>2 or x <=10

3．与关系表达式 x==0 等价的表达式是（　）。

A．x=0　　B．not x　　C．x　　D．x!=1

4．下列表达式的值为 True 的是（　）。

A．2!=5 or 0　　B．3>2>2　　C．5+4j>2-3j　　D．1 and 5==0

5．下面 if 语句统计“成绩（mark）优秀的男生和不及格的男生”的人数，正确的语句为（　）。

A．if gender==" 男 " and mark<60 or mark>=90:n+=1

B．if gender==" 男 " and mark<60 and mark>=90:n+=1

C．if gender==" 男 " and (mark<60 or mark>=90):n+=1

D．if gender==" 男 " or mark<60 or mark>=90:n+=1

6．以下 if 语句中，语法错误的是（　）。

A．
```
if a>0:x=20
else:x=200
```

B．
```
if a>0:x=20
else:
    x=200
```

C．
```
if a>0:
    x=20
else:x=200
```

D．
```
if a>0
    x=20
else
    x=200
```

7．在 Python 中，实现多分支选择结构的较好方法是（　）。

A．if　　B．if-else　　C．if-elif-else　　D．if 嵌套

8．下列语句执行后的输出结果是（　）。

```
if 2:
    print(5)
else:
    print(6)
```

A．0　　B．2　　C．5　　D．6

9．下面程序段求 x 和 y 中的较大数，不正确的是（　）。

A．
```
maxNum=x if x>y else y
```

B．
```
if x>y:maxNum=x
else:maxNum=y
```

C．
```
maxNum=y
if x>y:maxNum=x
```

D．
```
if y>=x:maxNum=y
maxNum=x
```

10．下列 Python 程序的运行结果是（　）。

```
x=0
y=True
print(x>y and 'A'<'B')
```

A. True　　B. False　　C. true　　D. false

二、填空题

1. 表达式 2<=1 and 0 or not 0 的值是________。

2. 若已知 ans='n'，则表达式 ans=='y' or 'Y' 的值为________。

3. Python 提供了两个对象身份比较运算符________和_______来测试两个变量是否指向同一个对象。

4. 在直角坐标中，x、y 是坐标系中任意点的位置，用 x 和 y 表示第一象限或第二象限的 Python 表达式为________。

5. 若已知 a=3、b=5、c=6、d=True，则表达式 not d or a>=0 and a+c>b+3 的值是______。

6. Python 表达式 16-2*5>7*8/2 or "XYZ"!="xyz" and not(10-6>18/2) 的值为______。

7. 下列 Python 语句的运行结果是________。

```
x=True
y=False
z=False
print(x or y and z)
```

8. 执行下列 Python 语句将产生的结果是________。

```
m=True
n=False
p=True
b1=m|n^p; b2=n|m^p
print(b1,b2)
```

9. 对于 if 语句中的语句块，应将它们________。

10. 当 x=0、y=50 时，语句 z=x if x else y 执行后，z 的值是________。

三、问答题

1. 写出条件“20<x<30 或 x<-100”的 Python 表达式。

2. Python 实现选择结构的语句有哪些？各种语句的格式是十么？

3. 下列两个语句各自执行后，x 和 y 的值是多少？它们的作用是什么？

```
x=y=5
x=y==5
```

4. 下列 Python 语句的运行结果为______。

```
x=False
y=True
z=False
if x or y and z:print("yes")
else:print("no")
```

5. 下列 Python 语句的运行结果为______。

```
x=True
y=False
z=True
if not x or y:print(1)
elif not x or not y and z:print(2)
elif not x or y or not y and x:print(3)
else:print(4)
```

6．说明以下三个 if 语句的区别。

语句一：

```
if i>0:
    if j>0:n=1
    else:n=2
```

语句二：

```
if i>0:
    if j>0:n=1
else:n=2
```

语句三：

```
if i>0:n=1
else:
    if j>0:n=2
```

第 4 章　循环结构

在问题求解过程中，有许多具有规律性的重复操作，因此在程序中就需要重复执行某些语句。例如，求多个数之和，可以用当前的累加和与新的累加数之和的重复来实现。当然，这种重复不是简单机械地重复，每次重复都有其新的内容。也就是说，虽然每次重复执行的语句相同，但语句中变量的值是变化的，而且当重复到一定次数或满足一定条件后才能结束语句的执行。在一定条件下重复执行某些操作的控制结构称为循环结构，它由循环体及循环条件两部分组成，被重复执行的语句称为循环体，决定是否继续重复的表达式称为循环条件。循环是计算机解题的一个重要特征，也是程序设计的一种重要方法。

Python 提供了 while 语句和 for 语句来实现循环结构。本章介绍内容包括 while 循环结构、for 循环结构、循环控制语句、循环的嵌套、循环结构程序举例、Python 科学计算库的应用等。

4.1　while 循环结构

while 循环结构指通过判断循环条件是否满足来决定是否继续循环的一种循环结构，它的特点是先判断循环条件，当条件满足时执行循环。

4.1.1　while 语句

1．while 语句的一般格式

while 语句的一般格式如下：

```
while 表达式：
    语句块
```

while 语句中的表达式表示循环条件，可以是结果能解释为 True 或 False 的任何表达式，常用的是关系表达式和逻辑表达式。表达式后面必须加冒号。语句块是重复执行的部分，称为循环体。

while 语句的执行过程是：先计算表达式的值，如果值为 True，则重复执行循环体中的语句块，直到表达式值为 False 才结束循环，执行 while 语句的下一语句。while 语句的执行过程如图 4-1 所示。

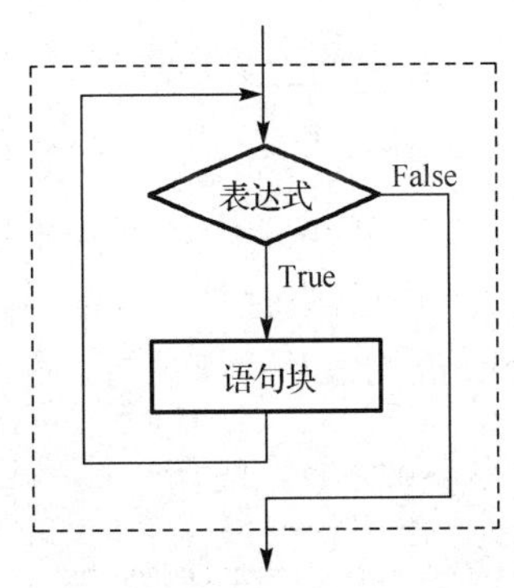

图 4-1　while 语句的执行过程

注意：

（1）循环体的语句块既可以是单个语句，也可以是多个语句。当循环体由多个语句构成时，必须以缩进对齐的方式组成一个语句块，否则会产生错误。例如：

```
p,n,r=1,0,0.03
while p<2:
    n+=1
```

```
    p*=1+r
print(n)
```

其中，循环体有“n+=1”和“p*=1+r”两个语句，它们必须上下缩进对齐。

（2）与if语句的语法类似，如果while循环体中只有一条语句，则可以将该语句与while写在同一行中。例如：

```
m=int(input(' 请输入一个整数 :'))
while m!=0:m=m//10
print(m)
```

（3）如果表达式永远为True，则循环将无限地执行下去（俗称“死”循环）。在循环体内必须有修改表达式值的语句，使其值趋向False，让循环趋于结束，以避免无限循环。例如：

```
var=1
while var==1: # 该条件永远为 True，循环将无限地执行下去
    num=input("Enter a number:")
    print("You entered:",num)
print("Good bye!")
```

程序运行结果如下：

```
Enter a number:23 ↙
You entered: 23
Enter a number:34 ↙
You entered: 34
Enter a number:-4 ↙
You entered: -4
Enter a number:
```

这是一个无限循环，只能按Ctrl+C组合键来中断循环，这种情况应当尽量避免。

2. 在while语句中使用else子句

在Python中，可以在循环语句中使用else子句，else中的语句会在循环正常执行完的情况下执行（不管是否执行循环体）。但当通过break语句（参见4.3节）跳出循环体而中断循环时，else部分就不会被执行。例如：

```
count=int(input())
while count<5:
    print(count,"is less han 5")
    count=count+1
else:
    print(count,"is not less than 5")
```

程序的一次运行结果如下：

```
1 ↙
1 is less han 5
2 is less han 5
3 is less han 5
4 is less han 5
5 is not less than 5
```

再次运行程序的结果如下：

```
8↙
8 is not less than 5
```

对程序稍做修改，看看运行情况。

```
count=int(input())
while count<5:
    print(count,"is less han 5")
    count=count+1
    if count==5:break
else:
    print(count,"is not less than 5")
```

程序运行结果如下：

```
1↙
1 is less han 5
2 is less han 5
3 is less han 5
4 is less han 5
```

4.1.2 while 循环的应用

学习循环结构程序设计，要把算法设计作为重点。算法设计的基本要点是：构造循环体、确定循环条件和循环变量的初值。一旦解决了这些问题，就可直接应用循环语句编写循环结构程序了。

例 4-1 计算 1+2+3+…+100 的值。

分析：这是求若干个数之和的累加问题。定义变量 s 存放累加和，变量 n 存放累加项，累加问题可用递推式来描述：

$$s_i=s_{i-1}+n_i(s_0=0,n_1=1)$$

即第 i 次的累加和 s 等于第 i-1 次的累加和加上第 i 次的累加项 n。从循环的角度看即本次循环的累加和 s 等于上次循环的累加和加上本次的累加项 n，可用赋值语句“s+=n”或“s=s+n”来实现。

这里用的方法称为迭代法（iterate），即设置一个变量（称为迭代变量），其值在原来值的基础上按递推关系计算出来。迭代法就用到了循环的概念，把求若干个数之和的问题转化为求两个数之和（到目前为止的累加和与新的累加项之和）的重复，这种把复杂计算过程转化为简单过程的多次重复的方法，反映了计算机解题的基本特点。

此例的累加项 n 的递推式如下：

$$n_i=n_{i-1}+1(n_1=1)$$

即累加项 n 每循环一次在原值的基础上加 1，可用赋值语句“n+=1”来实现（n=1，2，3，…，100）。

循环体要实现两种操作：s+=n 和 n+=1，并置 s 的初值为 0，n 的初值为 1。最后可以跟踪变量 s 和 n 值的变化，验证（或称静态检查）一下是否符合题意。思路清楚后就可以编写程序了。

程序如下：

```
s=0
n=1
while n<=100:          # 循环条件
    s+=n        # 实现累加求和
    n+=1         # n 增 1
print("1+2+3+…+9+100=",s)
```

程序运行结果如下：

```
1+2+3+…+9+100= 5050
```

思考：如果将循环体语句“s+=n”和“n+=1”互换位置，程序应如何修改？

从累加求和问题可以扩展到累乘问题，例如求 100！，定义变量 p 存放累乘积，变量 n 存放累乘项，累乘问题可用递推式来描述：

$$p_i = p_{i-1} \cdot n_i (p_0=1, n_1=1)$$

累乘项 n 的递推式如下：

$$n_i=n_{i-1}+1(n_1=1)$$

即循环体要实现两种操作：p*=n 和 n+=1，并置 p 的初值为 1，n 的初值为 1。

这里说明一个基本观点：Python 语言数据类型非常丰富，数据表达形式多样，数据处理的系统资源也非常多，因此在进行程序设计时可能存在非常简洁实用的方法，本书的基本出发点是，加强程序设计基本方法和能力的培养，所以很多情况还是从原始的解题思路出发，自己构造算法并编写程序。在今后实际应用过程中，当然应该充分挖掘 Python 语言的功能，选择简洁实用、方便高效的方法。例如，计算 1+2+3+…+100 的值，可以利用列表的求和函数来实现，语句如下：

```
>>> lst=list(range(1,101))        # 生成包含 1，2，3，…，100 的列表 lst
>>> s=sum(lst)                    # 求列表 lst 的元素之和，并存入变量 s
>>> s
5050
```

关于列表的详细操作将在第 6 章介绍。

例 4-2　求 $\sin x = x - \frac{x^3}{3!} + \frac{x^5}{5!} - \frac{x^7}{7!} + \cdots$，直到最后一项的绝对值小于 10^{-6} 时停止计算。其中，x 为弧度，但从键盘输入时以角度为单位。

分析：显然这是一个累加求和问题。关键是如何求累加项，较好的办法是利用前一项来求后一项，即用递推的办法来求累加项。

第 i 项：

$$a_i = (-1)^{i-1} \frac{x^{2i-1}}{(2i-1)!}$$

第 i−1 项：

$$a_{i-1} = (-1)^{i} \frac{x^{2i-3}}{(2i-3)!}$$

因此，第 i 项与第 i−1 项之间的递推关系如下：

$$a_1=x$$

$$a_i=-\frac{x^2}{(2i-2)(2i-1)}a_{i-1}\quad(i=2,3,4,\cdots)$$

即本次循环的累加项 a 可从上一次循环累加项的基础上递推出来。求 sin x 值的算法如图 4-2 所示。

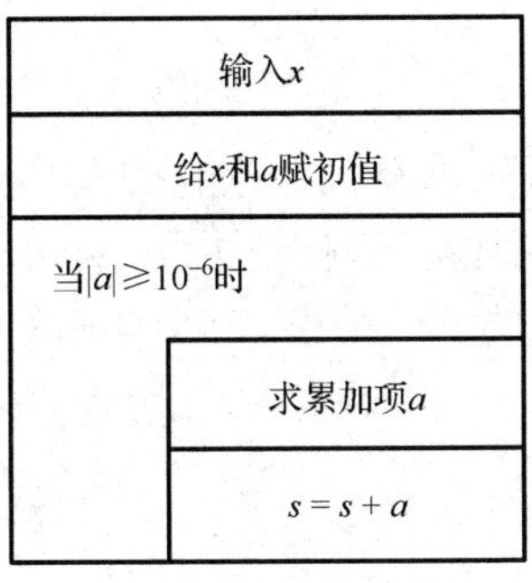
输入x
给x和a赋初值
当|a|≥10⁻⁶时
求累加项a
s = s + a

图 4-2 求 sin x 值的算法

程序如下：

```
from math import *
i=1
x1=int(input())                     # 输入一个角度
x=radians(x1)                       # 将角度化为弧度
s=x
a=x
while fabs(a)>=1e-6:                # |a| ≥ 1e-6 时继续循环，否则退出循环
    i+=1
    a*=-x*x/(2*i-2)/(2*i-1)         # 求累加项
    s+=a
print(f"x={x1},sinx={s}")
```

程序运行结果如下：

```
52 ↙
x=52,sinx=0.7880107535613835
```

累加求和问题是程序设计中的一类基本问题，请读者通过上面两个例子掌握其算法设计要领。下面另外看一个数字处理方面的问题。

例 4-3 输入一个正整数，输出其位数。

分析：输入的正整数存入变量 n 中，用变量 k 来统计 n 的位数，基本思路是每循环一次就去掉 n 的最低位数字（用 Python 的整除运算符实现），直到 n 为 0。

程序如下：

```
n=int(input())
k=0
while n>0:
    k+=1
    n//=10
```

```
print('k=',k)
```

程序运行结果如下：

```
5322 ↙
k= 4
```

4.2 for 循环结构

有一种很重要的循环结构是已知重复执行次数的循环，通常称为计数循环。一般程序设计语言都提供了相应的语句来实现计数循环。当然，while 语句也可以实现计数循环，for 语句也不局限于计数循环。Python 中的 for 循环是一个通用的序列迭代器，可以遍历任何有序的序列对象的元素。for 语句可用于字符串、列表、元组，以及其他内置可迭代对象。

4.2.1 for 语句

1. for 语句的一般格式

for 语句的一般格式如下：

```
for 目标变量 in 序列对象 :
   语句块
```

for 语句的首行定义了目标变量和遍历的序列对象，后面是需要重复执行的语句块。语句块中的语句要向右缩进，且缩进量要一致。

for 语句的执行过程是：将序列对象中的元素逐个赋给目标变量，对每次赋值都执行一遍循环体语句块。当序列被遍历后，即每个元素都用过了，则结束循环，执行 for 语句的下一语句。for 语句的执行过程如图 4-3 所示。

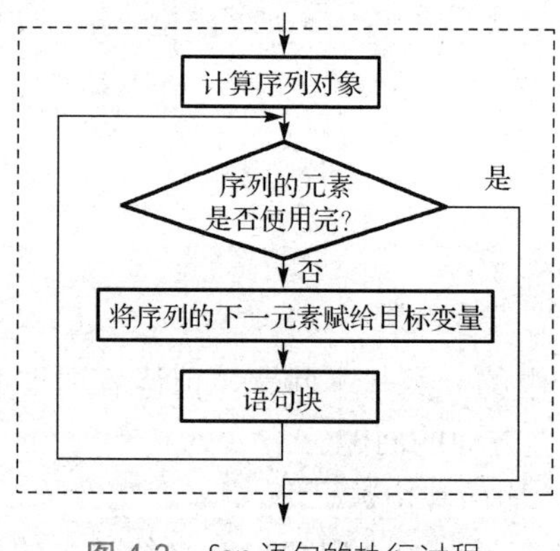

图 4-3　for 语句的执行过程

注意：

（1）for 语句是通过遍历任意序列的元素来建立循环的，针对序列的每个元素执行一次循环体。列表、字符串、元组都是序列，可以利用它们来建立循环。下面是一些例子。

遍历列表建立循环：

```
fruits=['banana','apple','mango']
for fruit in fruits:
```

```
    print('Current fruit:',fruit)
```

程序运行结果如下：

```
Current fruit: banana
Current fruit: apple
Current fruit: mango
```

遍历字符串建立循环：

```
for c in "Hello World!":print(c,end='-')
```

程序运行结果如下：

```
H-e-l-l-o- -W-o-r-l-d-!-
```

遍历元组建立循环：

```
fruits=('banana','apple','mango')
for fruit in fruits:
    print('Current fruit:',fruit)
```

程序运行结果如下：

```
Current fruit: banana
Current fruit: apple
Current fruit: mango
```

用于 for 循环时，元组和列表具有完全一样的作用。

（2）for 循环的循环次数显然就是序列中元素的个数，即序列的长度。可以利用序列长度来控制循环次数，这时关注的不是序列元素的值，而是元素的个数。看下列程序。

```
s=0
for k in[1,2,3,4,5,6,7,8,9,10]:
    x=int(input())
    s+=x
print("s=",s)
```

程序用于从键盘输入 10 个数，然后求它们的和。

（3）目标变量的作用是存储每次循环所引用的序列元素的值，在循环体中也可以引用目标变量的值。在这种情况下，目标变量不仅能控制循环次数，而且直接影响循环体中的运算量。例如：

```
s=0
for k in[1,2,3,4,5,6,7,8,9,10]:
    s+=k
print("s=",s)
```

程序运行结果如下：

```
s= 55
```

（4）可以在 for 循环体中修改目标变量的值，但当程序执行流程再次回到循环开始时，就会自动被设成序列的下一个元素。退出循环之后，该变量的值就是循环中最后的值。分析下列程序的输出结果。

```
for x in[1,2,3,4]:
    print(" 存放序列元素的 x=",x)          # 目标变量设为序列元素的值
    x=20                 # 修改目标变量
    print(" 修改后的 x=",x)                # 目标变量改变后的值
print(" 退出 for 循环后的 x=",x)           # 退出 for 循环后的目标变量
```

程序运行结果如下：

```
存放序列元素的 x= 1
修改后的 x= 20
存放序列元素的 x= 2
修改后的 x= 20
存放序列元素的 x= 3
修改后的 x= 20
存放序列元素的 x= 4
修改后的 x= 20
退出 for 循环后的 x= 20
```

（5）for 语句也支持一个可选的 else 块，它的功能就像在 while 循环中一样，如果循环离开时没有碰到 break 语句，则执行 else 块。也就是说，序列所有元素都被访问过了之后，执行 else 块。例如：

```
for c in ["ABC","D","EFG"]:
    print(c)
else:
    print(c)
```

程序运行结果如下：

```
ABC
D
EFG
EFG
```

2．rang 对象在 for 循环中的应用

如果需要遍历一个整数序列，则使用 range() 函数。在 Python 3.x 中，range() 函数返回的是一个可迭代对象，而不是列表或元组。因为使用列表或者元组需要一次性获取所有元素，占用的内存多，而可迭代对象并非一次性产生迭代过程的所有元素，而是在迭代到某个元素时才计算该元素，占用的内存少。for 循环实现了自动迭代的功能，在数据量较大的应用场合可以显著提高程序的执行效率。

Python 专门为 for 语句设计了迭代器的处理方法。在 for 循环中，Python 将自动调用内置函数 iter() 获得迭代器，自动调用内置函数 next() 获取元素，还完成了检查 StopIteration 异常的工作。如果需要遍历一个数字序列，则使用 range 对象。例如：

```
for i in range(5):
    print(i,end=' ')
```

程序运行结果如下：

```
0 1 2 3 4
```

首先 Python 对关键字 in 后的对象调用 iter() 函数获得迭代器，然后调用 next() 函数获得迭代器的元素，直到抛出 StopIteration 异常。看以下语句的执行结果。

```
>>> x=iter(range(5))    # 获得迭代器
>>> next(x)             # 获得迭代器的元素
0
>>> next(x)             # 获得迭代器的元素
1
>>> next(x)             # 获得迭代器的元素
2
>>> next(x)             # 获得迭代器的元素
3
>>> next(x)             # 获得迭代器的元素
4
>>> next(x)             # 抛出 StopIteration 异常
```

4.2.2　for 循环的应用

for 循环是一种很重要的循环实现形式，下面看一些实际例子。

例 4-4　输入 20 个数，求出其中的最大数与最小数。

分析：先假设第一个数就是最大数或最小数，再将剩下的 19 个数与到目前为止的最大数、最小数进行比较，比完 19 次后即可找出 20 个数中的最大数与最小数。算法思路可参考例 2-2。

程序如下：

```
x=int(input())
max=min=x
for i in range(1,20):
    x=int(input())
    if x>max:
        max=x
    elif x<min:
        min=x
print(f"max={max},min={min}")
```

程序用 for 循环控制比较 19 次，每次比较用多分支 if 语句实现。请读者思考三个问题：

（1）能否将 for 语句中的 range(1,20) 函数改为 range(20) 函数或 range(19) 函数？为什么？

（2）能否将循环体中的多分支 if 语句（if…elif 语句）改为以下两个单分支 if 语句？

```
if x>max:max=x
if x<min:min=x
```

（3）能否将循环体中的多分支 if 语句（if…elif 语句）改为以下双分支 if 语句？

```
if x>max:
    max=x
else:
    min=x
```

例 4-5　求 Fibonacci 数列的前 30 项。

分析：设待求项（f_n）为 f，待求项前面的第一项（f_{n-1}）为 f_1，待求项前面的第二项（f_{n-2}）为 f_2。首先根据 f_1 和 f_2 推出 f，再将 f_1 作为 f_2、f 作为 f_1，为求下一项做准备。如此一直递推下去。

	1		1		2		3		5
第一次：	f_2	+	f_1	→	f				
			↓		↓				
第二次：			f_2	+	f_1	→	f		
					↓		↓		
第三次：					f_2	+	f_1	→	f

程序如下：

```
f1,f2=1,1
print(f1,'\t',f2,end='\t')
for i in range(3,31):
    f=f2+f1
    print(f,end='\t')
    if i%5==0:print()                # 控制一行输出 5 个数
    f2,f1=f1,f                       # 更新 f1、f2，为求下一项做准备
```

程序运行结果如下：

```
1        1        2        3        5
8        13       21       34       55
89       144      233      377      610
987      1597     2584     4181     6765
10946    17711    28657    46368    75025
121393   196418   317811   514229   832040
```

程序中的 if 语句用于控制输出格式，使输出 5 项后换行，每行输出 5 个数。

例 4-6　输入一个整数 m，判断是否为素数。

分析：素数是大于 1，且除了 1 和它本身，不能被其他任何整数所整除的整数。为了判断整数 m 是否为素数，一个最简单的办法用 2，3，4，5，…，m-1 这些数逐个去除 m，看能否整除，如果全都不能整除，则 m 是素数，否则，只要其中一个数能整除，则 m 不是素数。当 m 较大时，用这种方法，除的次数太多。有许多改进办法可以减少除的次数，提高运行效率。其中一种方法是用 2，3，4，…，$\sqrt{m}$ 去除，如果都不能整除，则 m 是素数，这是因为如果小于或等于 $\sqrt{m}$ 的数都不能整除 m，则大于 $\sqrt{m}$ 的数也不能整除 m。

用反证法证明。设有大于 $\sqrt{m}$ 的数 j 能整除 m，则它的商 k 必小于 $\sqrt{m}$，且 k 能整除 m（商为 j）。这与原命题矛盾，假设不成立。

可以设一个变量来作为是否素数的标志，用 for 语句实现的程序如下：

```
import math
m=int(input(" 请输入一个数 :"))
j=int(math.sqrt(m))
flag=True                            # 素数标志
for i in range(2,j+1):
    if m%i==0:flag=False             # 修改素数标志
```

```
if flag and m>1:
    print(m," 是素数。")
else:
    print(m," 不是素数。")
```

在上面的程序中，用 i 的变化来控制循环流程，可以用 while 语句实现，程序如下：

```
import math
m=int(input(" 请输入一个数 :"))
i,j=2,int(math.sqrt(m))
flag=1                          # 素数标志
while i<=j and flag==1:
    if m%i==0:
        flag=0                  # 不是素数时修改标志
    i+=1                        # 注意缩进对齐
if flag and m>1:                # 素数大于 1
    print(m," 是素数。")
else:
    print(m," 不是素数。")
```

程序中的标志变量用整型数据赋值，这和前一程序用逻辑型数据不同，但达到的目的是一样的，体现了程序设计的多样性。程序设计的多样性还体现在很多细节上。例如，以上程序中关于 flag 标志变量的使用，在 while 语句表示条件的表达式中用“flag==1”，而在最后 if 语句表示条件的表达式中用“flag”，其实两者是等价的。再如，程序中先假定 flag 的值为 1，不是素数时改为 0，反过来行吗？程序如何修改？再如，while 循环体 if 语句中的“m%i==0”可以等价表示为“not(m%i)”。

由上述两个不同实现方式的程序可以看出，实现循环结构的两种语句各具特点，一般情况下，它们也可以相互通用。但在不同情况下，选择不同的语句可能使编程更方便、程序更简洁，所以在编写程序时要根据实际情况进行选择。while 语句多用于循环次数不确定的情况，而对于循环次数确定的情况，使用 for 语句更方便。

4.3 循环控制语句

循环控制语句可以改变循环的执行路径。Python 支持以下循环控制语句：break 语句、continue 语句和 pass 语句。

4.3.1 break 语句

break 语句用在循环体内，迫使所在循环立即终止，即跳出所在循环体，继续执行循环结构后面的语句。看下面的程序。

```
var=10
while var>0:
    print('Current variable value:',var)
    var=var-1
    if var==5:break
print("Good bye!")
```

程序运行结果如下：

```
Current variable value: 10
Current variable value: 9
Current variable value: 8
Current variable value: 7
Current variable value: 6
Good bye!
```

例 4-7　求两个整数 a 与 b 的最大公约数。

分析：找出 a 与 b 中较小的一个，则最大公约数必在 1 与较小整数的范围内。使用 for 语句，循环变量 i 从较小整数变化到 1。一旦循环控制变量 i 同时整除 a 与 b，则 i 就是最大公约数，然后使用 break 语句强制退出循环。

程序如下：

```
a,b=eval(input(" 请输入两个整数 :"))
if a>b:a,b=b,a                              # 保证 a 为较小的数
for i in range(a,0,-1):
    if a%i==0 and b%i==0:                   # 第一次能同时整除 a 和 b 的 i 为最大公约数
        print(" 最大公约数是 ",i)
        break
```

程序运行结果如下：

```
请输入两个整数 :18,32 ↙
最大公约数是 2
```

求两个数的最大公约数还可用辗转相除法，基本步骤如下：

（1）求 a/b 的余数 r。

（2）若 r=0，则 b 为最大公约数，否则执行第（3）步。

（3）将 b 的值放在 a 中，r 的值放在 b 中。

（4）转到第（1）步。

程序如下：

```
a,b=eval(input(" 请输入两个整数 :"))
r=a%b
while r!=0:
    a,b=b,r
    r=a%b
print(" 最大公约数是 ",b)
```

程序运行结果如下：

```
请输入两个整数：18,32 ↙
最大公约数是 2
请输入两个整数：84,896 ↙
最大公约数是 28
```

4.3.2 continue 语句

与 break 语句不同，在循环结构中执行 continue 语句时，并不会退出循环结构，而是立即结束本次循环，重新开始下一轮循环，也就是说，跳过循环体中在 continue 语句之后的所有语句，继续下一轮循环。对于 while 语句，执行 continue 语句后将使控制直接转向条件判断部分，从而决定是否继续执行循环。对于 for 语句，执行 continue 语句后并没有立即测试循环条件，而是先将序列的下一个元素赋给目标变量，根据赋值情况来决定是否继续执行 for 循环。看下面的程序。

```
var=10
while var>0:
    var=var-1
    if var==5:continue
    print('Current variable value:',var)
print("Good bye!")
```

程序运行结果如下：

```
Current variable value: 9
Current variable value: 8
Current variable value: 7
Current variable value: 6
Current variable value: 4
Current variable value: 3
Current variable value: 2
Current variable value: 1
Current variable value: 0
Good bye!
```

continue 语句和 break 语句的主要区别是：continue 语句只结束本次循环，而不是终止整个循环的执行。break 语句则是结束所在循环，跳出所在循环体。

例 4-8　求 1 ～ 100 之间的全部奇数之和。

程序如下：

```
x=y=0
while True:
    x+=1
    if not(x%2):continue          # x 为偶数直接进行下一次循环
    elif x>100:break              # x>100 时退出循环
    else:y+=x                     # 实现累加
print("y=",y)
```

本程序只是为了说明 continue 语句和 break 语句的作用。while 语句中表示条件的表达式为“True”，相当于循环条件永远成立。当 x 为偶数时执行 continue 语句直接进行下一次循环。当 x 的值大于 100 时，执行 break 语句跳出循环体。

4.3.3 pass 语句

pass 语句是一个空语句，它不做任何操作，代表一个空操作。pass 语句用于在某些场合下语法上需要一个语句但实际却什么都不做的情况，就相当于一个占位符。例如，循环体可以包含一个语句，也可以包含多个语句，但是却不可以没有任何语句。例如，如果只是想让程序循环一定次数，但循环过程什么也不做，就可以使用 pass 语句。看下面的循环语句。

```
for x in range(10):
    pass
```

该语句的确会循环 10 次，但是除循环本身外，它什么也没做。

再看下面的程序。

```
for letter in 'Python':
    if letter=='h':
        pass
        print('*****pass****')
    print('Current Letter:',letter)
print("Good bye!")
```

程序运行结果如下：

```
Current Letter: P
Current Letter: y
Current Letter: t
*****pass****
Current Letter: h
Current Letter: o
Current Letter: n
Good bye!
```

4.4 循环的嵌套

如果一个循环结构的循环体又包括一个循环结构，就称为循环的嵌套，或称为多重循环结构。经常用到的是二重循环和三重循环。在多重循环结构中，处于内部的循环称为内循环，处于外部的循环称为外循环。如果使用多重循环，break 语句将停止执行所在层的循环，返回执行外循环体。

在设计多重循环时，要特别注意内循环和外循环之间的嵌套关系，以及各语句放置的位置。

例 4-9　输入 n，求下列表达式的值。

$$1+\frac{1}{1+2}+\frac{1}{1+2+3}+\cdots+\frac{1}{1+2+3+\cdots+n}$$

分析：这是求 n 项之和的问题。先求累加项 a，再用语句“s+=a”实现累加，共有 n 项，所以共循环 n 次。

求累加项 a 时，分母又是求和问题，也可以用一个循环来实现。因此，整个程序构成一个二重循环结构。

程序如下：

```
s=0
n=int(input())
```

```
for i in range(1,n+1):
    a1=0
    for j in range(1,i+1):
        a1+=j
    a=1/a1
    s+=a
print("s=",s)
```

程序运行结果如下：

```
15 ↙
s= 1.8749999999999998
```

例 4-10 输出 [100,1000] 以内的全部素数。

分析：可分为以下两步。

（1）判断一个数是否为素数。

（2）将判断一个数是否为素数的程序段，对指定范围内的每个数都执行一遍，即可求出某个范围内的全部素数。这种方法称为穷举法，也叫枚举法，即首先依据题目的部分条件确定答案的大致范围，然后在此范围内对所有可能的情况逐一验证，直到全部情况验证完。若某个情况经验证符合题目的全部条件，则为本题的一个答案。若全部情况经验证不符合题目的全部条件，则本题无解。穷举法是一种重要的算法设计策略，可以说是计算机解题的一大特点。

程序如下：

```
import math
n=0
for m in range(101,1000,2):
    i,j=2,int(math.sqrt(m))
    while i<=j:
        if not(m%i):
            break
        else:
            i=i+1
    else:
        print(m,end=" ")
        n+=1                        # n 统计素数个数
        if n%10==0:print("\n")      # 一行输出 10 个素数
```

关于本程序再说明三点：

（1）因为注意到大于 2 的素数全为奇数，所以 m 从 101 开始，每循环一次，m 值加 2。

（2）n 的作用是统计素数的个数，控制每行输出 10 个素数。

（3）例中判断素数的程序段又有了变化。只是想说明，程序的实现方法是千变万化的，但算法设计的基本思路是共同的，读者应抓住算法的核心，以不变应万变。

4.5 循环结构程序举例

循环结构的基本思想是重复，即利用计算机运算速度快及能进行逻辑判断的特点，重复执行某些语句，以满足复杂的计算要求，这是程序设计中最能发挥计算机特长的程序结构，对培养程序设计能力非常重要。学习程序设计没有捷径可走，只有多练习、多思考，通过不断实践，才能真正掌握好程序设计的思路和方法。下面再看一些程序例子。

例 4-11　已知 $y=1+\frac{1}{3}+\frac{1}{5}+\cdots+\frac{1}{2n-1}$，求：

（1）$y<3$ 时的最大 n 值。

（2）与（1）的 n 值对应的 y 值。

分析：这是一个累加求和问题，循环条件是累加和 $y \geqslant 3$，求 y 值的算法如图 4-4 所示。当退出循环时，y 的值已超过 3，因此要减去最后一项，n 的值相应也要减去 1。又由于最后一项累加到 y 后，n 又增加了 1，故 n 还要减去 1，即累加的项数是 $n-2$。

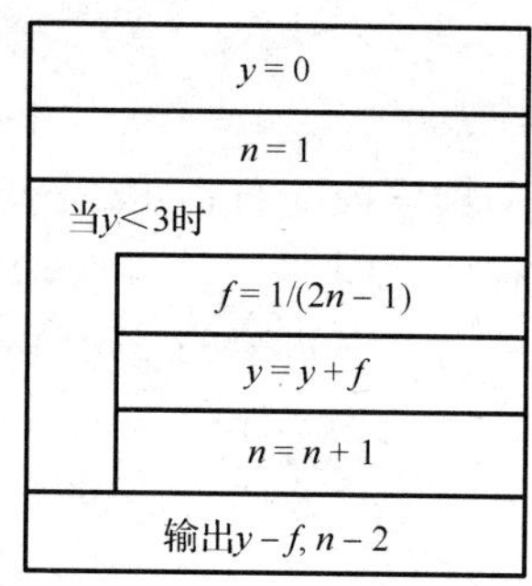

图 4-4　求 y 值的算法

程序如下：

```
n=1
y=0
while y<3:
    f=1.0/(2*n-1)                        # 求累加项
    y+=f                                 # 累加
    n+=1
print(f"y={y-f},n={n-2}")                # 退出循环时的 y 值、n 值与待求 y、n 不同
```

程序运行结果如下：

```
y=2.994437501289942,n=56
```

对于循环结构程序，为了验证程序的正确性，往往用某些特殊数据来运行程序，看结果是否正确。对于本题，如果说求 $y<3$ 时的最大 n 值结果不便推算，但求 $y<1.5$ 时的最大 n 值结果是显而易见的，所以在调试程序时，可先求 $y<1.5$ 的最大 n 值，程序应能得到正确结果。当然，在特殊数据下程序正确，还不能保证程序一定正确，但起码在特殊数据下程序不正确，程序一定不正确。

请读者思考以下三个问题：

（1）求 $y \geqslant 3$ 时的最小 n 值，如何修改程序？

（2）求 y 的值，直到累加项小于 10^{-6} 为止，如何修改程序？

（3）n 取 100，求 y 的值，如何修改程序？

例 4-12 求 $f(x)$ 在 $[a, b]$ 上的定积分 $\int_a^b f(x)\mathrm{d}x$。

分析：求一个函数 $f(x)$ 在 $[a,b]$ 上的定积分，其几何意义就是求曲线 $y=f(x)$ 与直线 $x=a$、$x=b$、$y=0$ 所围成的图形的面积。

为了求得图形面积，先将区间 $[a,b]$ 分成 n 等份，每个区间的宽度为 $h=(b-a)/n$，对应地将图形分成 n 等份，每个等份近似于一个小曲边梯形。近似求出每个小曲边梯形的面积，然后将 n 个小曲边梯形的面积相加，就得到总面积，即定积分的近似值。n 越大，近似程度越高。这就是函数的数值积分方法。

近似求每个小曲边梯形的面积，常用的方法有：

（1）用小矩形代替小曲边梯形，求出各个小矩形面积，然后累加。此种方法称为矩形法。

（2）用小梯形代替小曲边梯形，此种方法称为梯形法。

（3）先用抛物线代替该区间的 $f(x)$，然后求出抛物线与 $x=a+(i-1)h$、$x=a+ih$、$y=0$ 围成的小曲边梯形面积，此种方法称为辛普生法。

以梯形法为例，求解方法如图 4-5 所示。

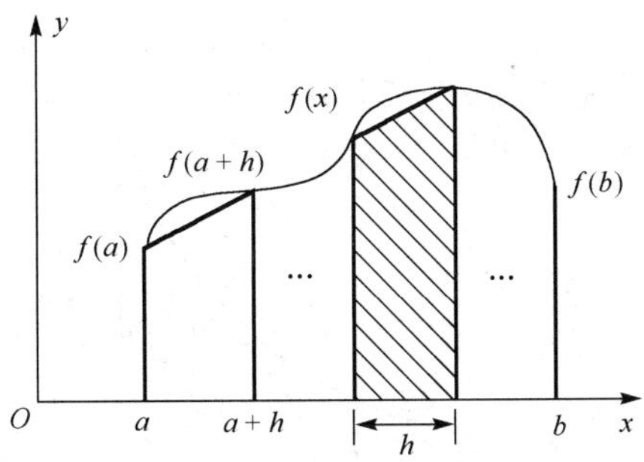

图 4-5 梯形法求定积分

第一个小梯形的面积如下：

$$s_1 = \frac{f(a)+f(a+h)}{2}\cdot h$$

第二个小梯形的面积如下：

$$s_2 = \frac{f(a+h)+f(a+2h)}{2}\cdot h$$

……

第 n 个小梯形的面积如下：

$$s_n = \frac{f[a+(n-1)h]+f(a+n\cdot h)}{2}\cdot h$$

设 $f(x)=\dfrac{1}{1+x}$，程序如下：

```
a,b,n=eval(input())
s=0
h=(b-a)/n
x=a
f0=1/(1+x)
```

```
for i in range(1,n+1):
    x=x+h                        # 求 x
    f1=1/(1+x)                   # 求新的函数值
    s=s+(f0+f1)*h/2              # 求小梯形的面积并累加
    f0=f1                        # 更新函数值
print("s=",s)
```

程序运行结果如下：

```
0,2,1000 ↙
s= 1.0986125849642736
```

例 4-13 用牛顿迭代法求方程 $f(x)=2x^3-4x^2+3x-7=0$ 在 $x=2.5$ 附近的实根，直到满足 $|x_n-x_{n-1}|\leqslant 10^{-6}$ 为止。

分析：迭代法的关键是确定迭代公式、迭代的初始值和精度要求。牛顿切线法是一种高效的迭代法，它的实质是以切线与 x 轴的交点作为曲线与 x 轴交点的近似值以逐步逼近解，如图 4-6 所示。

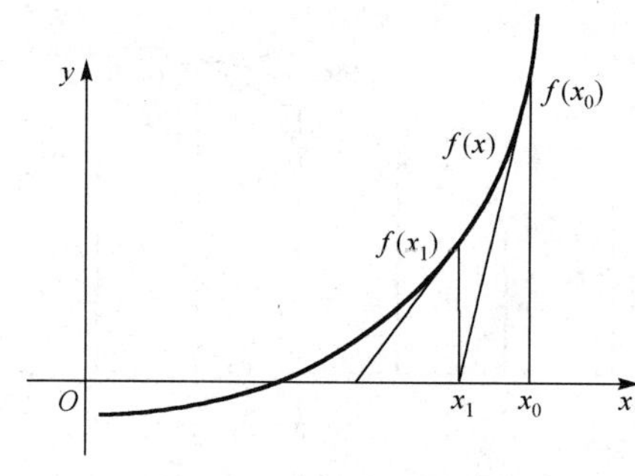

图 4-6　牛顿迭代法

牛顿迭代公式如下：

$$x_n = x_{n-1} - \frac{f(x_{n-1})}{f'(x_{n-1})} \qquad (n=1,2,3,\cdots)$$

其中，$f'(x)$ 为 $f(x)$ 的一阶导数。

程序如下：

```
import math
d,x2=1,2.5
while math.fabs(d)>1.0e-6:
    x1=x2
    d=(((2.0*x1-4.0)*x1+3.0)*x1-7.0)/((6.0*x1-8.0)*x1+3.0)
    x2=x1-d
print("The root is",x2)
```

程序运行结果如下：

```
The root is 2.085481303712927
```

关于迭代初值 x_0 的选取问题，理论上可以证明，只要选取满足条件 $f(x_0)\,f''(x_0)>0$ 的初

始值 x_0，就可保证牛顿迭代法收敛。当然迭代初值不同，迭代的次数也就不同。

4.6 Python 科学计算库的应用

前面介绍了求定积分和求一元方程根的循环结构实现方法，本节利用 NumPy 与 SciPy 库来实现。NumPy 与 SciPy 是两个重要的 Python 第三方库，在科学计算方面有着广泛的应用。本节并不介绍它们的全部功能，而是给出求定积分和求一元方程根的另类求解方法，展示 Python 问题求解的多样性。

4.6.1 NumPy 库的应用

NumPy 是 Python 数值计算的基础程序库，提供了多维数组和各种可以对数组元素进行操作的通用函数，既方便又高效。NumPy 加入了许多实现特定功能的模块，如线性代数模块 linalg 支持矩阵求逆、特征值、行列式、范数、线性方程组求解等各种功能。

1. 第三方库的安装

第三方库是 Python 开发环境的一个独立工具包，在使用之前必须单独安装。推荐使用 Python 安装包自带的工具 pip 来安装第三方库。先进入 Windows 命令提示符界面，然后在网络连接状态下按以下格式输入命令。

```
pip install 第三方库的名字
```

以安装 NumPy 库为例，其安装界面如图 4-7 所示。

图 4-7 使用 pip 命令安装第三方库

这里要注意，pip 命令相当于 Windows 命令提示符环境的一条外部命令，必须将 Python 安装路径添加到 Windows 搜索路径中（安装 Python 时选中“Add python.exe to PATH”复选框），才能在任何路径下执行 pip 命令。

第三方库安装好后，需要导入才能使用，导入方法和标准模块导入方法一样。通常用以下方式导入 NumPy 库，其中 np 是 numpy 的别名，在后续命令中，np 就代表 numpy。

```
>>> import numpy as np
```

2. NumPy 数组的操作

NumPy 库中基础的数据类型是同类型元素构成的数组，称为 ndarray 多维数组对象。

（1）创建 NumPy 数组。

创建 NumPy 数组的方法有很多。例如，可以使用 array() 函数由 Python 的序列对象创建 NumPy 数组，NumPy 数组可以直接参与各种运算，运算结果也是数组，这给批量数据的计算和处理带来方便。

```
>>> import numpy as np
```

```
>>> x=np.array([1,2,3,4])          # 创建一个一维数组
>>> y=np.sin(x)                    # 求 x 各个点的正弦函数值 y
>>> y                              # y 也是一个一维数组
array([ 0.84147098,  0.90929743,  0.14112001, -0.7568025 ])
```

注意，Python 的 math 模块也能实现各种函数运算，但和 NumPy 库函数不同，math 模块只能是单个数值，不能是列表或元组。

（2）创建一维数组的两个常用函数。

NumPy 库中的 arange() 函数和 linspac() 函数可以创建一维数组，一般调用格式如下：

```
arange([start,]end[,step])
linspace(start,end[,num=50][,endpoint=True])
```

NumPy 的 arange() 函数和 Python 的 range() 函数类似，生成 start 到 end（不包括 end）、步长为 step 的数组。start 默认为 0，step 默认为 1。

linspac() 函数生成 start 到 end、元素个数为 num 的数组。endpoint 为 True 时包括 end，endpoint 为 False 时不包括 end，默认为 True；元素个数默认为 50。

```
>>> a=np.arange(0,10,2)            # 生成的数组中不包括终值 10
>>> a
array([0, 2, 4, 6, 8])
>>> b=np.linspace(1,20,5)          # 在 1 到 20 之间产生 5 个元素的数组（包括终值 20）
>>> b
array([ 1.  ,  5.75, 10.5 , 15.25, 20.  ])
```

（3）数据统计函数。

NumPy 库还提供了许多数据统计函数，例如求和函数 sum()、求平均值函数 mean()、求积函数 prod()、求最大值函数 max()、求最小值函数 min() 等。

```
>>> a=np.array([3,-1,0.5,10])
>>> np.sum(a)          # 求 a 的全部元素之和
12.5
>>> a[0:3]             # 引用 a 的前三个元素
array([ 3. , -1. ,  0.5])
>>> np.prod(a[-3:])    # 求 a 的后三个元素之积
-5.0
```

3. 利用 NumPy 求定积分

因为求定积分的问题就是求 n 个面积之和的问题，所以可以利用 NumPy 的数组计算功能来求定积分。此外，NumPy 还提供了 trapz() 函数来求定积分。该函数对离散数据形式的函数关系用梯形法来计算定积分，一般调用格式如下：

```
trapz(y, x)
```

其中，x 为自变量向量，y 为对应的函数值向量。x 省略时，采用均匀间隔。例如：

```
>>> import numpy as np
>>> np.trapz([7,9,12])             # x 间隔为 1，相当于两个梯形的面积
18.5
```

例 4-14　求定积分。

$$I = \int_0^2 \frac{1}{1+x} \mathrm{d}x$$

分析：采用梯形积分法，步骤如下。

（1）产生积分区间范围内的一个具有 n 个元素的一维数组，并求个点的被积函数值。

（2）构造求 n 个梯形面积的表达式（这一步是关键）。

（3）求 n 个梯形面积之和。

程序如下：

```
import numpy as np
a,b=0,2
n=int(input())
h=(b-a)/n                        # 将积分区间 n 等分
x=np.linspace(a,b,n+1)
y=1/(1+x)                        # 求各个点的被积函数值
area=(y[0:n]+y[-n:])*h/2         # 求 n 个梯形的面积
s1=np.sum(area)                  # 求 n 个梯形面积之和
s2=np.trapz(y,x)                 # 调用 trapz() 函数求定积分
print(f"I1={s1}")
print(f"I2={s2}")
```

程序运行结果如下：

```
1000 ↙
I1=1.0986125849642743
I2=1.0986125849642743
```

4.6.2　SciPy 库的应用

SciPy 库是在 NumPy 数组框架的基础上实现的，是对 NumPy 数组和数组运算功能的扩充。SciPy 库包含一系列功能模块，如线性代数模块 linalg、数值积分模块 integrate、最优化模块 optimize、插值模块 interpolate、统计模块 stats 等。利用这些模块函数可以解决大量的科学计算问题。

1. 利用 SciPy 求定积分

可以利用 scipy.integrate 模块中的 quad() 函数来求一元函数的定积分，一般调用格式如下：

```
quad(func, a, b)
```

其中，func 是一个函数名，代表被积函数；a 是积分下限；b 是积分上限。quad() 函数返回两个值，其中第一个值是定积分值，第二个值是积分值中绝对误差的估计值。

scipy.integrate 模块还提供二重积分函数 dblquad()、三重积分函数 tplquad()，以及其他积分函数。

例 4-15　用 SciPy 求例 4-14 的定积分。

分析：quad() 函数的第一个参数代表被积函数，这里用匿名函数来定义（详见第 6 章）。程序如下：

```
f_int=lambda x: 1/(1+x)          # 定义被积函数
```

```
from scipy import integrate          # 先要安装 SciPy 库
a,b=0,2
s=integrate.quad(f_int,a,b)          # 求定积分
print(f"I3={s[0]}")                  # s 的第一个元素是定积分值
```

程序运行结果如下：

```
I3=1.0986122886681096
```

2. 利用 SciPy 求一元方程的根

scipy.optimiz 模块既可以用来求不同函数在多个约束条件下的最优化问题，也可以用来求函数在某个点附近的根和对应的函数值。其中，fsolve() 函数和 root() 函数都可以用来求一元函数的根，它们的一般调用格式如下：

```
fsolve(func, x0)
root(func, x0)
```

其中，func 代表方程对应的函数表达式，x0 为初值。fsolve() 函数返回一个 n 维数组（对于一元方程只有一个元素）；root() 函数返回一个“OptimizeResult”对象，最重要的属性是解数组 x。

例 4-16　利用 SciPy 求 $f(x)=2x^3-4x^2+3x-7=0$ 在 $x=2.5$ 附近的根。

分析：分别用 fsolve() 函数和 root() 函数对方程进行求解。

程序如下：

```
f_opt=lambda x: 2*x**3-4*x**2+3*x-7      # 定义 f(x)
from scipy.optimize import fsolve,root
x1=fsolve(f_opt,2.5)                      # 用 fsolve() 函数求根
x2=root(f_opt,2.5)                        # 用 root() 函数求根
print(f"x1={x1[0]}")                      # 输出 x1 的第一个元素
print(f"x2={x2.x[0]}")                    # 输出 x2 的 x 属性的第一个元素
```

程序运行结果如下：

```
x1=2.085481303713038
x2=2.085481303713038
```

习　题　4

一、选择题

1．关于 while 循环和 for 循环的区别，下列叙述中正确的是（　　）。

A．while 语句的循环体至少无条件执行一次，for 语句的循环体有可能一次都不执行

B．while 语句只能用于循环次数未知的循环，for 语句只能用于循环次数已知的循环

C．在很多情况下，while 语句和 for 语句可以等价使用

D．while 语句只能用于可迭代变量，for 语句可以用任意表达式表示条件

2．设有如下程序段：

```
k=10
```

```
while k:
    k=k-1
    print(k)
```

则下面描述中正确的是（　）。

A．while 循环执行 10 次　　B．循环是无限循环

C．循环体语句一次也不执行　　D．循环体语句执行一次

3．以下 while 语句中的表达式“not E”等价于（　）。

```
while not E:
    pass
```

A．E==0　　B．E!=1　　C．E!=0　　D．E==1

4．有以下程序段：

```
n=0
p=0
while p!=100 and n<3:
    p=int(input())
    n+=1
```

while 循环结束的条件是（　）。

A．p 的值不等于 100 且 n 的值小于 3

B．p 的值等于 100 且 n 的值大于或等于 3

C．p 的值不等于 100 或 n 的值小于 3

D．p 的值等于 100 或 n 的值大于或等于 3

5．在以下 for 语句中，不能完成 1～10 的累加功能的是（　）。

A．
```
Sum=0
for i in range(10,0):
    Sum+=i
```

B．
```
Sum=0
for i in range(1,11):
    Sum+=i
```

C．
```
Sum=0
for i in range(10,0,-1):
    Sum+=i
```

D．
```
Sum=0
for i in (10,9,8,7,6,5,4,3,2,1):
    Sum+=i
```

6．对下列语句不符合语法要求的表达式是（　）。

```
for var in ____:
    print(var)
```

A．range(0,10)　　B．"Hello"　　C．(1,2,3)　　D．5

7．下面 Python 循环体执行的次数与其他选项不同的是（　）。

A．
```
i=0
while i<=10:
    print(i)
    i+=1
```

B．
```
i=10
while i>0:
    print(i)
    i-=1
```

C．
```
for i in range(10):
    print(i)
```

D．
```
for i in range(10,0,-1):
    print(i)
```

8．下列 for 循环执行后，输出结果的最后一行是（　）。

```
for i in range(1,3):
    for j in range(2,5):
        print(i*j)
```

A．2　　B．6　　C．8　　D．15

9．关于下列 for 循环，叙述正确的是（　）。

```
for t in range(1,11):
    x=int(input())
    if x<0:continue
    print(x)
```

A．当 x<0 时整个循环结束　　B．x>=0 时什么也不输出
C．print() 函数永远也不执行　　D．最多允许输出 10 个非负整数

10．下列说法中正确的是（　）。

A．break 用在 for 语句中，而 continue 用在 while 语句中
B．break 用在 while 语句中，而 continue 用在 for 语句中
C．continue 能结束循环，而 break 只能结束本次循环
D．break 能结束循环，而 continue 只能结束本次循环

二、填空题

1．当循环结构的循环体由多个语句构成时，必须用________的方式组成一个语句块。

2．执行下列程序后的输出结果是______，其中 while 循环执行了______次。

```
i=-1
while i<0:
    i*=i
print(i)
```

3．以下 while 循环的循环次数是（　）。

```
i=0
while i<10:
    if i<1:continue
    if i==5:break
    i+=1
```

4．执行下列程序后，k 的值是（　）。

```
k=1
n=263
while n:
    k*=n%10
    n//=10
```

5．执行循环语句 for i in range(1,5,2):print(i)，循环体执行的次数是________。

6．循环语句 for i in range(-3,21,4) 的循环次数为________。

7．若使语句 for i in rang(________,-4,-2) 循环执行 15 次，则循环变量 i 的初值应该为________。

8．执行循环语句 for i in range(1,5):pass 后，变量 i 的值是________。

9．下列程序的输出结果是（　）。

```
s=10
for i in range(1,6):
    while True:
        if i%2==1:
            break
        else:
            s-=1
            break
print(s)
```

10．下列程序的输出结果是（　）。

```
import numpy as np
a=np.arange(11)
s=sum(a[-10:])
print(s)
```

三、问答题

1．什么叫循环结构？举例说明其应用。

2．下列程序的输出结果是什么？如果将语句“print(s)”与语句“pass”缩进对齐，则输出结果是什么？通过比较两次输出结果，可以得到什么结论？

```
s=10
for i in range(1,6):
    pass
print(s)
```

3．break 语句和 continue 语句的区别是什么？

4．对于累加求和问题一定要设置累加变量的初值，而且初值都为 0，这种说法对吗？用具体程序说明自己的判断。

5．用 while 语句改写下列程序。

```
s=0
for i in range(2,101,2):
    s+=i
print(s)
```

第 5 章　字符串与文本分析

字符串是一个字符序列。在 Python 中，字符串常量是用单引号、双引号或三引号引起来的若干个字符，字符串变量是用来存放字符串常量的变量。字符串数据中的字符可以是计算机系统中允许使用的任何字符。字符串数据在应用中是大量存在的，如统计一篇英文文章中不同英文字母出现的次数、按姓名排序等。

在 Python 中，字符串是一种数据类型，通常用来表示文本，例如各类文稿、网页内容、运行日志等。文本（text）由一系列字符组成，每个字符均使用二进制编码表示。文本分析是涉及面最广的一种计算机应用，几乎与任何领域、任何人都有关。正则表达式（regular expression）是用于文本分析的强大工具，它使用预定义的特定模式匹配一类具有共同特征的字符串，可以快速完成复杂文本的查找、替换等处理。

本章介绍内容包括字符串编码、字符串的索引与分片、字符串的操作、字节类型、正则表达式、字符串应用举例、文本分析等。

5.1 字符串编码

在计算机内部，字符都是以某种编码的方式进行存储和处理的。粗略地说，就是字符编码提供一种映射，使屏幕上显示的内容和内存、磁盘中存储的内容对应起来。在许多不同的字符编码方案中，一些是为特定的语言（如英语、中文、俄语等）设计的，另一些则可以用于多种语言。

1. Unicode 码

世界上主要的语言都提供了字符的编码方案。由于每种语言各不相同，而且早期的内存和硬盘都很贵，所以每种字符编码都为特定的语言做了优化。通常，每种编码都使用数字（0~255）来代表这种语言的字符，其中一个重要的编码标准是 ASCII 编码。ASCII 编码将英语中的字符用 0~127 之间的数字来存储和处理，如 65 表示大写字母 A，97 表示小写字母 a。因为英语的字母表很简单，所以它能用不到 128 个数字表达出来，只用 7 个二进制位就可以实现。

然而，像中文、日语等语言，它们的字符很多、结构复杂，需要多字节编码的字符集，如我国早期汉字编码使用 2 字节的 GB 2312—1980 标准。现在，计算机系统支持 Unicode 编码标准。Unicode 编码标准为表达全世界所有语言的任意字符而设计，它使用 4 字节的数字编码来表达每个字母、符号或文字。每个数字编码代表唯一的至少在某种语言中使用的符号（并不是所有的数字编码都用上了，但是编码总数已经超过了 65535，所以 2 字节的编码是不够用的），被几种语言共用的字符通常使用相同的数字来编码，每个字符对应一个数字编码，每个数字编码对应一个字符，即不存在二义性。

2. UTF-8 码

Unicode 编码标准定义了不同的实现方式，其中普遍使用的方式是 UTF-8。UTF-8 是一种为 Unicode 字符设计的变长编码系统，即不同的字符可使用不同数量的字节编码。对于 ASCII

字符，UTF-8 仅使用 1 字节来编码。事实上，UTF-8 中前 128 个字符（0~127）使用的是与 ASCII 码一样的编码方式。例如，扩展拉丁字符使用 2 字节编码；中文字符，如“中”占用 3 字节；一些更复杂的字符占用 4 字节。根据需要，可以把字符编码转换成字节编码，或把字节解码成字符。

UTF-8 支持中英文编码，英文系统也可以显示中文。例如，如果是 UTF-8 编码，则在英文浏览器上也能显示中文，而不需下载浏览器的中文语言支持包。Python 支持 UTF-8 编码，中文字符、希腊字母均可以作为标识符使用。例如：

```
>>> π =3.14159
>>> π *10**2
314.159
>>> 国家 =' 中国 '
>>> 国家
' 中国 '
```

这些规则是其他程序设计语言所没有的。

Python 提供了 ord() 和 chr() 两个内置函数，用于字符与其机器内部编码值（ASCII 码或 Unicode 码）之间的转换。ord() 函数将一个字符转换为相应的编码值（ASCII 码或 Unicode 码），chr() 函数将一个整数转换成 Unicode 字符。已知“a”和“A”的 ASCII 码值分别为 97 与 65，看下面的语句运行结果。

```
>>> print(ord('a'),ord('A'))
97 65
>>> print(chr(97),chr(65))
a A
```

关于汉字的编码，同样可以使用 ord() 和 chr() 函数。已知“汉”字和“严”字的 Unicode 编码分别是 27721 与 20005，采用十六进制分别是 6C49 和 4E25，看下面的语句运行结果。

```
>>> print(ord(' 汉 '),ord(' 严 '),f"{ord(' 汉 '):x} {ord(' 严 '):x}")
27721 20005 6c49 4e25
>>> print(chr(0x6c49),chr(0x4e25))
汉 严
>>> print('\u6c49','\u4e25')  # 采用转义字符表示汉字
汉 严
```

3．Unicode 码与 UTF-8 码的转换

Unicode 是一种编码标准，在其中给每个字符规定了一个二进制编码。它和 ASCII、GB 2312—1980、GB 18030 等是等价的概念，只不过字符集不同而已。UTF（Unicode Transformation Format）指 Unicode 传送格式，即把 Unicode 文件转换成字节的传送流。UTF-8 是为传送 Unicode 字符而设计出来的“再编码”方法，这也是在互联网上使用最广的一种 Unicode 的实现方式。

UTF-8 以 8 个二进制位为单元对 Unicode 进行编码。从 Unicode 到 UTF-8 的编码方式如下：

Unicode 编码（十六进制）	UTF-8 字节流（二进制）
0000-007F	0×××××××
0080-07FF	110××××× 10××××××
0800-FFFF	1110×××× 10×××××× 10××××××

例如，“汉”字的 Unicode 编码是 6C49H。因为 6C49 在 0800-FFFF 之间，所以要用 3 字节模板：1110×××× 10×××××× 10××××××。将 6C49H 写成二进制是 0110 110001 001001，用这个比特流依次代替模板中的 ×，得到 11100110 10110001 10001001，即“汉”字的 UTF-8 编码是 E6B189H。同样，读者可以分析“严”字的 UTF-8 编码是 E4B8A5H。

一个 Unicode 码可能转换成长度为 1 字节，或 2 字节、3 字节、4 字节的 UTF-8 码，这取决于 Unicode 码的值。对于英文字符，因为它们的 Unicode 码值小于 80H，只要用 1 字节的 UTF-8 传送，其速度比传送 Unicode 的 2 字节要快。

在 Python 中，可以通过字符串的 encode() 方法从 Unicode 编码为指定编码方式。例如，s.encode("utf-8") 表示字符串 s 从 Unicode 编码方式编码为 UTF-8 编码方式。这里要求 s 必须是 Unicode 的编码方式，否则会出错。decode() 方法从指定编码方式解码为 Unicode 方式。例如，s.decode("utf-8") 表示 s 从 UTF-8 编码方式解码为 Unicode 编码方式。这里要求 s 必须是 UTF-8 编码方式，否则会出错。encode() 和 decode() 方法的用法见 5.4 节。下面先分析下列语句的运行结果。

```
>>> s=' 汉字 ABC'
>>> k=s.encode('utf-8')
>>> k
b'\xe6\xb1\x89\xe5\xad\x97ABC'
>>> k.decode('utf-8')
' 汉字 ABC'
```

在 Unicode 字符串中，默认一个中文字占一个字符：编码格式为 UTF-8 时，一个中文字占 3 个字符；编码格式是 GBK 时，一个中文字占 2 个字符。因此，在检测字符串长度时需引起注意。看下面的例子。

```
>>> s=' 汉 '                    # 默认是 Unicode 编码
>>> len(s)
1
>>> s=s.encode('utf-8')         # 指定为 UTF-8 编码
>>> len(s)
3
>>> print(s[0],s[1],s[2])       # 分别输出“汉”字的 3 字节编码的值（十进制数）
230 177 137
>>> s=s.decode('utf-8')         # 解码为 Unicode 编码
>>> s=s.encode('gbk')           # 指定为 GBK 编码
>>> len(s)
2
>>> s=s.decode('gbk')           # 解码为 Unicode 编码
>>> len(s)
1
>>> ord(s)
27721
>>> s[0]
' 汉 '
```

5.2 字符串的索引与分片

Python 字符串是一种元素为字符的序列类型。因为序列类型是元素被顺序放置的一种数据结构，所以可以通过索引来获取某个字符或指定索引范围来获取一组字符。

5.2.1　字符串的索引

为了实现索引，需要对字符串中的字符进行编号，最左边字符的编号为 0，最右边字符的编号比字符串的长度小 1。Python 还支持在字符串中使用负数从右向左进行编号，最右边的字符（倒数第 1 个字符）的编号为 -1。字符串变量名后接用中括号括起来的编号可实现字符串的索引。例如：

```
>>> s="Hello"
>>> print(s[0],s[-4])
H e
```

字符串 s 中各个字符的索引编号如图 5-1 所示。

s[0]	s[1]	s[2]	s[3]	s[4]
H	e	l	l	o
s[-5]	s[-4]	s[-3]	s[-2]	s[-1]

图 5-1　字符串中各个字符的索引编号

注意：索引编号要求为整数且不能越界，否则都会出现错误。例如：

```
>>> s="Hello"
>>> s[5]
```

索引编号越界，出现错误信息“IndexError: string index out of range”，意思是字符串索引超出范围。

```
>>> s['H']
```

索引编号为字符，出现错误信息“TypeError: string indices must be integers, not ‘str’”，意思是字符串下标必须为整型数据，导致类型错误。

例 5-1　将一个字符串中的字符按逆序打印出来。

分析：先输出字符串的最后一个字符且不换行，然后输出倒数第 2 个字符，同样不换行，一直到第 1 个字符。利用 for 循环控制字符索引编号，循环赋值目标变量从 0 变化到字符串的长度。可以利用 len() 函数取字符串的长度。

程序如下：

```
s1=input("Please enter a string:")
for i in range(0,len(s1)):
    print(s1[len(s1)-1-i],end='')
```

程序运行结果如下：

```
Please enter a string:ABCDEF ↙
```

```
FEDCBA
```

5.2.2 字符串的分片

字符串的分片就是从给定的字符串中分离出部分字符，这时可以使用以下形式的字符串索引编号。

```
i:j:k
```

其中，i 是索引起始位置，j 是索引结束位置但不包括 j 位置上的字符，索引编号每次增加的步长为 k。例如：

```
>>> s="Hello World!"
>>> print(s[0:5:2])
Hlo
```

即取字符串 s 第 1 个字符（其索引编号为 0）、第 3 个字符（其索引编号为 2）、第 5 个字符（其索引编号为 4）。又如：

```
>>> print(s[0:4:1])
Hell
>>> print(s[-1:-5:-1])
!dlr
```

注意：字符串分片时，不包括索引结束位置上的字符。假设字符串的长度为 n，则索引的范围是 0 到 n-1。也可以使用负索引，索引范围是 -n 到 -1。正索引和负索引的区别是：正索引以字符串的开始为起点，负索引以字符串的结束为起点。

例如：

```
>>> s='abcdefg'
>>> s[5:1:-1]
'fedc'
>>> s[-len(s):-1]
'abcdef'
```

在字符串分片的索引编号中，索引起始位置 i、索引结束位置 j 和步长 k 均可省略。省略 i 时，从 0 或 -1 开始；省略 j 时，到最后一个字符结束；省略 k 时，步长为 1。例如：

```
>>> s='ABCDEFGHIJK'
>>> s[:]
'ABCDEFGHIJK'
>>> s[1:10:2]
'BDFHJ'
>>> s[::2]
'ACEGIK'
>>> s[::-1]
'KJIHGFEDCBA'
>>> s[4:1:-1]
'EDC'
>>> s[:-1]
'ABCDEFGHIJ'
```

分片的操作很灵活，开始和结束的索引值可以超过字符串的长度。例如：

```
>>> s='ABCDEFGHIJK'
>>> s[-100:100]
'ABCDEFGHIJK'
```

例 5-2　利用字符串分片方法将一个字符串中的字符按逆序打印出来。

程序如下：

```
s1=input("Please enter a string:")
s2=s1[::-1]
print(s2)
```

程序运行结果如下：

```
Please enter a string:ABCDEF ↙
FEDCBA
```

5.3 字符串的操作

在 Python 中，可以进行字符串连接操作、字符串逻辑操作等。

5.3.1　字符串连接操作

1. 基本连接操作

Python 提供了一种字符串数据的运算方式，称为连接运算，其运算符为“+”，表示将两个字符串数据连接起来，成为一个新的字符串数据。字符串表达式是指用“连接”运算符把字符串常量、字符串变量等字符串数据连接起来的有意义的式子，它的一般格式如下：

$$s_1+s_2+\cdots+s_n$$

其中，s_1，s_2，…，s_n 均是一个字符串，表达式的值也是一个字符串。例如：

```
>>> "Sub"+"string"
'Substring'
```

将字符串和数值数据进行连接时，需要先将数值数据用 str() 函数或 repr() 函数转换成字符串，然后再进行连接。例如：

```
>>> "Python"+" "+str(11.4)
'Python 11.4'
```

Python 的字符串是不可变类型，只能通过新建一个字符串改变一个字符串的元素。例如：

```
>>> s="abcdefg"
>>> s[1]="8"  # 错误操作
```

语句试图改变 s[1] 位置的字符，导致出现 TypeError 错：

```
TypeError: 'str' object does not support item assignment
```

意思是字符串对象不支持元素赋值。同样的操作可以用“s=s[0]+”8”+s[2:]”语句实现。

```
>>> s="abcdefg"
>>> s=s[0]+"8"+s[2:]
>>> s
'a8cdefg'
```

2．重复连接操作

Python 提供乘法运算符（*），构建一个由其自身字符串重复连接而成的字符串。字符串重复连接的一般格式如下：

```
s*n 或 n*s
```

其中，s 是一个字符串；n 是一个正整数，代表重复的次数。例如：

```
>>> "ABCD"*2
'ABCDABCD'
>>> 3*"ABC"
'ABCABCABC'
```

连接运算符（+）和重复操作符（*）也支持复合赋值操作。例如：

```
>>> a="XYZ"
>>> a*=2
>>> a
'XYZXYZ'
```

例 5-3　从键盘输入 5 个字符串，将它们连接成一个字符串后输出。

```
s=''
for i in range(0,5):
    c=input("Please enter a string:")
    s+=c
print(s)
```

程序运行结果如下：

```
Please enter a string:1 ↙
Please enter a string:2 ↙
Please enter a string:abc ↙
Please enter a string:123 ↙
Please enter a string:xx ↙
12abc123xx
```

3．连接操作的其他实现

在 Python 中使用“+”连接字符串的操作效率低，因为 Python 中的字符串是不可变的类型，使用“+”连接两个字符串时会生成一个新的字符串，生成新的字符串就需要重新申请内存，当连续相加的字符串很多时，效率低就是必然的了。对于这种连加操作，可以用格式化操作符或 join() 函数取代，这样只会有一次内存的申请，以提高操作效率。例如：

```
>>> '{:s}{:s}{:s}'.format('Python',' ','Program')
'Python Program'
>>> ''.join(['Python',' ','Program'])
'Python Program'
```

其中，字符串的 join() 函数把列表里的元素连接成一个字符串，详见 5.3.3 节。

5.3.2　字符串逻辑操作

字符串逻辑操作是指字符串参与逻辑比较，其操作的结果是一个逻辑量，通常用于表达字符处理的条件。

1. 关系操作

与数值数据一样，对字符串也能进行关系操作，例如 "A">"B" 就是一个字符关系表达式。与数值型关系表达式一样可以使用各种关系运算符。字符关系表达式的值只有 True 和 False 两种结果。

字符比较按其计算机内部字符编码值的大小进行比较，西文字符按 ASCII 码值大小进行比较。比较的基本规则是，空格字符最小，数字比字母小，大写字母比小写字母小（对应大小字母相差 32）。

在进行字符串数据的比较时，遵循以下规则。

（1）单个字符比较，按字符 ASCII 码值大小进行比较。例如：

```
>>> "D"<"B"
False
>>> "8">"2"
True
```

（2）两个相同长度的字符串的比较是将字符串中的字符从左向右逐个比较，如果所有字符都相等，则两个字符串相等；如果两个字符串中有不同的字符，则以最左边的第 1 对不同字符的比较结果为准。例如：

```
>>> "SHANGHAI"<"SHANKONG"
True
```

因为第 5 个字符“G”小于“K”，所以前一字符串小于后一字符串。

（3）若两个字符串中的字符个数不等，则将较短的字符串后面补足空格后再比较。例如：

```
>>> "WHERE"<"WHEREVER"
True
```

因为先将“WHERE”后边补空格成为“WHERE □□□”之后，再与“WHEREVER”比较，第 6 个字符空格小于字母“V”。

例 5-4　从键盘输入 10 个英文单词，输出其中以元音字母开头的单词。

分析：输入一个英文单词，并进行判断，用 for 循环控制重复执行 10 次。可以将所有元音字母构成一个字符串，遍历该字符串中的各个字符，并判断单词的首字母。

程序如下：

```
ss='AEIOUaeiou'
for i in range(0,10):
    s=input("Please enter a word:")
    for c in ss:
        if s[0]==c:
            print(s)
```

```
        break
```

2. 成员关系操作

字符串的成员关系操作包括 in 和 not in 操作，一般格式如下：

```
字符串 1 [not] in 字符串 2
```

该操作用于判断字符串 1 是否属于字符串 2，其返回值为 True 或 False。例如：

```
>>> 'a' in 'abc'
True
>>> 'a' not in 'abc'
False
>>> 'ab' in 'abc'
True
>>> 'e' in 'abc'
False
```

5.3.3 字符串的常用方法

字符串支持很多方法，通过它们可以实现对字符串的处理。字符串对象是不可改变的，也就是说在 Python 创建一个字符串后，不能改变这个字符中的某一部分。任何字符串方法改变了字符串后，都会返回一个新的字符串，原字符串并没有变。

书中会经常用到函数（function）和方法（method）两个概念。例如，前面介绍的 ord 和 chr 是两个内置函数，后面介绍的 upper 和 lower 是字符串的两个方法。其实，它们是同一个概念，即具有独立功能、由若干语句组成的一个可执行程序段，但它们又是有区别的。函数是面向过程程序设计的概念，方法是面向对象程序设计的概念。在面向对象程序设计中，类的成员函数称为方法，所以方法本质上还是函数，只不过是写在类里面的函数。方法依附于对象，没有独立于对象的方法；而面向过程程序设计中的函数是独立的程序段。因此，函数可以通过函数名直接调用，如 ord('A')，而对象中的方法则要通过对象名和方法名来调用，一般形式如下：

```
对象名 . 方法名 ( 参数 )
```

在 Python 中，字符串类型（string）可以看成一个类（class），而一个具体的字符串可以看成一个对象，该对象具有很多方法，这些方法是通过类的成员函数来实现的。下面的语句调用字符串类型的 upper 方法，将字符串“abc123dfg”中的字母全部变成大写。

```
>>> 'abc123dfg'.upper()
'ABC123DFG'
```

1. 字母大小写转换

- s.upper()：全部转换为大写字母。
- s.lower()：全部转换为小写字母。
- s.swapcase()：字母大小写互换。
- s.capitalize()：首字母大写，其余小写。
- s.title()：首字母大写。

例 5-5　字母大小写转换函数使用示例。

程序如下：

```
s='Python Program'
print(f'{s} lower={s.lower()}')
print(f'{s} upper={s.upper()}')
print(f'{s} swapcase={s.swapcase()}')
print(f'{s} capitalize={s.capitalize()}')
print(f'{s} title={s.title()}')
```

程序运行结果如下：

```
Python Program lower=python program
Python Program upper=PYTHON PROGRAM
Python Program swapcase=pYTHON pROGRAM
Python Program capitalize=Python program
Python Program title=Python Program
```

2. 字符串对齐处理

- s.ljust(width,[fillchar])：输出 width 个字符，s 左对齐，右边不足部分用 fillchar 填充，默认用空格填充。
- s.rjust(width,[fillchar])：输出 width 个字符，s 右对齐，左边不足部分用 fillchar 填充，默认用空格填充。
- s.center(width,[fillchar]) 输出 width 个字符，s 中间对齐，两边不足部分用 fillchar 填充，默认用空格填充。
- s.zfill(width)：把 s 变成 width 长，并且右对齐，左边不足部分用 0 填充。

例 5-6　字符串对齐处理函数使用示例。

程序如下：

```
s='Python Program'
print(f'{s} ljust={s.ljust(20)}')
print(f'{s} rjust={s.rjust(20)}')
print(f'{s} center={s.center(20)}')
print(f'{s} zfill={s.zfill(20)}')
```

程序进行结果如下：

```
Python Program ljust=Python Program
Python Program rjust=      Python Program
Python Program center=   Python Program
Python Program zfill=000000Python Program
```

3. 字符串搜索

- s.find(substr,[start,[end]])：返回 s 中出现 substr 的第 1 个字符的编号，如果 s 中没有 substr 则返回 -1。start 和 end 作用就相当于在 s[start:end] 中搜索。
- s.index(substr,[start,[end]])：与 find() 相同，只是在 s 中没有 substr 时，会返回一个运行时错误。
- s.rfind(substr,[start,[end]])：返回 s 中最后出现的 substr 的第 1 个字符的编号，如果 s 中

没有 substr 则返回 -1，即从右边算起的第 1 次出现的 substr 的首字符编号。

● s.rindex(substr,[start,[end]])：与 rfind() 相同，只是在 s 中没有 substr 时，会返回一个运行时错误。

● s.count(substr,[start,[end]])：计算 substr 在 s 中出现的次数。

● s.startswith(prefix[,start[,end]])：是否以 prefix 开头，若是则返回 True，否则返回 False。

● s.endswith(suffix[,start[,end]])：是否以 suffix 结尾，若是则返回 True，否则返回 False。

例 5-7　字符串搜索函数使用示例。

程序如下：

```
s='Python Program'
print(f'{s} find nono={s.find("nono")}')
print(f'{s} find t={s.find("t")}')
print(f'{s} find t from {1}={s.find("t",1)}')
print(f'{s} find t from {1} to {2}={s.find("t",1,2)}')
print(f'{s} rfind t={s.rfind("t")}')
print(f'{s} count t={s.count("t")}')
```

程序运行结果如下：

```
Python Program find nono=-1
Python Program find t=2
Python Program find t from 1=2
Python Program find t from 1 to 2=-1
Python Program rfind t=2
Python Program count t=1
```

4. 字符串替换

● s.replace(oldstr,newstr,[count])：把 s 中的 oldstar 替换为 newstr，count 为替换次数。这是替换的通用形式，还有一些函数进行特殊字符的替换。

● s.strip([chars])：把 s 中前后 chars 中有的字符全部去掉，可以理解为把 s 前后的 chars 替换为 None。默认去掉前后空格。

● s.lstrip([chars])：把 s 左边 chars 中有的字符全部去掉。默认去掉左边空格。

● s.rstrip([chars])：把 s 右边 chars 中有的字符全部去掉。默认去掉右边空格。

● s.expandtabs([tabsize])：把 s 中的 tab 字符替换为空格，每个 tab 替换为 tabsize 个空格，默认是 8 个空格。

例 5-8　字符串替换函数使用示例。

程序如下：

```
s='Python Program'
print(f'{s} replace t to *={s.replace("t","*")}')
print(f'{s} replace t to *={s.replace("t","*",1)}')
print(f'{s} strip={s.strip()}')
print(f'{s} strip={s.strip("Pm")}')
```

程序运行结果如下：

```
Python Program replace t to *=Py*hon Program
```

```
Python Program replace t to *=Py*hon Program
Python Program strip=Python Program
Python Program strip=ython Progra
```

5. 字符串的拆分与组合

- s.split([sep,[maxsplit]])：以 sep 为分隔符，把 s 拆分成一个列表。默认的分隔符为空格。maxsplit 表示拆分的次数，默认取 -1，表示无限制拆分。
- s.rsplit([sep,[maxsplit]])：从右侧把 s 拆分成一个列表。
- s.splitlines([keepends])：把 s 按行拆分成一个列表。keepends 是一个逻辑值，如果为 True，则每行拆分后会保留行分隔符。例如：

```
>>> s="""fdfd
fdfdfd
gf
3443
"""
>>> s.splitlines()
['fdfd', 'fdfdfd', 'gf', '3443']
>>> s.splitlines(True)
['fdfd\n', 'fdfdfd\n', 'gf\n', '3443\n']
```

- s.partition(sub)：从 sub 出现的第 1 个位置起，把 s 拆分成一个 3 元素的元组（sub 左边字符,sub,sub 右边字符）。如果 s 中不包含 sub，则返回 (s, '', '')。
- s.rpartition(sub)：从右侧开始，把 s 拆分成一个 3 元素的元组（sub 左边字符,sub,sub 右边字符）。如果 s 中不包含 sub，则返回 ('', '', s)。
- s.join(seq)：把 seq 代表的序列组合成字符串，用 s 将序列各元素连接起来。字符串中的字符是不能修改的，如果要修改，通常的方法是，用 list() 函数把 s 变为以单个字符为成员的列表（使用语句 s=list(s)），再使用给列表成员赋值的方式改变值（如 s[3]='a'），最后使用语句“s="".join(s)”还原成字符串。

例 5-9　字符串拆分与组合函数使用示例。

程序如下：

```
s='a b c de'
print(f'{s} split={s.split()}')
s='a-b-c-de'
print(f'{s} split={s.split("-")}')
print(f'{s} partition={s.partition("-")}')
```

程序运行结果如下：

```
a b c de split=['a', 'b', 'c', 'de']
a-b-c-de split=['a', 'b', 'c', 'de']
a-b-c-de partition=('a', '-', 'b-c-de')
```

6. 字符串类型测试

字符串类型测试函数返回的都是逻辑值。

- s.isalnum()：是否全是字母和数字，至少有一个字符。
- s.isalpha()：是否全是字母，至少有一个字符。

- s.isdigit()：是否全是数字，至少有一个字符。
- s.isspace()：是否全是空格，至少有一个字符。
- s.islower()：s 中的字母是否全是小写。
- s.isupper()：s 中的字母是否全是大写。
- s.istitle()：s 是否为首字母大写。

例 5-10　字符串测试函数使用示例。

程序如下：

```
s='Python Program'
print(f'{s} isalnum={s.isalnum()}')
print(f'{s} isalpha={s.isalpha()}')
print(f'{s} isupper={ s.isupper()}')
print(f'{s} islower={s.islower()}')
print(f'{s} isdigit={s.isdigit()}')
s='3423'
print(f'{s} isdigit={s.isdigit()}')
```

程序运行结果如下：

```
Python Program isalnum=False
Python Program isalpha=False
Python Program isupper=False
Python Program islower=False
Python Program isdigit=False
3423 isdigit=True
```

5.4 字节类型

在 Python 中，字节类型和字符串不同。字符串是由 Unicode 字符组成的序列，用 str 类型符表示。字节类型是由编码 0~255 之间的字符组成的序列，分为不可变字节类型和可变字节类型，分别用 bytes 类型符和 bytearray 类型符表示。

在字符串前面加“b”可以定义 bytes 对象。bytes 对象中的每个字符可以是一个 ASCII 字符或 \x00~\xff 的十六进制数。例如：

```
>>> by=b'abcd\x65'
>>> by
b'abcde'
>>> type(by)
<class 'bytes'>
```

和字符串一样，既可以使用内置的 len() 函数求 bytes 对象的长度，也可以使用“+”运算符连接两个 bytes 对象，其操作结果是一个新的 bytes 对象。例如：

```
>>> len(by)
5
>>> by+=b'\xff'
>>> by
b'abcde\xff'
```

```
>>> len(by)
6
```

可以使用索引访问 bytes 对象中的某个字符。对字符串做这种操作获得的元素仍为字符串，而对 bytes 对象做这种操作的返回值则为整数。确切地说，是 0~255 之间的整数。此外，bytes 对象是不可改变的，不能对其赋值。例如：

```
>>> by[0]
97
>>> by[0]=102    # 对 bytes 对象元素赋值，产生错误
```

如果需要改变某个字节，则组合使用字符串的分片和连接操作（效果与字符串是一样的），也可以将 bytes 对象转换为 bytearray 对象，bytearray 对象是可以被修改的。例如：

```
>>> by=b'abcd\x65'
>>> barr=bytearray(by)
>>> barr
bytearray(b'abcde')
>>> len(barr)
5
>>> barr[0]=102
>>> barr
bytearray(b'fbcde')
```

使用内置函数 bytearray() 来完成从 bytes 对象到可变的 bytearray 对象的转换，所有对 bytes 对象的操作也可以用在 bytearray 对象上。不同的是，可以使用编号给 bytearray 对象的某个字节赋值，并且这个值必须是 0~255 之间的一个整数。

bytes 对象和字符串是不可以混在一起的。例如，将 bytes 对象和字符串做连接运算就会出现错误，因为它们是两种不同的数据类型。也不允许针对 bytes 对象的出现次数进行计数，因为字符串里根本没有字节字符。但 bytes 对象和字符串并不是毫无关系。字符串由一系列字符组成。如果想要先把这些字节序列通过某种编码方式进行解码获得字符串，然后对该字符串进行计数，则需要显式地指明它。Python 不会隐含地将 bytes 对象转换成字符串，或将字符串转换成 bytes 对象。

bytes 对象有一个 decode() 方法，它先使用某种字符编码作为参数，然后依照这种编码方式将 bytes 对象转换为字符串；对应地，字符串有一个 encode() 方法，它也先使用某种字符编码作为参数，然后依照这种编码方式将字符串转换为 bytes 对象。例如：

```
>>> string=" 学习 Python"
>>> len(string)
8
>>> by=string.encode('utf-8')
>>> by
b'\xe5\xad\xa6\xe4\xb9\xa0Python'
>>> len(by)
12
```

在上述语句中，string 是一个字符串，有 8 个字符。by 是一个 bytes 对象，有 12 个字节，它是通过 string 字符串使用 UTF-8 编码而得到的一串 bytes 对象。

```
>>> by=string.encode('gb18030')
>>> by
b'\xd1\xa7\xcf\xb0Python'
>>> len(by)
10
```

在上述语句中，by 还是一个 bytes 对象。它有 10 个字节，是通过 string 使用 GB 18030 编码而得到的一串字节序列。

```
>>> roundtrip=by.decode('gb18030')
>>> roundtrip
'学习 Python
```

在上述语句中，roundtrip 是一个字符串，共有 8 个字符。它是通过对 by 使用 GB 18030 解码算法得到的一个字符序列。从运行结果可以看出，roundtrip 与 string 是完全一样的。

因此，字符串与字节类型之间存在联系。

5.5 正则表达式

Python 提供对正则表达式的支持。本节先介绍正则表达式元字符，然后介绍正则表达式模块 re 中常用正则表达式处理函数的方法。

5.5.1 正则表达式元字符

正则表达式由普通字符和元字符组成。普通字符是正常的文本字符，具有字符的本来含义。元字符（metacharacter）具有特定的含义，它使正则表达式具有通用的匹配能力。表 5-1 列出了 Python 支持的正则表达式常用元字符。

表 5-1 正则表达式常用元字符

元字符	功能描述
.	匹配除换行符外的任何单个字符
*	匹配位于“*”之前的 0 个或多个字符
+	匹配位于“+”之前的一个或多个字符
|	匹配位于“|”之前或之后的字符
^	匹配以“^”后面的字符开头的字符串
$	匹配以“$”之前的字符结束的字符串
?	匹配位于“?”之前的 0 个或一个字符
\	表示一个转义字符
[]	匹配位于“[]”中的任意一个字符
-	匹配指定范围内的任意字符
()	将位于“()”内的内容作为一个整体来看待
{}	按“{}”中的次数进行匹配
\b	匹配单词头或单词尾

续表

元字符	功能描述
\B	与“\b”的含义相反
\d	匹配一个数字字符，等价于 [0-9]
\D	与“\d”的含义相反
\s	匹配任何空白字符，包括空格、制表符、换页符等
\S	与“\s”的含义相反
\w	匹配任何字母、数字及下画线，等价于 [A-Za-z0-9_]
\W	与“\w”的含义相反

下面对元字符进行说明。

1）排除型字符串

若用 [^……] 取代 [……]，则这个字符串就会匹配任何未列出的字符。例如，r[^abc]r 将匹配出 rar、rbr、rcr 之外的任意 r*r 文本。注意，在 [] 中，元字符不起作用，都代表字符本身的含义。例如，[akm$] 将匹配“a”、“k”、“m”和“$”中的任意一个字符，在这里，元字符“$”就是一个普通字符。

2）规定重现次数的范围

{n,m} 大括号内的数字用于表示某字符允许出现的次数区间。{} 里面的参数不一定要写全两个，也可以仅写一个，这样代表仅匹配指定的字符数，例如 \b{6}\b 匹配 6 个字母的单词。{n,} 匹配 n 次或更多次，例如 {5,} 匹配 5 次及 5 次以上。

3）正则表达式举例

在具体应用时，既可以单独使用元字符，也可以组合使用元字符。下面是一些常用的正则表达式例子。

（1）匹配账号是否合法（设账号以字母开头，允许字母、数字及下画线，包括 5~16 个字符）：^[a-zA-Z][a-zA-Z0-9_]{4,15}$。

（2）匹配国内电话号码：\d{3}-\d{8}|\d{4}-\d{7}, 例如，021-87888822 或 0746-4405222。

（3）匹配 QQ 号（设 QQ 号从 10000 开始）：[1-9][0-9]{4,}。

（4）匹配身份证（设身份证为 15 位或 18 位）：\d{15}|\d{18}。

（5）匹配特定数字。

① ^[1-9]\d*$：匹配正整数。

② ^-[1-9]\d*$：匹配负整数。

③ ^-?[1-9]\d*$：匹配整数。

（6）匹配特定字符串。

① ^[A-Za-z]+$：匹配由 26 个英文字母组成的字符串。

② ^[A-Z]+$：匹配由 26 个大写英文字母组成的字符串。

③ ^[a-z]+$：匹配由 26 个小写英文字母组成的字符串。

④ ^[A-Za-z0-9]+$：匹配由数字和 26 个英文字母组成的字符串。

⑤ ^\w+$：匹配由数字、26 个英文字母或下画线组成的字符串。

5.5.2 正则表达式模块

在 Python 中，正则表达式的功能通过正则表达式模块 re（简称 re 模块）来实现。re 模块提供各种正则表达式的匹配操作，它在文本解析、复杂字符串分析和信息提取时是一个非常有用的工具。

使用 re 模块时，首先要导入 re 模块。使用下列命令可以查询 re 模块的功能信息。

```
>>> import re
>>> print(re.__doc__)
```

使用下列命令可以查看 re 模块方法。

```
>>> dir(re)
```

1．生成正则表达式对象

使用 re 模块的一般步骤是，先使用 compile() 函数将正则表达式的字符串形式编译为正则表达式对象，然后使用正则表达式对象提供的方法进行字符串处理，这样可以提高字符串处理的效率。

compile()函数的一般调用格式如下：

```
re.compile(pattern[,flag])
```

其中，参数 pattern 是代表匹配模式的正则表达式。flag 是匹配选项标志，可取的值如下。

（1）re.I、re.IGNORECASE：忽略大小写。使字符串匹配时忽略字母的大小写。例如，正则表达式“[A-Z]”也可以匹配小写字母，“Spooc”可以匹配“Spooc”、“spooc”或“spOOC”。

（2）re.M、re.MULTILINE：多行匹配模式。改变元字符“^”和“$”的行为，使“^”和“$”除匹配字符串开始和结尾外，也匹配每行的开始和结尾（换行符之后或之前）。

（3）re.S、re.DOTALL：匹配包括换行符在内的任意字符。改变元字符“.”的行为。使元字符“.”完全匹配任何字符，包括换行符。如没有这个标志，则“.”匹配除换行符外的任何字符。

（4）re.L、re.LOCALE：使预定义字符集 \w、\W、\b、\B、\s、\S 由当前区域设置决定。例如，如果系统配置设置为法语，则可以用预定义字符集来匹配法文文本。

（5）re.U、re.UNICODE：使预定义字符集 \w、\W、\b、\B、\s、\S、\d、\D 由 Unicode 字符集决定。

（6）re.X、re.VERBOSE：忽略模式字符串中的空格字符，除非被转义的空格或空格位于字符集合内（中括号内）。该方式允许用 # 字符添加注释直至行尾。

匹配模式的取值可以使用运算符“|”表示同时生效，例如 re.I|re.M。

2．字符匹配和搜索

re 模块提供了许多用于字符串处理的函数，这些函数有两种格式：一种是直接使用 re 模块的格式，另一种是正则表达式对象的格式。这两种的函数参数是不一样的。具体使用时，既可以直接使用这些函数来进行字符串处理，也可先将正则表达式编译生成正则表达式对象，然后使用正则表达式对象的方法来进行字符串处理。正则表达式对象的函数功能更为强大，是更常用的方法。

1）match() 函数

如果没有生成正则表达式对象，则可使用 match() 函数直接进行正则表达式的匹配。该函数的调用格式如下：

```
re.match(pattern,string[,flag])
```

其中，参数 pattern 是代表匹配模式的正则表达式，string 是要匹配的字符串，flag 是匹配选项标志，可取的值与 compile() 函数的匹配选项标志相同。match() 函数从字符串的开始位置尝试匹配正则表达式，若匹配成功，则返回 match 对象，否则返回 None。可以使用 match 对象的 group() 或 group(n) 方法输出所有匹配的字符串（n 代表数字顺序，从 1 开始）。另外，在对匹配完的结果进行操作之前，需要先判断是否匹配成功。例如：

```
>>> import re
>>> m=re.match('[\w]{3}','abdfdf')          # 匹配三个数字、字母或下画线
>>> m
<re.Match object; span=(0, 3), match='abd'>
>>> if m:
    m.group()
'abd'
>>> re.match('[\w]{3}','ab*dfdf')           # 不符合匹配模式，返回 None
```

还可以用简单的写法来获得所有匹配的字符串。例如：

```
>>> re.match('foo','food').group()
'foo'
```

如果生成了正则表达式对象，则该函数的另一种调用格式如下：

```
match(string[,pos[,endpos]])
```

这是正则表达式对象的方法，将从 string 的 pos 下标处尝试匹配正则表达式；如果正则表达式结束时仍可匹配，则返回一个 match 对象；如果匹配过程中无法匹配正则表达式，或者匹配未结束就已到达 endpos，则返回 None。pos、endpos 的默认值分别为 0 和 len(string)。在 re.match() 函数中无法指定这两个参数，参数 flag 用于编译正则表达式时指定匹配模式。看下面的程序。

```
import re
line="These cats are cuter than those cats."
pattern=re.compile('(.*) are (.*?) .*')
matchObj=pattern.match(line)
if matchObj:
    print("matchObj.group():",matchObj.group())      # 输出匹配结果
    print("matchObj.group(1):",matchObj.group(1))    # 输出第一个匹配分组的结果
    print("matchObj.group(2):",matchObj.group(2))    # 输出第二个匹配分组的结果
else:
    print("No match!")
```

正则表达式中的 (.*) 是第一个匹配分组，其中的 .* 代表匹配除换行符外的所有字符；(.*?) 是第二个匹配分组，其中的 ? 表示只匹配符合条件的最少字符；因为后面的 .* 没有加括号，所以不是分组。程序运行结果如下：

```
matchObj.group(): These cats are cuter than those cats.
matchObj.group(1): These cats
matchObj.group(2): cuter
```

注意：match() 方法并不是完全匹配。当正则表达式结束时，若 string 还有剩余字符，则仍然视为成功。若想完全匹配，则在表达式末尾加上边界匹配符 '$'。

2）search() 函数

match() 函数只在字符串的开始位置尝试匹配正则表达式，即只报告从位置 0 开始的匹配情况。如果想搜索整个字符串来寻找匹配，则应当用 search() 函数。search() 函数的两种调用格式如下：

```
re.search(pattern,string[,flag])
search(string[,pos[,endpos]])
```

其参数的含义与 match() 函数相同。在字符串中查找匹配正则表达式模式的位置，返回 match 对象，如果没有找到匹配的位置，则返回 None。

search() 函数对于一个匹配字符串中的任何位置进行搜索检查。例如：

```
>>> import re
>>> m=re.search('[\w]{3}','ab*dfdf')   # 与 match() 函数匹配结果不同
>>> m.group()
'dfd'
```

3）findall() 函数

findall() 函数搜索字符串，以列表形式返回全部能匹配正则表达式的子串。该函数的两种调用格式如下：

```
re.findall(pattern,string[,flag])
findall(string[,pos[,endpos]])
```

其参数的含义与 match() 函数相同。看下面的程序。

```
import re
astr = 'Hello, 长沙！ Hello, 中南！ '
patt=re.compile('[\u4e00-\u9fa5]+')
alist=re.findall(patt,astr)
print(alist)
```

在通常情况下，因为汉字对应的 Unicode 编码范围为 0x4e00~0x9fa5，所以正则表达式 [\u4e00-\u9fa5] 只匹配汉字。该程序可以提取字符串中的汉字，运行结果如下：

```
[' 长沙 ',' 中南 ']
```

4）finditer() 函数

findall() 函数类似，在字符串中找到正则表达式所匹配的所有子串，并组成一个迭代器返回。该函数的两种调用格式如下：

```
re.finditer(pattern,string[,flag])
finditer(string[,pos[,endpos]])
```

其参数的含义与 match() 函数相同。看下面的程序。

```
import re
p=re.compile('\d+')
```

```
for m in p.finditer('one1 two2 three3 four4'):          # 获取 result 中的匹配对象
    print(m.group())                                     # 输出匹配结果
```

程序运行结果如下：

```
1
2
3
4
```

3. 字符替换

re 模块的 sub() 函数、subn() 函数或正则表达式对象的同名方法，使用正则表达式匹配字符串，用指定内容替换结果，并返回替换后的字符串。sub() 函数的两种调用格式如下：

```
re.sub(pattern,repl,string[,count,flag])
sub(repl,string[,count=0])
```

该函数在字符串 string 中找到匹配正则表达式 pattern 的所有子串，用另一个字符串 repl 进行替换。如果没有找到匹配 pattern 的串，则返回未被修改的 string。repl 既可以是字符串，也可以是一个函数。count 用于指定最多替换次数，不指定时全部替换。看下面的程序。

```
import re
p=re.compile('(one|two|three)')
print(p.sub('num','one word two words three words',2))
```

程序运行结果如下：

```
num word num words three words
```

subn() 函数的功能和 sub() 函数相同，但返回新的字符串及替换的次数组成的元组。subn() 函数的两种调用格式如下：

```
re.subn(pattern,repl,string[,count,flag])
subn(repl,string[,count=0])
```

看下面的程序。

```
import re
p=re.compile('(one|two|three)')
print(p.subn('num','one word two words three words',2))
```

程序运行结果如下：

```
('num word num words three words', 2)
```

4. 字符拆分

re 模块的 split() 函数或正则表达式对象的同名方法，使用正则表达式匹配字符串，并拆分字符串，返回拆分后的字符串列表。split() 函数的两种调用格式如下：

```
re.split(pattern,string[,maxsplit,flag])
split(string[,maxsplit])
```

其中，参数 maxsplit 用于指定最大拆分次数，不指定对字符串进行全部拆分。看下面的程序。

```
import re
r1=re.compile('\W+')
print(r1.split('192.168.1.1'))
print(re.split('(\W+)','192.168.1.1'))
print(re.split('(\W+)','192.168.1.1',1))
```

程序运行结果如下：

```
['192', '168', '1', '1']
['192', '.', '168', '.', '1', '.', '1']
['192', '.', '168.1.1']
```

5. escape() 函数

re 模块还提供了一个 escape(string) 函数，用于在字符串 string 中的特殊字符之前加上反斜杠“\”后返回该字符串。如果字符串很长且包含很多特殊字符，为避免输入大量反斜杠，可以使用这个函数。例如：

```
>>> import re
>>> re.escape('www.python.org')
'www\\.python\\.org'
```

5.6 字符串应用举例

现代程序设计语言都有字符串处理功能，涉及字符串的表示及各种操作。在字符串处理过程中，要充分利用好系统提供的字符串处理函数，提高处理技巧。下面看几个字符串应用实例。

例 5-11　输入一个字符串，每次去掉最后面的字符并输出。

程序如下：

```
s=input()
for i in range(-1,-len(s),-1):
    print(s[:i])
```

程序运行结果如下：

```
ABCDE ↙
ABCD
ABC
AB
A
```

例 5-12　翻译密码。为了保密，常不采用明码电文，而用密码电文，按事先约定的规律将一个字符转换为另一个字符，收报人则按相反的规律转换得到原来的字符。例如，将字母“A”→“F”，“B”→“G”，“C”→“H”，即将一个字母变成其后第 5 个字母。例如，“He is in Beijing.”应转换为“Mj nx ns Gjnonsl.”。

分析：依次取电文中的字符，对其中的字母进行处理，对字母之外的字符维持原样。取字母的 ASCII 代码，加上 5，再按其 ASCII 码转换为另一个字母。还有一个问题要处理：当字母为“V”时，加 5 就超过了“Z”，故应使之转换为“A”，同理，“W”→“B”，“X”→“C”，“Y”→“D”，“Z”→“E”。

程序如下：

```
line1=input()
line2=""
for c1 in line1:
    if c1.isalpha():
        i=ord(c1)
        j=i+5
        if (j>ord("z") or (j>ord("Z") and j<ord("Z")+6)):j-=26
        c2=chr(j)
        line2+=c2
    else:
        line2+=c1
print(line2)
```

程序中以 line1 代表未做翻译的原码，line2 为翻译后的密码。c1 为 line1 中的一个字母，c2 为对应于 c1 的密码字母。当 ASCII 码超过字母 Z 或 z 的 ASCII 码时，表示密码字母应在 A~E 之间，即将 ASCII 码值减去 26 即可。

程序运行结果如下：

```
Windows! ↙
Bnsitbx!
```

例 5-13　Python 的标识符以字母或下画线（_）开头，后接字母、数字或下画线。从键盘输入字符串，判断它是否为 Python 的标识符。

分析：可以利用 string 模块中的常量来获取相应的字符集，这些常量包括 string.digits（数字 0~9）、string.ascii_letters（所有大小写字母）、string.ascii_lowercase（所有小写字母）、string.ascii_uppercase（所有大写字母）等。先输入字符串，然后分别判断首字符和中间字符，并给出提示。判断中间字符利用 for 循环遍历字符串。

程序如下：

```
import string
alphas=string.ascii_letters+'_'
nums=string.digits
print('Welcome to the Identifier checker 1.0')
print('Testees must be at least 2 chars long')
myInput=input('Identifier to test?')
if len(myInput)>1:
    if myInput[0] not in alphas:
        print("""invalid:
            first symbol must be alphabetic""")
    else:
        for otherchar in myInput[1:]:
            if otherchar not in alphas+nums:
                print("""invalid:
                    remaining symbols must be alphanumeric""")
                break
```

```
    else:
        print('Ok as an identifier')
```

也可以构造一个正则表达式来匹配所有合法的 Python 标识符，程序如下：

```
import re
pattern=re.compile(r'\b[a-zA-Z_](\w|_)*\b')
myInput=input('Identifier to test?')
m_Obj=pattern.match(myInput)
if m_Obj:
    print('Ok as an identifier')
else:
    print('No as an identifier')
```

例 5-14　从键盘输入几个数字，用逗号分隔，求这些数字之和。

分析：输入的数字作为一个字符串来处理，首先分离出数字串，再转换成数值，这样就能求和。

程序如下：

```
s=input(' 请输入几个数字（用逗号分隔）')
d=s.split(',')
print(d)
sum=0
for x in d:
    sum+=float(x)
print('sum=',sum)
```

程序运行结果如下：

```
请输入几个数字（用逗号分隔）23.4,45.6,56.7,90 ↙
['23.4', '45.6', '56.7', '90']
sum= 215.7
```

也可以使用正则表达式来实现，程序如下：

```
import re
s=input(' 请输入几个数字（用逗号分隔）')
p=re.compile(',')
d=p.split(s)
print(d)
sum=0
for x in d:
    sum+=float(x)
print('sum=',sum)
```

程序运行结果与前一种方法相同。

5.7 文本分析

互联网的飞速发展使网络数据呈现爆发式增长，其中 80% 以上的信息是以文本形式存放的。新闻网站、自媒体、移动终端每天都在产生海量的文本数据，对这些数据进行分析，从海量文本中发现知识，具有重要的意义和价值。

5.7.1　网络数据获取

1．数据采集

与普通数据相比，网络数据具有明显的特点：一是来源广、数据量大，实时性和开放性强；二是数据类型和语义丰富、弱规范性和非结构化数据多。对于这类数据，网络爬虫技术是一种重要的采集手段。

网络爬虫（Web crawler）又称为网络蜘蛛（Web spider），是一种按照一定的规则自动抓取网页信息的程序或脚本。目前，对爬虫技术的研究和应用已经成为相关领域的热门话题。

从抓取数据的规模上区分，爬虫可以分为三类：第一类仅针对特定网页进行数据采集，其规模小，采集的数据量也小，爬取速度不敏感；第二类能爬取整个网站的数据，其数据规模较大，爬取速度敏感；第三类需要爬取整个 Internet 的相关信息，其规模大，爬取速度要求高，常用于搜索引擎。下面仅就第一类爬虫进行举例。

网络爬虫的工作流程包括抓取网页源代码、解析网页内容、存储数据等步骤。抓取网页通常有两个库：一个是 Python 内置的 urllib 库，另一个是第三方库 requests。requests 库在 urllib 库的基础上进行了高度的封装，操作更方便。下面利用 requests 库爬取中南大学主页的信息。

requests 是一个第三方库，先要进行安装，然后在 Python 环境下导入该库，再调用 get() 函数获取到特定网页的信息。命令如下：

```
>>> import requests as rq
>>> resp=rq.get("http://www.csu.edu.cn")
```

get() 函数向 url 发送获取网页的请求，返回一个 responsc 对象，可以通过访问该 response 对象的 text 属性来查看响应的结果，实际上就是该 url 所对应的网页源代码。

为了方便识别，需要先查看网页内容的编码方式，并将所获取的信息转换为相应编码，然后查看网页内容。

```
>>> resp.apparent_encoding                # 查看网页内容的编码方式
'UTF-8-SIG'
>>> resp.encoding = 'UTF-8-SIG'           # 设置编码
>>> resp.text                             # 查看网页内容
```

命令执行之后，就会以文本形式显示所获取的网页资源。先仔细查看文本的内容，然后与中南大学主页内容进行对照，可以发现网页中的信息已经在文本中呈现，但内容上更像一个格式混乱的 html 文档。

2．信息提取

通过调用 requests 库函数，可以得到网页资源。此时，可以将其作为普通文本，采用正则表达式进行信息提取。例如，以下程序可以找出中南大学主页中的“学院”信息。

```
import requests as rq
import re
resp=rq.get("http://www.csu.edu.cn")        # 返回一个 response 对象
resp.encoding='utf-8'                        # 设置编码格式
```

```
txt=resp.text                                    # 提取网页内容
patt=re.compile(">[\u4e00-\u9fa5]+ 学院 <")        # 匹配 > 开头 < 结尾、中间为汉字的 " 学院 "
school=re.findall(patt, txt)                     # 在网页文本中进行匹配
for s in school:
    print(s[1:-1])                               # 去掉首尾的 > 和 <
```

5.7.2 中文分词与词频统计

文本分析的主要过程包括分词、去停用词、特征提取、建模分析等。

分词是指将文本拆分成文本分析的最小单位——词语。但有些语言本身就已经以词语为基本单位了，因此不需要分词，如英语。而有些语言文本中没有词语拆分的标记，如中文、日文等，因此在分析前就需要先进行词语拆分。

对于文本特征没有任何贡献的词语，如中文文本中的一些助词、语气词、标点符号等，可以将其归入停用词中。在进行文本分析的时候，应该先删除这些停用词，以免对文本分析过程造成干扰。

在完成分词、去停用词之后，可以对文本进行特征提取，使其转换为某些特征表示集合，如词频、词性、词上下文及词位置等，具体的特征通常会根据文本分析的任务来进行选择。这些特征将按照某种模型被转换为向量数据，以便进行建模分析。目前常用的分析模型包括序列分类模型、序列标注模型、序列—序列学习模型等，它们分别用于文本分类和关系抽取、文本实体识别、机器翻译和自动摘要等。

1. 分词与分词模式

在 Python 中，可以利用第三方库 jieba 来实现分词操作。例如，利用 lcut() 函数对文本进行分词，返回一个列表。

```
>>> import jieba
>>> jieba.lcut(" 中南大学坐落在中国历史文化名城湖南省长沙市 ")
[' 中南大学 ', ' 坐落 ', ' 在 ', ' 中国 ', ' 历史 ', ' 文化名城 ', ' 湖南省 ', ' 长沙市 ']
```

jieba 库支持以下三种分词模式。

（1）精确模式：将文本精确地分开，不存在冗余单词，适合做文本分析。例如：

```
>>> import jieba
>>> jieba.lcut(' 欢迎来到中南大学 ')        # 默认为精确模式
[' 欢迎 ', ' 来到 ', ' 中南大学 ']
```

（2）全模式：把文本中所有可能的词语都拆分出来，存在冗余单词。例如：

```
>>> import jieba
>>> jieba.lcut(' 欢迎来到中南大学 ',cut_all=True)
[' 欢迎 ', ' 迎来 ', ' 来到 ', ' 中南 ', ' 中南大学 ', ' 南大 ', ' 大学 ']
```

（3）搜索引擎模式：在精确模式的基础上，对长词再次进行拆分，适合用于搜索引擎分词。例如：

```
>>> import jieba
>>> jieba.lcut_for_search(' 欢迎来到中南大学 ')
[' 欢迎 ', ' 来到 ', ' 中南 ', ' 南大 ', ' 大学 ', ' 中南大学 ']
```

jieba 库还提供了 cut() 函数、cut_for_search() 函数，其用法与 lcut() 函数相同，只是返回值类型不同，cut() 函数和 cut_for_search() 函数返回一个可迭代对象。

2. 词频统计

词频统计是文本分析中常见的工作，它可以帮助了解文本中各个词汇出现的频率及其分布情况。可以使用 Python 内置库 collections 中的 Counter() 函数进行词频统计。例如：

```
>>> import jieba
>>> import collections
>>> text=['苹果','梨','猕猴桃','桃','苹果','草莓','苹果','猕猴桃','香蕉']
>>> word_count=collections.Counter(text)
>>> word_count
Counter({'苹果': 3, '猕猴桃': 2, '梨': 1, '桃': 1, '草莓': 1, '香蕉': 1})
```

Counter() 函数统计列表中元素出现的次数，返回一个字典，其中关键字是元素，值是元素出现的次数。还可以输出词频最高的词语，例如输出词频最高的两个词。

```
>>> print(word_count.most_common(2))
[('苹果', 3), ('猕猴桃', 2)]
```

5.7.3　中文词云图制作

词云图是一种文本可视化方式，用于展示文本数据中词语的频率或重要性，从而突出文本的主旨。

在 Python 中，可以通过第三方库 wordcloud 来制作词云图，基本步骤如下。

（1）安装并导入 wordcloud 库。

（2）使用 wordcloud 库的 WordCloud() 函数根据参数创建 WordCloud 对象。

（3）使用 WordCloud 对象的 generate(txt) 方法将文本数据 txt（会根据空格分词）转换为词云图。

（4）使用 WordCloud 对象的 to_file() 方法将词云图保存为图像文件（png 或 jpg 格式）。

看下面的程序。

```
import wordcloud as wc              # 导入 wordcloud 库
text="apple pear kiwi peach apple strawberry apple kiwi banana"
wcObj=wc.WordCloud()                # 创建 WordCloud 对象
wcObj.generate(text)                # 将文本数据转换为词云图
wcObj.to_file('fruit.png')          # 保存词云图
```

程序运行后，在当前目录下会生成 fruit.png 文件。打开该文件，会看到如图 5-2 所示的英文词云图。因为 apple 一词出现的次数最多，所以字最大。

图 5-2　英文词云图

在默认情况下，WordCloud() 函数根据默认参数创建 WordCloud 对象，还可以通过设置背景图片、字体样式、颜色、大小等，让词云图变得更加美观。WordCloud 对象常用配置参数如表 5-2 所示。

表 5-2　WordCloud 对象常用配置参数

参数	功能描述
width	指定词云对象生成图片的宽度，默认为 400 像素
height	指定词云对象生成图片的高度，默认为 200 像素
min_font_size	指定词云中字体的最小字号，默认为 4 号
max_font_size	指定词云中字体的最大字号，默认根据高度自动调节
font_step	指定词云中字体字号的步进间隔，默认为 1
font_path	指定字体文件，默认为 None。绘制中文词云图时必须指定字体
max_words	指定词云显示的最大单词数量，默认为 200
stopwords	指定词云的排除词列表，即不显示的单词列表
mask	指定词云背景图片，默认为 None。当 mask 不为 None 时，width 和 height 参数无效
background_color	指定词云图片的背景颜色，默认为 black（黑色）
colormap	指定词云文字的配色集，默认为 'viridis'
collocations	默认为 True，若词云中出现重复词语，则设置为 False

看下面创建中文词云图的程序。

```
import wordcloud as wc
text=" 苹果 梨 猕猴桃 桃 苹果 草莓 苹果 猕猴桃 香蕉 "
excludes=[" 香蕉 "]
wcObj=wc.WordCloud(width=280,height=180,          # 设置图片宽度和高度
    background_color='yellow',                    # 设置背景颜色为黄色
    font_path='msyh.ttc',                         # 设置字体文件，中文词云必须指定
    max_words=300,                                # 设置词汇最大数量为 300
    stopwords=excludes,                           # 设置排除词
    colormap='magma'                              # 设置配色集为 magma
)                                                 # 创建 WordCloud 对象
wcObj.generate(text)                              # 将文本数据转换为词云图
wcObj.to_file('fruit1.png')                       # 保存词云图
```

程序运行后，会生成如图 5-3 所示的中文词云图。其中，“香蕉”为排除词，在词云图中不显示。

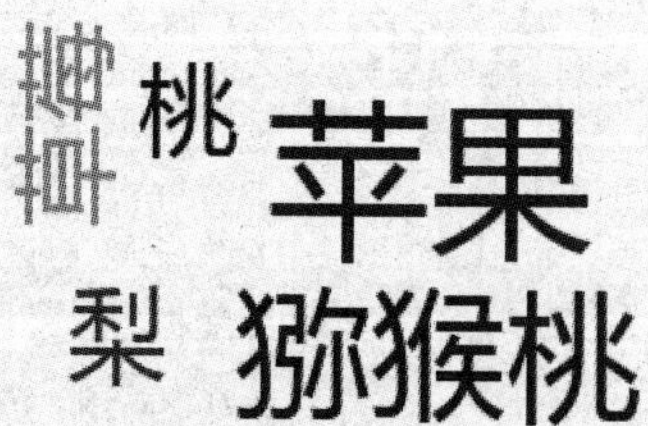

图 5-3　中文词云图

最后看一个综合性的例子。

例 5-15　新闻热词分析。对人民网（www.people.com.cn）经济与科技专栏的信息进行爬取，并分析其中的新闻热词，绘制词云图。

分析：首先采用 requests 库的 get 方法进行资源获取。由于这里仅进行新闻热词分析，非中文字符没有价值，可以将其全部剔除。然后进行分词。为排除干扰，仍然需要将没有太大意义的单字符词语去掉。最后绘制并显示词云图。此外，使用背景图片使得词云更加美观。

程序如下：

```
import requests
import re
import jieba
import numpy as np
from PIL import Image
from wordcloud import WordCloud
resp=requests.get("http://finance.people.com.cn")     # 返回 response 对象获取网页
resp.encoding='GB2312'                                # 设置编码
pattern=re.compile('[^\u4e00-\u9fa5]')                # 编译正则表达式
txt=re.sub(pattern,'',resp.text)                      # 将非中文字符用空字符串进行替换
words=jieba.lcut(txt)                                 # 分词，返回一个列表
rwords=[]
for word in words:                                    # 剔除长度为 1 的词
    if len(word)>1:
        rwords.append(word)                   # 利用列表的 append 方法在列表末尾附加元素（见 6.2 节）
text=" ".join(rwords)                         # 将列表组合成字符串，" " 中有一个空格
imObj=Image.open('background.png')            # 通过导入背景图片创建 Image 对象
background=np.array(imObj)                    # 将背景图片转换为 ndarray 多维数组
wcObj=WordCloud(mask=background,background_color="white",\
        collocations=False,font_path="msyh.ttc")      # 创建 WordCloud 对象
wcObj.generate(text)                                  # 生成词云图
wcObj.to_file('Wordcloud.png')                        # 存储词云图
imObj=Image.open("Wordcloud.png")                     # 导入词云图
imObj.show()                                          # 显示词云图
```

为生成特定形状的词云，程序利用 PIL 库中的 Image.open() 函数导入背景图片，随后利用 NumPy 库中的 np.array 函数将图片转换为 ndarray 类型的数据（WordCloud 对象的参数要求）。在 Python 3.x 中，PIL 库将名字变为 Pillow，应先安装 Pillow。程序运行后，由新闻热词构成的词云图如图 5-4 所示，从中很容易找出当时该网站的新闻热词。

图 5-4　由新闻热词构成的词云图

习　题　5

一、选择题

1．下列关于字符串的描述中错误的是（　）。

A．字符串 s 的首字符是 s[0]

B．在字符串中，同一个字母的大小是等价的

C．字符串中的字符都是以某种二进制编码的方式进行存储和处理的

D．字符串也能进行关系比较操作

2．执行下列语句后的显示结果是（　）。

```
world="world"
print("hello"+world)
```

A．helloworld　　B．"hello"world　　C．hello world　　D．"hello"+world

3．在下列表达式中，有三个表达式的值相同，另一个不相同，与其他三个表达式不同的是（　）。

A．"ABC"+"DEF"　　B．''.join(("ABC","DEF"))

C．"ABC"-"DEF"　　D．'ABCDEF'*1

4．若设 s="Python Programming"，则 print(s[-5:]) 的结果是（　）。

A．mming　　B．Python　　C．mmin　　D．Pytho

5．若设 s="Happy New Year"，则 s[3:8] 的值为（　）。

A．'ppy Ne'　　B．'py Ne'　　C．'ppy N'　　D．'py New'

6．将字符串中全部字母转换为大写字母的字符串方法是（　）。

A．swapcase　　B．capitalize　　C．uppercase　　D．upper

7. 在下列表达式中，能用于判断字符串 s1 是否属于字符串 s（s1 是否为 s 的子串）的是（　）。

① s1 in s；② s.find(s1)>0；③ s.index(s1)>0；④ s.rfind(s1)；⑤ s.rindex(s1)>0

A．①　　B．①②　　C．①②③　　D．①②③④⑤

8．re.findall('to','Tom likes to play football too.',re.I) 的值是（　）。

A．['To', 'to', 'to']　　B．['to', 'to', 'to']　　C．['To', 'to']　　D．['to', 'to']

9．下列程序执行后，得到的输出结果是（　）。

```
import re
p=re.compile(r'\bb\w*\b')
str="Boys may be able to get a better idea."
print(p.sub('**',str,1))
```

A．** may be able to get a better idea.　　B．Boys may be able to get a ** idea.

C．Boys may ** able to get a better idea.　　D．Boys may ** able to get a ** idea.

10．以下能获取网页的库是（　）。

A．response　　B．re　　C．requests　　D．jieba

二、填空题

1．"4"+"5" 的值是________。

2．字符串 s 中最后一个字符的位置是________。

3．若设 s='abcdefg'，则 s[3] 的值是______，s[3:5] 的值是______，s[:5] 的值是_______，s[3:] 的值是_________，s[::2] 的值是__________，s[::-1] 的值是_________，s[-2:-5] 的值是_______。

4．'Python Program'.count('P') 的值是_______。

5．下面语句的运行结果是_______。

```
s='A'
print(3*s.split())
```

6．已知 s1='red hat'，print(s1.upper()) 的结果是______，s1.swapcase() 的结果是______，s1.title() 的结果是______，s1.replace('hat','cat') 的结果是______。

7．若设 s='a,b,c'，s2=('x','y','z')，s3=':'，则 s.split(',') 的值为______，s.rsplit(',',1) 的值为_________，s.partition(',') 的值为______，s.rpartition(',') 的值为______，s3.join('abc') 的值为______，s3.join(s2) 的值为______。

8．re.sub('hard','easy','Python is hard to learn.') 的值是______。

9．下列程序执行后，得到的输出结果是______。

```
import re
str="An elite university devoted to computer software"
print(re.findall(r'\b[aeiouAEIOU]\w+?\b',str))
```

10．中文分词库 jieba 支持三种分词模式：______、______和______。

三、问答题

1．什么叫字符串？有哪些常用的字符编码方案？

2．数字字符和数字值（如 '5' 和 5）有何不同？如何转换？

3．为什么 print('I like Python'* 5) 可以正常执行，而 print('I like Python'+5) 却在运行时出错？

4．写出表达式。

（1）利用各种方法判断字符变量 c 是否为字母（不区分大小写字母）。

（2）利用各种方法判断字符变量 c 是否为大写字母。

（3）利用各种方法判断字符变量 c 是否为小写字母。

（4）利用各种方法判断字符变量 c 是否为数字字符。

5．re.match("back","text.back") 与 re.search("back","text.back") 的运行结果有何不同？

6．对一个字符串进行分词处理并制作词云图，并写出相关命令。

第 6 章　列表与元组

Python 中的字符串、列表和元组数据类型均属于序列类型，它们的每个元素是按照位置编号来顺序存取的，就像其他程序设计语言中的数组，但数组通常存储相同数据类型的元素，而列表和元组则可以存储不同类型的元素。Python 提供的序列类型是很具特色的数据类型，使得批量数据的组织和处理更加方便、灵活。

列表和元组在很多操作上是一样的，不同的是元组与字符串一样，是不可变的，而列表则可以修改。在某些情况下，使用其中的一种类型要优于另一种。例如，需要把一些重要数据传递给一个并不了解的函数，而希望数据不被这个函数修改，此时就应该选择元组了。此外，在处理动态数据时，需要经常更新这个数据集，此时就应该选列表了。因此，这两种数据类型的用途各异，它们之间的转换也十分方便。

本章介绍内容包括序列的通用操作、列表的专用操作、元组与列表的比较、序列的应用等。

6.1 序列的通用操作

对所有序列类型都可以进行某些操作，包括序列的索引、序列的分片、序列相加、序列相乘，以及检查某个元素是否属于序列的成员（成员资格）等。除此之外，Python 还可以进行计算序列长度、找出最大元素和最小元素等操作。

在第 5 章中，结合字符串处理介绍过序列的一些通用操作，这些操作同样适用于列表和元组。考虑到系统性，本节结合列表和元组介绍序列的通用操作，这些操作也同样适用于字符串。需要注意的是，字符串是由单个字符组成的序列，列表和元组是由任意类型数据组成的序列。

6.1.1 序列的索引与分片

1．序列的索引

序列中的每个元素被分配一个位置编号，称之为索引（index）。第一个元素的索引为 0，第二个元素的索引为 1，依次类推。序列的元素可以通过索引进行访问，一般格式如下：

```
序列名 [ 索引 ]
```

看下面的例子。

```
>>> greeting="hello"
>>> greeting[0]
'H'
```

除了常见的正向索引，Python 序列还支持反向索引，即负数索引，可以从最后一个元素开始计数，最后一个元素的索引是 -1，倒数第二个元素的索引是 -2，依次类推。使用负数索引，可以在无须计算序列长度的前提下很方便地定位序列中的元素。例如：

```
>>> greeting[-1]
'o'
```

2. 序列的分片

分片（slice）指取出序列中某一范围内的元素，从而得到一个新的序列。序列分片的一般格式如下：

```
序列名 [ 起始索引 : 终止索引 : 步长 ]
```

其中，起始索引是提取部分的第一个元素的编号，终止索引对应的元素不包含在分片范围内。步长为非零整数，当步长为负数时，从右到左提取元素。当忽略参数时，起始元素默认为第一个，终止索引默认为最后一个，步长默认为 1。例如：

```
>>> number=[1,2,3,4,5,6,7,8,9,10]
>>> number[3:6]
[4,5,6]
>>> number[0:1]
[1]
```

需要访问最后 3 个元素，可以这样显式操作：

```
>>> number[7:10]
[8,9,10]
```

如果需要从序列末尾开始计数，即如果分片所得部分包括序列末尾的元素，那么只需置空最后一个索引。例如：

```
>>> number[-3:]
[8,9,10]
```

这种方法适用于序列开始的元素或显示整个序列。例如：

```
>>> number[:3]
[1,2,3]
>>> number[:]
[1,2,3,4,5,6,7,8,9,10]
```

在进行分片时，默认的步长是 1。如果设置的步长大于 1，那么会跳过某些元素。例如：

```
>>> number[0:10:2]
[1,3,5,7,9]
>>> number[3:6:3]
[4]
```

步长不能为 0，但可以是负数，即从右到左提取元素。例如：

```
>>> number[10:0:-2]
[10,8,6,4,2]
>>> number[0:10:-2]
[]
```

上面第二个语句不符合逻辑，步长为负时，必须让起始索引大于终止索引。

注意：分片操作是产生新的序列，不会改变原来的序列。例如：

```
>>> x=['a','b','c','d']
>>> y=x[:]
>>> id(x),id(y)
(35812056, 35833816)
```

x[:] 将产生一个新的列表，所以 x 和 y 代表不同的对象。而语句 y=x 则是给 x 的内容再取一个名字 y，也就是 x 和 y 都指向相同的存储内容，并没有实现存储内容的真正的复制。看下面的语句。

```
>>> x=['a','b','c','d']
>>> y=x
>>> id(x),id(y)
(35812736, 35812736)
```

6.1.2 序列的计算

1. 序列相加

通过使用加号可以进行序列的连接操作。例如：

```
>>> [1,2,3]+[4,5,6]
[1,2,3,4,5,6]
>>> [1,2,3]+[1,2,3,4,5]
[1, 2, 3, 1, 2, 3, 4, 5]
>>> [1,2,3]+'Python'            # 出现错误
```

语句执行时出现错误：

```
TypeError: can only concatenate list (not "str") to list
```

这表明列表和字符串是无法连接到一起的，尽管它们都是序列。同样，列表和元组也不能进行连接操作，只有两种相同类型的序列才能进行连接操作。

2. 序列相乘

用整数 n 乘以一个序列会生成新的序列，在新序列中，原来的序列将重复 n 次。当 n<1 时，将返回空列表。例如：

```
>>> (42,)*5
(42, 42, 42, 42, 42)
>>> 2*[1,2,3,4,5]
[1, 2, 3, 4, 5, 1, 2, 3, 4, 5]
```

在序列中，Python 的内置值 None 表示什么都没有，可作为占位符。例如，空列表可以通过中括号进行表示（[]），但是如果想创建一个占用 10 个元素的空间，却不包括任何有用内容的列表，则需要用一个值来代表空值，可以这样做：

```
>>> s=[None]*10
>>> s
[None, None, None, None, None, None, None, None, None, None]
```

3. 序列比较

对两个序列对象可以进行比较操作，其规则是对两个序列的第一个元素先进行比较，如果第一个元素可以得出结果，则得出序列比较结果。如果第一个元素一样，则继续比较下一个元素，如果元素本身也是序列，则对元素进行以上过程。例如：

```
>>> (1,2,3)<(1,2,4)
True
>>> [1,2,3,4]<[1,2,4]
True
>>> ['a','b','c',[1,2,3]]>['a','b','c',[1,2,3,4]]
False
```

对两个不同的对象也可以进行比较操作，但要求它们是兼容的。例如，对 15 和 15.0 就可以进行比较，比较的方法是用它们的值进行比较。如果不兼容，则比较时会抛出 TypeError 错误。例如：

```
>>> [1,2,3,4]<(1,2,3,4)              # 出现错误
```

在这里，列表不能和元组进行比较，语句执行时出现 TypeError 错误。

4. 成员资格

成员资格用于检查一个值是否包含在某个序列中，Python 使用 in 运算符检查元素的成员资格，并返回逻辑型的结果（True 或 False）。例如：

```
>>> p=(1,2,3,4,5)
>>> 5 in p
True
>>> user=["a","b","c"]
>>> input('Enter:') in user
Enter:A ↙
False
```

6.1.3 序列处理函数

除了具有上述通用操作，Python 还提供了一些函数，以实现序列处理。

1. len()、max() 和 min() 函数

len()、max()、min() 函数分别用于计算序列的长度、最大值和最小值。

- len(s)：返回序列中包含元素的个数，即序列长度。
- min(s)：返回序列中最小的元素。
- max(s)：返回序列中最大的元素。

看下面的例子。

```
>>> number=[34,756,223,1213]
>>> len(number)
4
>>> max(number)
1213
>>> min(number)
34
```

2．sum()、reduce() 函数

● sum(s)：返回序列 s 中所有元素的和。要求元素必须为数值，否则出现 TypeError 错误。例如：

```
>>> s=[1,2]
>>> sum(s)
3
>>> s=(1.5,2)
>>> sum(s)
3.5
```

● reduce(f,s[,n])：reduce() 函数把序列 s 的前两个元素作为参数传给函数 f，返回计算的结果和序列的下一个元素重新作为 f 的参数，直到序列的最后一个元素。reduce() 函数的返回值是函数 f 的返回值。

在 Python 3.x 中，reduce() 函数已经从全局名字空间中移出，放到了 functools 模块中。如果需要，则使用 functools.reduce() 调用格式。在 Python 2.x 中，reduce 是一个全局函数，可直接调用。

看下面的例子。

```
>>> def add(x,y):
    return x+y
>>> import functools
>>> functools.reduce(add,range(10))
45
>>> functools.reduce(add,range(10),20)
65
```

最后一个语句对 20+0+1+2+3+…+9 进行计算，输出结果：65。

对序列中元素的连续操作可以通过循环来实现，也可以用 reduce() 函数实现。但在大多数情况下，循环实现的程序更有可读性。

3．enumerate()、zip() 函数

● enumerate(iter)：接收一个可迭代对象作为参数，返回一个 enumerate 对象，该对象生成由 iter 每个元素的索引值和元素值组成的元组。例如：

```
>>> s=['lin','3','zhou']
>>> for i,obj in enumerate(s):
        print(i,obj)
0 lin
1 3
2 zhou
```

● zip([s0,s1,…,sn])：接收任意多个序列作为参数，返回一个可迭代对象，其第一个元素是由 s0,s1,…,sn 这些元素的第一个元素组成的一个元组，后面的元素依次类推。若参数的长度不等，则返回列表的长度和参数中长度最短的对象相同。利用 * 号操作符，可以将对象解压还原。例如：

```
>>> s=zip([1,2,3],['a','b','c'])
>>> l=list(s)
```

```
>>> l
[(1, 'a'), (2, 'b'), (3, 'c')]
```

就是先依次取出每个列表的元素，然后组合成元组，作为新的可迭代对象的元素。zip(*l)也就是对象前面带个星号，是上述操作的逆操作。

```
>>> l1=zip(*l)
>>> list(l1)
[(1, 2, 3), ('a', 'b', 'c')]
```

4．sorted()、reversed() 函数

- sorted(iterable,key=None,reverse=False)：函数返回对可迭代对象 iterable 中元素进行排序后的列表，函数返回副本，原始输入不变。iterable 是可迭代类型；key 指定一个接收一个参数的函数，这个函数用于计算比较的键值，默认值为 None；reverse 代表排序规则，当 reverse 为 True 时按降序排列；reverse 为 False 时按升序排列，默认按升序排列。例如：

```
>>> s=['zhou','3','lin']
>>> sorted(s)
['3', 'lin', 'zhou']
>>> x=(100,2,203,3234)
>>> sorted(x)
[2, 100, 203, 3234]
>>> sorted(x,reverse=True)
[3234, 203, 100, 2]
>>> x='ABac'
>>> sorted(x,reverse=True)
['c', 'a', 'B', 'A']
>>> sorted(x,key=str.lower)
['A', 'a', 'B', 'c']
```

- reversed(iterable)：对可迭代对象 iterable 的元素按逆序排列，返回一个新的可迭代变量。例如：

```
>>> x=range(10)
>>> for k in reversed(x):
        print(k,end='')
9876543210
```

5．all()、any() 函数

设 s 为一个序列，下面的内置函数可用于表、元组和字符串。

- all(s)：如果序列 s 的所有元素都为 True，则返回 True，否则返回 False。
- any(s)：如果序列任一元素为 True，则返回 True，否则返回 False。

看下面的例子。

```
>>> x=[1,2,3,0]
>>> all(x)
False
>>> any(x)
True
```

6.1.4 序列拆分赋值

使用赋值语句，既可以将序列赋给一个变量，也可以将序列拆分，赋给多个变量。例如：

```
>>> x=[1,2,3,4]
>>> x
[1, 2, 3, 4]
>>> a,b,c,d=[1,2,3,4]
>>> print(a,b,c,d)
1 2 3 4
```

当变量个数和序列元素的个数不一致时，将导致 ValueError 错误。例如：

```
>>> a,b,c=[1,2,3,4]  # 语句错误
```

语句执行时出现 ValueError 错误：

```
ValueError: too many values to unpack (expected 3)
```

意思是值太多、变量太少。这时，可以在变量名前面加星号（*），将序列的多个元素值赋给相应的变量。例如：

```
>>> a,*b,c=[1,2,3,4]
>>> print(a,b,c)
1 [2, 3] 4
>>> *a,b,c=[1,2,3,4]
>>> print(a,b,c)
[1, 2] 3 4
```

注意：加星号的变量只允许有一个，否则会出现语法错误 SyntaxError。

6.2 列表的专用操作

除了实现序列的通用操作及函数，列表还有许多专用操作，这些操作是其他序列类型无法进行的。

6.2.1 列表的基本操作

列表是可变的序列，因此可以改变列表的内容。列表可以使用所有适用于序列的标准操作，例如索引、分片、连接和乘法。此外，还具有一些可以改变列表的方法，包括元素赋值、元素删除、分片赋值等。

1．元素赋值

使用索引编号来为某个特定的元素赋值，从而可以修改列表。例如：

```
>>> x=[1,1,1]
>>> x[1]=10
>>> x
[1, 10, 1]
```

但不能为一个位置不存在的元素进行赋值。例如：

```
>>> x[3]=100   # 错误的语句
```

列表 x 包括 3 个元素，索引编号从 0 到 2，x[3] 不存在，语句执行时出现 IndexError 错误：

```
IndexError: list assignment index out of range
```

提示列表索引超出范围。

2. 元素删除

从列表中删除元素也很容易，使用 del 语句来实现。例如：

```
>>> names=['Alice','Beth','Cecil','Jack','Earl']
>>> del names[2]
>>> names
['Alice', 'Beth', 'Jack', 'Earl']
```

除了删除列表中的元素，del 语句还能用于删除其他对象。例如：

```
>>> x=[]
>>> x
[]
>>> del x
>>> x    # 错误语句
```

因为 x 对象被删除，所以引用它时出现错误：

```
NameError: name 'x' is not defined
```

提示没有定义 x。

3. 分片赋值

使用分片赋值可以给列表的多个元素提示赋值。例如：

```
>>> name=list('Perl')
>>> name[2:]=list('ar')
>>> name
['P', 'e', 'a', 'r']
```

在使用分片赋值时，可以使用与原序列不等长的序列将分片替换。例如：

```
>>> name=list('Perl')
>>> name[1:]=list('ython')
>>> name
['P', 'y', 't', 'h', 'o', 'n']
```

分片赋值语句可以在不需要替换任何原有元素的情况下插入新的元素。例如：

```
>>> number=[1,5]
>>> number[1:1]=[2,3,4]
>>> number
[1, 2, 3, 4, 5]
```

通过分片赋值来删除元素也是可行的。例如：

```
>>> number=[1,2,3,4,5]
```

```
>>> number[1:4]=[]
>>> number
[1, 5]
```

在分片赋值时，如果分片步长等于 1，则对值列表的长度没有要求；如果分片步长大于 1，则值列表的长度必须等于分片长度。例如：

```
>>> c=list('ABCDEFG')
>>> c[1:3]=list('8')
>>> c
['A', '8', 'D', 'E', 'F', 'G']
>>> c=list('ABCDEFG')
>>> c[1:3]=list('888')
>>> c
['A', '8', '8', '8', 'D', 'E', 'F', 'G']
>>> c=list('ABCDEFG')
>>> c[1:5:2]=list('888')   # 错误语句
```

最后一个语句，值列表元素多于分片元素，出现 ValueError 错误：

```
ValueError: attempt to assign sequence of size 3 to extended slice of size 2
```

提示试图将大小是 3 的序列赋值给大小是 2 的分片，出现错误。

4. 列表解析

在一个序列的值上应用一个任意表达式，将其结果收集到一个新的列表中并返回。它的基本形式是，一个中括号里包含一个 for 语句对一个可迭代对象进行迭代。例如：

```
>>> [i for i in range(8)]
[0, 1, 2, 3, 4, 5, 6, 7]
>>> res=[ord(x) for x in 'spam']
>>> res
[115, 112, 97, 109]
>>> [x**2 for x in range(10)]
[0, 1, 4, 9, 16, 25, 36, 49, 64, 81]
```

在列表解析中，可以增加测试语句和嵌套循环。一般形式如下：

```
[ 表达式 for 目标 1 in 可迭代对象 1 [if 条件 1] … for 目标 n in 可迭代对象 n [if 条件 n]]
```

任意数量嵌套的 for 循环同时关联可选的 if 测试，其中 if 测试语句是可选的，for 前后之间表示的是一个嵌套关系。例如：

```
>>> [(x,y) for x in range(5) if x%2==0 for y in range(5) if y%2==1]
[(0, 1), (0, 3), (2, 1), (2, 3), (4, 1), (4, 3)]
>>> rect=[[1,2,3],[3,4,5]]
>>> [row[1] for row in rect]                # 访问指定列中的元素
[2, 4]
>>> rect[1]                                 # 访问指定行中的元素
[3, 4, 5]
>>> [rect[row][1] for row in range(2)]      # 访问指定位置中的元素
[2, 4]
```

6.2.2　列表的常用方法

和字符串一样，Python 列表和元组实际上也是对象，Python 提供了很多有用的方法。

1. 适用于序列的方法

下面的方法主要提供查询功能，不改变序列本身，可用于表、元组和字符串。方法中的 s 为序列，x 为元素值。

- s.count(x)：返回 x 在序列 s 中出现的次数。例如：

```
>>> x=[1,2,1,2,2]
>>> x.count(2)
3
```

- s.index(x)：返回 x 在 s 中第一次出现的下标。例如：

```
>>> x=[1,2,3,4]
>>> x.index(3)
2
>>> x.index(5)
```

5 在列表 x 中不存在，语句执行后提示：

```
ValueError: list.index(x): x not in list
```

2. 只适用于列表的方法

以下方法都是在原来的列表上进行操作的，会对原来的列表产生影响，而不是返回一个新列表。由于元组和字符串的元素不可变更，下面的方法只适用于列表。方法中的 s 为一个列表，s1 为另一个列表。

- s.append(x)：在列表 s 的末尾附加 x 元素。例如：

```
>>> lst=[1,2,3]
>>> lst.append(4)
>>> lst
[1, 2, 3, 4]
```

- s.extend(s1)：在列表 s 的末尾添加列表 s1 的所有元素。例如：

```
>>> lst=list("abc")
>>> lst.extend(list("efg"))
>>> lst
['a', 'b', 'c', 'e', 'f', 'g']
```

- s.sort()：对列表 s 中的元素排序。例如：

```
>>> lst=[3,54,134,75]
>>> lst.sort()
>>> lst
[3, 54, 75, 134]
```

若想获得排序后的副本，则使用 sorted() 函数，该函数可用于任何可迭代对象。看下面的语句。

```
>>> lst=[3,54,134,75]
>>> lst1=sorted(lst)
>>> id(lst),id(lst1)
(37349776, 36768424)
```

在 sort 方法中可以使用 key、reverse 参数，其用法与 sorted() 函数相同。例如：

```
>>> lst=['apple','banana','potato','watermelon','nut']
>>> lst.sort(key=len)
>>> lst
['nut', 'apple', 'banana', 'potato', 'watermelon']
>>> lst=[3,-78,3,43,7,9]
>>> lst.sort(reverse=True)
>>> lst
[43, 9, 7, 3, 3, -78]
```

- s.reverse()：将列表 s 中的元素逆序排列。例如：

```
>>> lst=[1,2,3,4]
>>> lst.reverse()
>>> lst
[4, 3, 2, 1]
```

- s.pop([i])：删除并返回列表 s 中指定位置 i 的元素，默认是最后一个元素。若 i 超出列表长度，则抛出 IndexError 异常。例如：

```
>>> lst=[1,2,3,4]
>>> lst.pop()
4
>>> lst
[1, 2, 3]
>>> lst.pop(0)
1
>>> lst
[2, 3]
>>>list.pop(9)
```

索引位置 9 超出列表索引范围，出现 IndexError 错误：

```
IndexError: pop index out of range
```

- s.insert(i,x)：在列表 s 的 i 位置处插入 x，如果 i 大于列表的长度，则插到列表的最后。例如：

```
>>> lst=[1,2,3,4]
>>> lst.insert(1,'a')
>>> lst
[1, 'a', 2, 3, 4]
>>> lst.insert(9,'a')
>>> lst
[1, 'a', 2, 3, 4, 'a', 'a']
```

- s.remove(x)：从列表 s 中删除 x，若 x 不存在，则抛出 ValueError 异常。例如：

```
>>> lst=[1,2,3]
>>> lst.remove(1)
>>> lst
[2, 3]
>>> lst.remove('a')
```

待删除的元素“a”在列表中不存在，出现 ValueError 错误：

```
ValueError: list.remove(x): x not in list
```

若列表中包含多个待删除的元素，则只删第一个。例如：

```
>>> lst=list("Hello,Python")
>>> lst.remove('o')
>>> lst
['H', 'e', 'l', 'l', ',', 'P', 'y', 't', 'h', 'o', 'n']
```

6.3 元组与列表的比较

1．元组与列表的区别

Python 元组和列表一样，都是有序序列，在很多情况下可以相互替换，很多操作也类似，但它们也有区别。

（1）元组是不可变的序列类型，元组能对不需要改变的数据进行写保护，使数据更安全。列表是可变的序列类型，可以添加、删除或搜索列表中的元素。

（2）元组使用小括号定义用逗号分隔的元素，而列表中的元素应该包括在中括号中。虽然元组使用小括号，但在访问元组元素时，要使用中括号按索引或分片来获得对应元素的值。

（3）元组可以在字典中作为关键字使用，而列表不能作为字典关键字使用，因为列表不是不可改变的。

（4）只要不尝试修改元组，那么大多数情况下把它们作为列表来进行操作。

2．元组元素的可变性

元组中的数据一旦定义就不允许更改，因此元组没有 append() 方法、extend() 方法或 insert() 方法，无法向元组中添加元素；元组也没有 pop() 方法或 remove() 方法，不能从元组中删除元素；元组也没有 sort() 方法或 reverse() 方法，不能修改元组的值。

删除元组的元素是不可能的，但可以使用 del 语句删除整个元组。例如：

```
>>> a=(43234,-32,54,34,43,54)
>>> del a
>>> a
```

删除元组 a 后，再引用它，提示错误：

```
NameError: name 'a' is not defined
```

元组是不可变的，这意味着不能更新或更改元组元素的值，但可以利用现有的元组的部分来创建新的元组。例如：

```
>>> t1=(1,2,3)
```

```
>>> t2=('abc','xyz')
>>> t1+t2
(1, 2, 3, 'abc', 'xyz')
```

还要注意的是，元组的不可变特性只是对于元组本身而言的，如果元组内的元素是可变的对象，则是可以改变其值的。例如：

```
>>> t=([1,2],3,4)
>>> t[0][0]=3
>>> t
([3, 2], 3, 4)
```

t[0] 是列表 [1,2]，t[0][0] 代表该列表的第一个元素（索引编号为 0），列表的元素是可以更改的。但下列语句非法，它们修改的是元组 t 的元素。

```
>>> t[0]=[10,20]        # 语句错误
>>> t[1]=5              # 语句错误
```

3. 元组与列表的转换

元组与列表可以通过 list() 函数和 tuple() 函数实现相互转换。list() 函数接收一个元组参数，返回一个包含同样元素的列表；tuple() 函数接收一个列表参数，返回一个包含同样元素的元组。从实现效果上看，tuple() 函数冻结列表，达到保护的目的；而 list() 函数融化元组，达到修改的目的。例如：

```
>>> tup=([1,2],3,4)
>>> lst=list(tup)                # 将元组转换成列表
>>> lst[0]=[10,20]               # 修改列表
>>> lst
[[10, 20], 3, 4]
>>> tup=tuple(lst)               # 将修改后的列表转换成元组
>>> tup
([10, 20], 3, 4)
```

6.4 序列的应用

在 Python 中，序列的应用很广泛，涉及的算法也很多，下面通过一些实例来介绍序列的典型应用。考虑到本书是程序设计方面的基础教材，为了加强程序设计基本方法的训练，本节主要从原始的程序设计思路出发，构造算法并编写程序，而并没有过多利用 Python 本身的功能。在实际应用中，读者完全可以充分利用 Python 的特点和资源，写出赋有 Python 特征的程序。

6.4.1 数据排序

数据排序（sort）是程序设计中很典型的一类算法。在 Python 中，数据排序可以直接使用 sort() 方法或 sorted() 函数，也可以自己编写排序的程序。

假设将 n 个数按从小到大的顺序排列后输出，排序过程通常分为以下三个步骤。

① 将需要排序的 n 个数存放到一个列表（设列表 x）中。

② 将列表 x 中的元素按从小到大的顺序排列，即 x[0] 最小，x[1] 次之，…，x[n-1] 最大。

③ 将排序后的列表 x 输出。

其中，第②步是关键。排序的方法很多，这里介绍最基本的排序方法。

例 6-1　利用简单交换排序法，将 n 个数按从小到大的顺序排列后输出。

分析：简单交换排序法（simple exchange sort）的基本思路是，将位于最前面的数和它后面的数比较，比较若干次以后，即可将最小的数放到最前面。

第一轮比较过程是：首先将 x[0] 与 x[1] 比较，如果 x[0]>x[1]，则将它们互换，否则不交换，这样 x[0] 得到的是 x[0] 与 x[1] 中的较小数。然后将 x[0] 与 x[2] 比较，如果 x[0]>x[2]，则将它们互换，否则不互换，这样 x[0] 得到的是 x[0]、x[1] 和 x[2] 中的最小值。如此重复，最后将 x[0] 与 x[n-1] 比较，如果 x[0]>x[n-1]，则将 x[0] 与 x[n-1] 互换，否则不互换，这样在 x[0] 中得到的数就是列表 x 中的最小值（一共比较了 n-1 次）。

第二轮比较过程是：将 x[1] 与它后面的元素 x[2]，x[3]，…，x[n-1] 比较，如果 x[1] 大于某元素，则将该元素与 x[1] 互换，否则不互换。这样经过 n-2 次比较后，在 x[1] 中得到次小值。

如此重复，最后进行第 n-1 轮比较，此时将 x[n-2] 与 x[n-1] 比较，将小数放于 x[n-2] 中，大数放于 x[n-1] 中。

为了实现以上排序过程，可以用双重循环：外循环控制比较的轮数，n 个数排序需比较 n-1 轮，设有循环变量 i，i 从 0 变化到 n-2；内循环控制每轮比较的次数，第 i 轮比较 n-i 次，设有循环变量 j，j 从 i+1 变化到 n-1。每次比较的两个元素分别为 x[i] 与 x[j]。

程序如下：

```
n=int(input(' 输入数据个数 :'))
x=[]
for i in range(n):
    x.append(int(input(' 输入一个数 :')))
for i in range(n-1):                 # 控制比较的轮数
    for j in range(i+1,n):           # 控制每轮比较的次数
        if x[i]>x[j]:                # 将排在最前面的数和后面的数依次比较
            x[i],x[j]=x[j],x[i]
print(" 排序后数据 :",x)
```

程序运行结果如下：

```
输入数据个数 :5 ↙
输入一个数 :234 ↙
输入一个数 :-34 ↙
输入一个数 :34 ↙
输入一个数 :3443 ↙
输入一个数 :56 ↙
排序后数据 : [-34, 34, 56, 234, 3443]
```

例 6-2　利用选择排序法，将 n 个数按从小到大的顺序排列后输出。

分析：选择排序法（selection sort）的基本思路是在 n 个数中，找出最小的数，使它与 x[0] 互换，然后从 n-1 个数中找最小的数，使它与 x[1] 互换，依次类推，直至剩下最后一个数据为止。

程序如下：

```
n=int(input(' 输入数据个数 :'))
x=[]
for i in range(n):
    x.append(int(input(' 输入一个数 :')))
for i in range(n-1):
    k=i
    for j in range(i+1,n):                          # 找最小数的下标
        if x[k]>x[j]:k=j
    if k!=i:                                        # 将最小数和排在最前面的数互换
        x[i],x[k]=x[k],x[i]
print(" 排序后数据 :",x)
```

程序运行结果如下：

```
输入数据个数 :6↙
输入一个数 :9↙
输入一个数 :34↙
输入一个数 :-344↙
输入一个数 :777↙
输入一个数 :67↙
输入一个数 :289↙
排序后数据 : [-344, 9, 34, 67, 289, 777]
```

例 6-3　利用冒泡排序法，将 n 个数按从小到大的顺序排列后输出。

分析：冒泡排序法（bubble sort）的基本思路是，将相邻的两个数两两比较，使小的在前，大的在后。

第一轮比较过程是：首先将 x[0] 与 x[1] 比较，如果 x[0]>x[1]，则将它们互换，否则不交换。然后，将 x[1] 与 x[2] 比较，如果 x[1]>x[2]，则将它们互换。如此重复，最后将 x[n-2] 与 x[n-1] 比较，如果 x[n-2] 大于 x[n-1]，则将 x[n-2] 与 x[n-1] 互换，否则不互换，这样第一轮比较 n-1 次以后，x[n-1] 中必定是 n 个数中的最大数。

第二轮比较过程是：将 x[0] 到 x[n-2] 相邻的两个数两两比较，比较 n-2 次以后，x[n-2] 中必定是剩下的 n-1 个数中的最大数，n 个数中的第二大数。

如此重复，最后进行第 n-1 轮比较。将 x[0] 与 x[1] 比较，把 x[1] 与 x[1] 中的较大者移入 x[1] 中，x[0] 是最小数。最后将列表 x 按从小到大的顺序排列。

用双重循环来组织排序，外循环控制比较的轮数，n 个数排序需比较 n-1 轮，设有循环变量 i，i 从 0 变化到 n-2。内循环控制每轮比较的次数，第 i 轮比较 n-i 次，设有循环变量 j，j 从 0 变化到 n-2-i。每次比较的两个元素分别为 x[j] 与 x[j+1]。

程序如下：

```
n=int(input(' 输入数据个数 :'))
x=[]
for i in range(n):
    x.append(int(input(' 输入一个数 :')))
for i in range(n-1):
    for j in range(n-1-i):
        if x[j]>x[j+1]:   # 相邻的两个数两两比较
            x[j],x[j+1]=x[j+1],x[j]
```

```
print(" 排序后数据 :",x)
```

程序运行结果如下：

```
输入数据个数 :6 ↙
输入一个数 :4545 ↙
输入一个数 :56 ↙
输入一个数 :65 ↙
输入一个数 :-323 ↙
输入一个数 :656 ↙
输入一个数 :34 ↙
排序后数据 : [-323, 34, 56, 65, 656, 4545]
```

6.4.2　数据查找

数据查找（search）指从一组数据中找出具有某种特征的数据项，它是数据处理中应用很广泛的一种操作。常见的数据查找方法有顺序查找（sequential search）和二分查找（binary search）。

例 6-4　设有 n 个数已存在序列 a 中，利用顺序查找法查找数据 x 是否在序列 a 中。

分析：顺序查找又称线性查找，其基本思想是，对所存储的数据从第一项开始，依次与所要查找的数据进行比较，直到找到该数据，或将全部元素找完还没有找到该数据为止。

程序如下：

```
a=eval(input())
x=eval(input(" 输入待查数据 :"))
n=len(a)
i=0
while i<n and a[i]!=x:              # 顺序查找
    i+=1
if i<n:
    print(" 已找到 ",x)
else:
    print(" 未找到 ",x)
```

程序运行结果如下：

```
(23,34,343,23,445,54,4,3,54) ↙
输入待查数据 :445 ↙
已找到 445
(3,4,5,6,2,3,1,4,4) ↙
输入待查数据 :10 ↙
未找到 10
```

一般情况下，所要找的数据是随机的，如果要找的数据正好是元组中的第一个数据，则只查找一次便可以找到；如果它是元组中最后一个数据，则要查找 n 次，所以查找概率相等时的平均查找次数为 $m=(1+2+\cdots+n)/n=(1+n)/2$。

显然，数据量越大，需要查找的平均次数也越多。

例 6-5　设有 n 个数已按大小顺序排列好并存于序列 a 中，利用二分查找法查找数据 x 是否在序列 a 中。

分析：若被查找的是一组有序数据，则可以用二分查找法，二分查找又称折半查找。例如，有一批数据已按大小顺序排列成 $a_0<a_1<\cdots<a_{n-1}$。

这批数据存储在元组 a[0]，a[1]，…，a[n-1] 中，现在要对该元组进行查找，看给定的数据 x 是否在此元组中。可以用下面的方法。

（1）在 0 到 n-1 中间选一个正整数 k，用 k 把原来有序的序列分成 3 个子序列：

① a[0]，a[1]，…，a[k-2]。

② a[k-1]。

③ a[k]，a[k+1]，…，a[n-1]。

（2）将 a[k-1] 与 x 比较，若 x=a[k-1]，则查找过程结束。若 x<a[k-1]，则用同样的方法把序列 a[0]，a[1]，…，a[k-2] 分成 3 个序列。若 x>a[k-1]，则也用同样的方法把序列 a[k]，a[k+1]，…，a[n-1] 分成 3 个序列，直到找到 x 或得到“x 找不到”的结论为止。

这是一种应用“分治策略”的解题思想。当 k=n/2 时，称为二分查找法，对应程序如下：

```
a=eval(input())
x=eval(input(" 输入待查数据 :"))
n=len(a)
lower=0
upper=n-1
flag=-1
while flag==-1 and lower<=upper:            # 二分查找
    mid=int((lower+upper)/2)
    if x==a[mid]:                           # 已找到
        flag=1
    elif x<a[mid]:                          # 未找到
        upper=mid-1
    else:                                   # 未找到
        lower=mid+1
if flag==1:
    print(" 已找到 ",x)
else:
    print(" 未找到 ",x)
```

程序中的变量 flag 是“是否找到”的标志。设 flag 的初值为 -1，当找到 x 后置 flag=1。根据 flag 的值便可以确定循环是由于找到 x（flag=1）结束的，还是由于对数据序列查找完了还找不到而结束的（flag= -1）。程序运行结果如下：

```
(2,4,5,6,7,8,90) ↙
输入待查数据 :8 ↙
已找到 8
 (3,4,67,88,90,234) ↙
输入待查数据 :23 ↙
未找到 23
```

在上述程序中，给定的数据是递增的。如果数据是递减的，则请读者修改程序。

使用二分查找法的前提是，数据序列必须先排好序。在采用二分查找法时，最好的情况是查找一次就找到。若设 $n=2^m$，则最坏的情况要查找 $m+1$ 次。显然，在数据较多时，二分查找比顺序查找的效率要高得多。

6.4.3　矩阵运算

矩阵运算包括矩阵的建立、矩阵的基本运算、矩阵的分析与处理等操作。Python 的矩阵运算功能非常丰富，应用也非常广泛。许多含有矩阵运算的复杂计算问题，在 Python 中很容易得到解决。本节介绍如何利用序列数据结构来进行基本的矩阵运算。实际上，在 Python 环境下还有专用的科学计算库，如 NumPy、SciPy 等，有需求时可以安装使用。

例 6-6　给定一个 m×n 矩阵，其元素互不相等，求每行绝对值最大的元素及其所在列号。

分析：首先要考虑的是如何用列表数据表示矩阵，用列表表示一维矩阵是显然的，当列表的元素是一个列表时，列表可以表示二维矩阵，例如：

```
>>> A=[[1,2,3,4],[5,6,7,8],[9,10,11,12]]
>>> A
[[1, 2, 3, 4], [5, 6, 7, 8], [9, 10, 11, 12]]
```

A 是一个 3×4 矩阵。A 所包含的元素的个数（长度）是矩阵 A 的行数，A 的每一个元素的长度是矩阵 A 的列数。看下面语句的执行结果。

```
>>> len(A)
3
>>> len(A[0])
4
```

接下来考虑求矩阵一行绝对值最大的元素及其列号的程序段，再将处理一行的程序段重复执行 m 次，即可求出每行的绝对值最大的元素及其列号。

程序如下：

```
m,n=eval(input())                    # 输入矩阵的行数和列数
x=[[0]*n for i in range(m)]          # 定义矩阵 x
for i in range(m):                   # 输入矩阵 x 的值
    for j in range(n):
        x[i][j]=eval(input())
print("Matrix x:")                   # 输出矩阵 x 的值
for i in range(len(x)):
    print(x[i])
for i in range(m):
    k=0                              # 假定第 0 列元素是第 i 行绝对值最大的元素
    for j in range(1,n):
        if abs(x[i][j])>abs(x[i][k]): # 求第 i 行绝对值最大元素的列号
            k=j
    print(i,k,x[i][k])
```

例 6-7　矩阵乘法。已知 m×n 矩阵 A 和 n×p 矩阵 B，试求它们的乘积 C=A×B。

分析：求两个矩阵 A 和 B 的乘积分为以下 3 步。

（1）输入矩阵 A 和 B。

（2）求矩阵 A 和 B 的乘积并存放到 C 中。

（3）输出矩阵 C。

其中第（2）步是关键。

依照矩阵乘法规则，乘积 C 为 m×p 矩阵，且 C 的各元素的计算公式如下：

$$C_{ij}=\sum_{k=1}^{n}A_{ik}B_{kj}\qquad(1\leqslant i\leqslant m,1\leqslant j\leqslant p)$$

为了计算矩阵 C，需要采用三重循环。其中，外层循环（设循环变量为 i）控制矩阵 A 的行，中层循环（设循环变量为 j）控制矩阵 B 的列，内层循环（设循环变量为 k）控制计算 C 的各元素，显然，求 C 的各元素属于累加问题。

程序如下：

```
A=[[2,1],[3,5],[1,4]]
B=[[3,2,1,4],[0,7,2,6]]
C=[[0]*len(B[0]) for i in range(len(A))] # 定义矩阵 C
for i in range(len(A)):
    for j in range(len(B[0])):
        t=0
        for k in range(len(B)):
            t+=A[i][k]*B[k][j]
        C[i][j]=t
print("Matrix A:")        # 输出矩阵 A
for i in range(len(A)):
    print(A[i])
print("Matrix B:")        # 输出矩阵 B
for i in range(len(B)):
    print(B[i])
print("Matrix C:")        # 输出矩阵 C
for i in range(len(C)):
    print(C[i])
```

程序运行结果如下：

```
Matrix A:
[2, 1]
[3, 5]
[1, 4]
Matrix B:
[3, 2, 1, 4]
[0, 7, 2, 6]
Matrix C:
[6, 11, 4, 14]
[9, 41, 13, 42]
[3, 30, 9, 28]
```

例 6-8　找出一个二维数组中的鞍点，即该位置上的元素是该行上的最大值，是该列上的最小值。二维数组可能不止一个鞍点，也可能没有鞍点。

程序如下：

```
m,n=eval(input())                # 输入矩阵的行数和列数
a=[[0]*n for i in range(m)]      # 定义矩阵
for i in range(m):               # 输入矩阵的值
    for j in range(n):
        a[i][j]=eval(input())
print("Matrix a:")               # 输出矩阵的值
```

```
for i in range(len(a)):
    print(a[i])
flag2=0                          # flag2 作为数组中是否有鞍点的标志
for i in range(len(a)):
    maxx=a[i][0]                 # 求每一行最大元素及其所在列
    for j in range(len(a[0])):
        if a[i][j]>maxx:
            maxx=a[i][j]
            maxj=j
    k=0
    flag1=1                      # flag1 作为行中的最大值是否有鞍点的标志
    while k<len(a) and flag1:
        if maxx>a[k][maxj]:      # 判断行中的最大值是否也是列中的最小值
            flag1=0
        k+=1
    if flag1:
        print(" 第 {} 行第 {} 列的 {} 是鞍点 !".format(i,maxj,maxx))
        flag2=1
if not flag2:
    print(" 矩阵无鞍点 !")
```

程序运行时，可以用以下两个矩阵验证程序。

（1）二维矩阵有鞍点。

```
  9  80  205  40
 90  -60  96   1
210  -3  101  89
```

（2）二维矩阵没有鞍点。

```
  9  80  205  40
 90  -60  196  1
210  -3  101  89
 45  54  156   7
```

习　题　6

一、选择题

1．下列 Python 数据中，其元素可以改变的是（　）。

A．列表　　B．元组　　C．字符串　　D．数组

2．表达式“[2] in [1,2,3,4]”的值是（　）。

A．Yes　　B．No　　C．True　　D．False

3．max((1,2,3)*2) 的值是（　）。

A．3　　B．4　　C．5　　D．6

4．下列选项中与 s[0:-1] 表示的含义相同的是（　）。

A．s[-1]　　B．s[:]　　C．s[:len(s)-1]　　D．s[0:len(s)]

5．对于列表 L=[1,2,'Python',[1,2,3,4,5]]，L[-3] 的是（　）。

A．1　　B．2　　C．'Python'　　D．[1,2,3,4,5]

6．L.reverse() 和 L[-1:-1-len(L):-1] 的主要区别是（　）。

A．L.reverse() 和 L[-1:-1-len(L):-1] 都将列表的所有元素反转排列，没有区别

B．L.reverse() 和 L[-1:-1-len(L):-1] 都不会改变列表 L 原来内容

C．L.reverse() 不会改变列表 L 的内容，而 L[-1:-1-len(L):-1] 会改变列表 L 原来内容

D．L.reverse() 会改变列表 L 的内容，而 L[-1:-1-len(L):-1] 产生一个新列表，不会改变列表 L 原来内容

7．tuple(range(2,10,2)) 的返回结果是（　）。

A．[2, 4, 6, 8]　　B．[2, 4, 6, 8, 10]　　C．(2, 4, 6, 8)　　D．(2, 4, 6, 8, 10)

8．下列程序执行后，p 的值是（　）。

```
a=[[1,2,3],[4,5,6],[7,8,9]]
p=1
for i in range(len(a)):
    p*=a[i][i]
```

A．45　　B．15　　C．6　　D．28

9．下列 Python 程序的运行结果是（　）。

```
s=[1,2,3,4]
s.append([5,6])
print(len(s))
```

A．2　　B．4　　C．5　　D．6

10．下列 Python 程序的运行结果是（　）。

```
s1=[4,5,6]
s2=s1
s1[1]=0
print(s2)
```

A．[4, 5, 6]　　B．[4, 0, 6]　　C．[0, 5, 6]　　D．[4, 5, 0]

二、填空题

1．序列元素的编号称为________，它从________开始，访问序列元素时将它用________括起来。

2．对于列表 x，x.append(a) 等价于________（用 insert 方法）。

3．设有列表 L=[1,2,3,4,5,6,7,8,9]，则 L[2:4] 的值是________，L[::2] 的值是________，L[-1] 的值是________，L[-1:-1-len(L):-1] 的值是________。

4．Python 语句 print(tuple(range(2)),list(range(2))) 的运行结果是________。

5．Python 表达式 [i for i in range(5) if i%2!=0] 的值为________，[i**2 for i in range(3)] 的值为________。

6．Python 语句 first,*middles,last=range(6) 执行后，middles 的值为_______，sum(middles)/len(middles) 的值为________。

7．已知 fruits=['apple','banana','pear'], print(fruits[-1][-1]) 的结果是_______，print(fruits.index('apple')) 的结果是________，print('Apple' in fruits) 的结果是________。

8．下列程序的运行结果是_____。

```
s1=[1,2,3,4]
s2=[5,6,7]
print(len(s1+s2))
```

9．下列语句执行后，s 值为_______。

```
s=[1,2,3,4,5,6]
s[:1]=[]
s[:2]='a'
s[2:]='b'
s[2:3]=['x','y']
del s[:1]
```

10．下列语句执行后，s 值为_______。

```
s=['a','b']
s.append([1,2])
s.extend([5,6])
s.insert(10,8)
s.pop()
s.remove('b')
s[3:]=[]
s.reverse()
```

三、问答题

1．什么叫序列？它有哪些类型？各有什么特点？

2．设有列表 a，要求从列表 a 中每三个元素取一个，并且将取到的元素组成新的列表 b，请写出语句。

3．用列表解析式生成包含 10 个数字 5 的列表，请写出语句。如果要生成包含 10 个数字 5 的元组，请写出语句。

4．分析下列语句的执行结果，总结语句 y=x 和 y=x[:] 的区别。

```
>>> x=[1,2,3,4,5]
>>> y=x
>>> id(x),id(y)
(36312688, 36312688)
>>> x=[1,2,3,4,5]
>>> y=x[:]
>>> id(x),id(y)
(36313288, 36312728)
```

5．分析下列语句的执行结果，总结语句 m+=[4,5] 和 m=m+[4,5] 的区别。

```
>>> m=[1,2]
>>> n=m
>>> m+=[4,5]
>>> m,n
([1, 2, 4, 5], [1, 2, 4, 5])
>>> m=[1,2]
```

```
>>> n=m
>>> m=m+[4,5]
>>> m,n
([1, 2, 4, 5], [1, 2])
```

6．写出下列程序的运行结果。

```
n=tuple([[1]*5 for i in range(4)])
for i in range(len(n)):
    for j in range(i,len(n[0])):
        n[i][j]=i+j
    print(sum(n[i]))
```

第 7 章　字典与集合

如同第 6 章所介绍，Python 中的列表和元组都属于序列类型。序列的特点是数据元素之间保持先后的顺序关系，通过位置编号（索引）来访问序列的数据元素。字典和集合的数据元素之间没有任何确定的顺序关系，属于无序的数据集合体，因此不能像序列那样通过位置索引来访问数据元素。

在 Python 中，字典是由“关键字 : 值”对组成的集合体。集合是指由无序的、不重复的元素组成的集合体，类似于数学中的集合概念。作为一种复合数据类型，字典和集合之间的主要区别在于它们的操作，字典主要关心其元素的检索、插入和删除，集合主要考虑集合之间的并、交和差操作。

本章介绍内容包括字典概述、字典的操作、集合的操作、字典与集合的应用等。

7.1 字典概述

在 Python 中，字典（dictionary）是指在大括号中放置一组由逗号分隔的“关键字 : 值”对（key-value pair），它是无序的“关键字 : 值”对的集合体。关键字就相当于索引，而它对应的“值”就是数据，数据是根据关键字来存储的，只要找到这个关键字就可以找到需要的值，这种对应关系是唯一的。这就是说，在同一个字典之内，关键字必须是互不相同的，字典中的一个关键字只能与一个值关联，对于同一个关键字，后添加的值会覆盖之前的值。

1. 字典的索引

字典是 Python 中唯一的映射类型，采用“关键字 : 值”对的形式存储数据。序列以连续的整数为索引，与此不同的是，字典以关键字为索引，关键字可以是任意不可变类型，如整数、字符串。如果元组中只包含字符串和数字，则元组也可以作为关键字；如果元组直接或间接地包含了可变类型，就不能作为关键字。不能用列表做关键字，因为列表可被修改。

Python 对关键字进行哈希函数运算，根据计算的结果决定值的存储地址，所以字典是无序存储的，且关键字必须是可哈希的。可哈希表示关键字必须是不可变类型，否则会出现 TypeError 异常。可以用 hash() 函数求得数据的哈希值，用来判断一个数据能否作为字典的关键字。例如：

```
>>> hash((9,10))
-263382064
>>> hash([9,10])
```

语句执行后出现错误：

```
TypeError: unhashable type: 'list'
```

说明元组是可哈希类型，可以作为字典的关键字；而列表是不可哈希类型，不能作为字典的关键字。

2．字典与序列的区别

（1）存取和访问数据的方式不同。字典中的元素是通过关键字来存取的，而序列是通过编号来存取的。字典通过关键字将一系列值联系起来，这样就可以使用关键字从字典中取出一个元素。与列表和元组一样，可以使用索引操作从字典中获取内容，但字典的索引是关键字，而序列从起始元素开始按顺序编号进行索引。

（2）列表、元组是有序的数据集合体，而字典是无序的数据集合体。与列表、元组不同，保存在字典中的元素并没有特定的顺序。实际上，Python 将各项从左到右随机排序，以便快速查找。关键字提供了字典中元素的象征性位置，而不代表物理存储顺序。

（3）字典是可变类型，可以在原处增长或缩短，无须生成一份副本。

（4）字典是异构的，可以包含任何类型的数据，如列表、元组或其他字典，支持任意层次的嵌套。

7.2 字典的操作

由于字典的特点，它的操作和序列操作不同。例如，对于字典，无法实现有序分片和连接。字典的主要操作是依据关键字来存储和提取值，也可以用 del 语句来删除“关键字 : 值”对。如果用一个已经存在的关键字存储值，则以前为该关键字分配的值就会被覆盖。试图从一个不存在的关键字中取值会导致错误。

7.2.1 字典的创建

字典就是用大括号括起来的“关键字 : 值”对的集合体，每个“关键字 : 值”对也称为字典的元素或数据项。

1．创建字典并赋值

创建字典并赋值的一般格式如下：

```
字典名 ={[ 关键字 1: 值 1[, 关键字 2: 值 2,…, 关键字 n: 值 n]]}
```

其中，关键字与值之间用冒号“:”分隔，字典元素与元素之间用逗号“,”分隔，字典中的关键字必须是唯一的，而值可以不唯一。当“关键字 : 值”对都省略时产生一个空字典。例如：

```
>>> d1={}
>>> d2={'name':'lucy','age':40}
>>> d1,d2
({}, {'name': 'lucy', 'age': 40})
```

字典的元素又可以是列表、元组或字典。例如：

```
>>> d3={'name':{'first':'john','last':'lucy'},'age':40}
>>> d3
{'name': {'first': 'john', 'last': 'lucy'}, 'age': 40}
```

2．dict() 函数

可以用 dict() 函数创建字典，各种应用形式举例如下。

（1）使用 dict() 函数创建一个空字典并给变量赋值。例如：

```
>>> d4=dict()
>>> d4
{}
```

（2）使用列表或元组作为 dict() 函数参数。例如：

```
>>> d50=dict((['x',1],['y',2]))
>>> d50
{'x': 1, 'y': 2}
>>> d51=dict([['x',1],['y',2]])
>>> d51
{'x': 1, 'y': 2}
```

（3）将数据按“关键字 = 值”形式作为参数传递给 dict() 函数。例如：

```
>>> d6=dict(name='allen',age=25)
>>> d6
{'name': 'allen', 'age': 25}
```

7.2.2　字典的常用操作

1．字典的访问

Python 通过关键字来访问字典的元素，一般格式如下：

```
字典名 [ 关键字 ]
```

如果关键字不在字典中，则会引发一个 KeyError 错误。各种应用形式举例如下。

（1）以关键字进行索引计算。例如：

```
>>> dict1={'name':'diege','age':18}
>>> dict1['age']
18
```

（2）字典嵌套字典的关键字索引。例如：

```
>>> dict2={'name':{'first':'diege','last':'wang'},'age':18}
>>> dict2['name']['first']
'diege'
```

（3）字典嵌套列表的关键字索引。例如：

```
>>> dict3={'name':{'Brenden'},'score':[76,89,98,65]}
>>> dict3['score'][0]
76
```

（4）字典嵌套元组的关键字索引。例如：

```
>>> dict4={'name':{'Brenden'},'score':(76,89,98,65)}
>>> dict4['score'][0]
76
```

2．字典的更新

更新字典值的语句格式如下：

```
字典名[关键字]= 值
```

如果关键字已经存在，则修改关键字对应的元素的值；如果关键字不存在，则在字典中增加一个新元素，即“关键字 : 值”对。显然，列表不能通过这样的方法来增加数据，当列表索引超出范围时会出现错误。列表只能通过 append 方法来追加元素，但列表也能通过给已存在元素赋值的方法来修改已存在的数据。例如：

```
>>> dict1={'name':'diege','age':18}
>>> dict1['name']='chen'                    # 修改字典元素
>>> dict1['score']=[78,90,56,90]            # 添加一个元素
>>> dict1
{'score': [78, 90, 56, 90], 'name': 'chen', 'age': 18}
```

3. 字典元素的删除

删除字典元素使用以下函数或方法。

- del 字典名[关键字]：删除关键字所对应的元素。
- del 字典名：删除整个字典。

看下面的例子：

```
>>> dict1={'a':1,'b':2,'c':3}
>>> del dict1['a']
>>> dict1
{'c': 3, 'b': 2}
```

4. 检查字典关键字是否存在

通过以下运算符判断关键字是否存在于字典中。

- 关键字 in 字典：值为 True，则表示关键字存在于字典中。
- 关键字 not in 字典：值为 True，则表示关键字不存在于字典中。

看下面的例子：

```
>>> dict1={'a':1,'b':2,'c':3}
>>> 'b' in dict1
True
```

5. 字典的长度和运算

len() 函数可以获取字典所包含“关键字 : 值”对的数目，即字典长度。虽然也支持 max()、min()、sum() 和 sorted() 函数，但针对字典的关键字进行计算，很多情况下没有实际意义。例如：

```
>>> dict1={'a':1,'b':2,'c':3}
>>> len(dict1)
3
>>> max(dict1)
'c'
```

字典不支持连接（+）和重复操作符（*），关系运算中只有“==”和“!=”有意义。例如：

```
>>> dict1={'a':1,'b':2,'c':3}
>>> dict2={'b':1,'c':2,'d':3}
```

```
>>> dict1==dict2
False
```

list(d) 函数获取字典 d 的关键字，按字典中的顺序得到一个列表。例如：

```
>>> d={'chen':89,'zhang':78,'liu':67,'cai':98}
>>> d
{'chen': 89, 'cai': 98, 'liu': 67, 'zhang': 78}
>>> list(d)
['chen', 'cai', 'liu', 'zhang']
```

7.2.3　字典的常用方法

Python 字典和集合实际上也是对象，Python 提供了很多有用的方法。

1. fromkeys() 方法

d.fromkeys(序列 [, 值])：创建并返回一个新字典，以序列中的元素做该字典的关键字，指定的值做该字典中所有关键字对应的初始值（默认为 None）。例如：

```
>>> d7={}.fromkeys(('x','y'),-1)
>>> d7
{'x': -1, 'y': -1}
```

这样创建的字典的值是一样的，若不给定值，则默认为 None。

```
>>> d8={}.fromkeys(['name','age'])
>>> d8
{'name': None, 'age': None}
```

创建一个只有关键字没有值的字典。

2. keys() 方法、values() 方法、items() 方法

- d.keys()：返回一个包含字典所有关键字的列表。
- d.values()：返回一个包含字典所有值的列表。
- d.items()：返回一个包含所有（关键字 , 值）元组的列表。

看下面的例子。

```
>>> d={'name':'alex','sex':'man'}
>>> d.keys()
dict_keys(['sex', 'name'])
>>> d.values()
dict_values(['man', 'alex'])
>>> d.items()
dict_items([('sex', 'man'), ('name', 'alex')])
```

3. 字典复制与删除的方法

- d.copy()：返回字典 d 的副本。
- d.clear()：删除字典 d 中的全部元素，d 变成一个空字典。
- d.pop(key)：从字典 d 中删除关键字 key 并返回删除的值。例如：

```
>>> d={'chen':89,'zhang':78,'liu':67,'cai':98}
>>> d.pop('liu')
```

```
67
>>> d
{'chen': 89, 'cai': 98, 'zhang': 78}
```

● d.popitem()：删除字典的“关键字 : 值”对，并返回由关键字和值构成的元组。例如：

```
>>> d={'chen':89,'zhang':78,'liu':67,'cai':98}
>>> d.popitem()
('chen', 89)
>>> d
{'cai': 98, 'liu': 67, 'zhang': 78}
```

4．get() 方法和 pop() 方法

● d.get(key[,value])：如果字典 d 中存在关键字 key，则返回关键字对应的值；若字典 d 中不存在关键字 key，则返回 value 的值，value 默认为 None。该方法不改变原对象的数据。例如：

```
>>> d={'name':'alex','sex':'man'}
>>> d.get('name','notexists')
'alex'
>>> d.get('name1','notexists')
'notexists'
```

● d.pop(key[,value])：如果字典 d 中存在关键字 key，则删除并返回关键字对应的值；若字典 d 中不存在关键字 key，则在指定了 value 时返回 value 的值，未指定 value 时报错。例如：

```
>>> d={'name':'alex','sex':'man'}
>>> d.pop('name','notexists')
'alex'
>>> d
{'sex': 'man'}
>>> d={'name':'alex','sex':'man'}
>>> d.get('name1','notexists')
'notexists'
>>> d
{'sex': 'man', 'name': 'alex'}
```

5．setdefault() 方法和 update() 方法

● d.setdefault(key,[value])：如果字典 d 中存在关键字 key，则返回其值；如果字典 d 中不存在关键字 key，则给字典 d 添加 key:value 对，value 默认为 None。例如：

```
>>> d={'name':'alex','sex':'man'}
>>> d.setdefault('name','zhou')
'alex'
>>> d
{'sex': 'man', 'name': 'alex'}
>>> d.setdefault('nname','abcde')
'abcde'
>>> d
{'nname': 'abcde', 'sex': 'man', 'name': 'alex'}
```

● d2.update(d1)：将字典 d1 的“关键字 : 值”对添加到字典 d2 中。d1 合并到 d2，d1 没

有变化，d2 变化。例如：

```
>>> d={1:' 星期一 ',2:' 星期二 ',3:' 星期三 ',4:' 星期四 ',5:' 星期五 '}
>>> d0={6:' 星期六 ',7:' 星期日 '}
>>> d.update(d0)
>>> d
{1: ' 星期一 ', 2: ' 星期二 ', 3: ' 星期三 ', 4: ' 星期四 ', 5: ' 星期五 ', 6: ' 星期六 ', 7: ' 星期日 '}
```

6. has_key() 方法

d.has_key(key)：如果字典 d 中存在关键字 key，则返回 True，否则返回 False。这种功能通常用 in 和 not in 实现。

7.2.4　字典的遍历

结合 for 循环语句，字典的遍历是很方便的，有多种方式。要注意的是，访问一个不存在的关键字时，会发生 KeyError 异常，在访问前可使用 in 或 not in 判断字典中是否存在关键字。

1. 遍历字典的关键字

d.keys()：返回一个包含字典所有关键字的列表，所以对字典关键字的遍历转换为对列表的遍历。例如：

```
>>> d={'name':'jasmine','sex':'man'}
>>> for key in d.keys():print(key,d[key])
sex man
name jasmine
```

2. 遍历字典的值

d.values()：返回一个包含字典所有值的列表，所以对字典值的遍历转换为对列表的遍历。例如：

```
>>> d={'name':'jasmine','sex':'man'}
>>> for value in d.values():print(value)
man
jasmine
```

3. 遍历字典的元素

d.items()：返回一个包含所有（关键字 , 值）元组的列表，所以对字典元素的遍历转换为对列表的遍历。例如：

```
>>> d={'name':'jasmine','sex':'man'}
>>> for item in d.items():print(item)
('sex', 'man')
('name', 'jasmine')
```

7.3　集合的操作

在 Python 中，集合（set）是一个无序排列、不重复的数据集合体，类似于数学中的集合概念，可对其进行交、并、差等运算。集合和字典都属于无序集合体，有许多操作是一致的。例如，判断在集合中是否存在集合元素（x in set，x not in set），求集合的长度 len()、最大值 max()、最小值 min()、数值元素之和 sum()，集合的遍历 for x in set。作为一个无序的集合体，集合不记录元素位置或插入点，因此不支持索引、分片等操作。

7.3.1 集合的创建

在 Python 中，创建集合有两种方式：一种是用一对大括号将多个用逗号分隔的数据括起来；另一种是使用 set() 函数，该函数可以将字符串、列表、元组等类型的数据转换成集合类型的数据。例如：

```
>>> s1={1,2,3,4,5,6,7,8}
>>> s1
{1, 2, 3, 4, 5, 6, 7, 8}
>>> s2=set('abcdef')
>>> s2
{'b', 'c', 'e', 'd', 'a', 'f'}
```

在 Python 中，用大括号将集合元素括起来，这与字典的创建类似，但 {} 表示空字典，空集合用 set() 函数表示。例如：

```
>>> s3={}
>>> type(s3)
<class 'dict'>
>>> s4=set()
>>> s4
set()
>>> type(s4)
<class 'set'>
```

注意：集合中不能有相同元素，如果在创建集合时有重复元素，则 Python 会自动删除重复的元素。例如：

```
>>> s5={1,2,2,2,3,3,4,4,4,4,5}
>>> s5
{1, 2, 3, 4, 5}
```

集合的这个特性非常有用，例如，要删除列表中大量的重复元素，可以先用 set() 函数将列表转换成集合，再用 list() 函数将集合转换成列表，操作效率非常高。

```
>>> a=[123,4,56,4,4,123,34,4,56]
>>> b=set(a)
>>> b
{56, 34, 123, 4}
>>> a=list(b)
>>> a
[56, 34, 123, 4]
```

Python 集合包含两种类型：可变集合（set）和不可变集合（frozenset）。前面介绍的就是创建可变集合的方法。可变集合可以添加和删除集合元素（具体方法在 7.3.3 节中介绍），但集合中的元素必须是不可修改的，因此集合的元素不能是列表或字典，只能是数值、字符串或元组。同样，集合的元素不能是可变集合，因为可变集合是可被修改的，不能做其他集合的元素，也不能作为字典的关键字。Python 提供 frozenset() 函数来创建不可变集合，不可变集合是不能被修改的，因此既能作为其他集合的元素，也能作为字典的关键字。例如：

```
>>> s6={1,2,{'A':3},3,4,5}
```

字典不能作为集合的元素，语句执行后提示 TypeError 错误：

```
TypeError: unhashable type: 'dict'
>>> fs=frozenset({'a','b','c'})
>>> type(fs)
<class 'frozenset'>
>>> s6={1,2,fs,3,4,5}   # 不可变集合可以作为集合的元素
>>> s6
{1, 2, 3, 4, 5, frozenset({'c', 'a', 'b'})}
```

7.3.2　集合的常用运算

集合支持多种运算，很多运算和数学中的集合运算含义一样。

1. 传统的集合运算

- s1|s2|…|sn：计算 s1，s2，…，sn 的并集。例如：

```
>>> s={1,2,3}|{3,4,5}|{'a','b'}
>>> s
{1, 2, 3, 4, 5, 'b', 'a'}
```

- s1 & s2 & … & sn：计算 s1，s2，…，sn 的交集。例如：

```
>>> s={1,2,3,4,5}&{1,2,3,4,5,6}&{2,3,4,5}&{2,4,6,8}
>>> s
{2, 4}
```

- s1-s2-…-sn：计算 s1，s2，…，sn 的差集。例如：

```
>>> s={1,2,3,4,5,6,7,8,9}-{1,2,3,4,5,6}-{2,3,4,5}-{2,4,6,8}
>>> s
{9, 7}
```

- s1^s2：计算 s1 和 s2 的对称差集，求 s1 和 s2 中相异元素。例如：

```
>>> s={1,2,3,4,5,6,7,8,9}^{5,6,7,8,9,10}
>>> s
{1, 2, 3, 4, 10}
```

2. 集合的比较

- s1==s2：如果 s1 和 s2 具有相同的元素，则返回 True，否则返回 False。例如：

```
>>> s1={4,3,2,1}
>>> s2={1,2,3,4}
>>> s1==s2
True
```

判断两个集合是否相等，只需判断其中的元素是否一致，而与顺序无关，这就说明了集合是无序的。

● s1!=s2：如果 s1 和 s2 具有不同的元素，则返回 True，否则返回 False。例如：

```
>>> s1={4,3,2,1}
>>> s2={1,2,3,4}
>>> s1!=s2
False
```

● s1<s2：如果 s1 不等于 s2，且 s1 中所有的元素都是 s2 的元素（s1 是 s2 的纯子集），则返回 True，否则返回 False。例如：

```
>>> s1={4,3,2,1}
>>> s2={1,2,3,4,5,6}
>>> s1<s2
True
```

● s1<=s2：如果 s1 中所有的元素都是 s2 的元素（s1 是 s2 的子集），则返回 True，否则返回 False。例如：

```
>>> s1={4,3,2,1}
>>> s2={1,2,3,4,5,6}
>>> s1<=s2
True
```

● s1>s2：如果 s1 不等于 s2，且 s2 中所有的元素都是 s1 的元素（s1 是 s2 的纯超集），则返回 True，否则返回 False。例如：

```
>>> s1={4,3,2,1}
>>> s2={1,2,3,4,5,6}
>>> s1>s2
False
```

● s1>=s2：如果 s2 中所有的元素都是 s1 的元素（s1 是 s2 的超集），则返回 True，否则返回 False。例如：

```
>>> s1={4,3,2,1}
>>> s2={1,2,3,4,5,6}
>>> s1>=s2
False
```

3．集合元素的并入

s1|=s2：将 s2 的元素并入 s1 中。例如：

```
>>> s1={4,3,2,1}
>>> s2={7,8}
>>> s1|=s2
>>> s1
{1, 2, 3, 4, 7, 8}
```

下面再看不可变集合的操作。

```
>>> s1=frozenset({4,3,2,1})
>>> s2={7,8}
```

```
>>> s1|=s2
>>> s1
frozenset({1, 2, 3, 4, 7, 8})
```

4．集合的遍历

集合与 for 循环语句配合使用，可实现对集合各个元素的遍历。看下面的程序。

```
s={10,20,30,40}
t=0
for x in s:
    print(x,end='\t')
    t+=x
print(t)
```

程序对 s 集合的各个元素进行操作，输出各个元素并实现累加。程序运行结果如下：

```
40	10	20	30	100
```

7.3.3　集合的常用方法

Python 以面向对象方式为集合类型提供了很多方法，有些方法适用于可变集合和不可变集合，有些方法只适用于可变集合类型。

1．适用于可变集合和不可变集合的方法

- s1.issubset(s2)：如果集合 s1 是 s2 的子集，则返回 True，否则返回 False。例如：

```
>>> s1={2,3}
>>> s2={1,2,3,4}
>>> s1.issubset(s2)
True
```

- s1.issuperset(s2)：如果集合 s1 是 s2 的超集，则返回 True，否则返回 False。例如：

```
>>> s1=frozenset({1,2,3,4})
>>> s2=frozenset({2,3})
>>> s1.issuperset(s2)
True
```

- s1.isdisjoint(s2)：如果集合 s1 和 s2 没有共同元素，则返回 True，否则返回 False。例如：

```
>>> s1={2,3}
>>> s2={1,2,3,4}
>>> s1.isdisjoint(s2)
False
```

- s1.union(s2,⋯,sn)：返回 s1，s2，⋯，sn 的并集 s1 ∪ s2 ∪⋯∪ sn。例如：

```
>>> {1,2,3,4}.union({4,5,6},{'sdd'})
{1, 2, 3, 4, 5, 6, 'sdd'}
```

- s1.intersection(s2,⋯,sn)：返回 s1，s2，⋯，sn 的交集 s1 ∩ s2 ∩⋯∩ sn。例如：

```
>>> {1,2,3,4}.intersection({4,5,6},{4,5,'sdd'})
{4}
```

- s1.difference(s2,…,sn)：返回 s1，s2，…，sn 的差集 s1-s2-…-sn。例如：

```
>>> {1,2,3,4}.difference({4,5,6},{4,5,'sdd'})
{1, 2, 3}
```

- s1.symmetric_difference(s2)：返回 s1 和 s2 的对称差值 s1^s2。例如：

```
>>> {1,2,3,4}.symmetric_difference({4,5,'sdd'})
{1, 2, 3, 5, 'sdd'}
```

- s.copy()：复制集合 s。例如：

```
>>> s=frozenset({1,2,3,4,5})
>>> s.copy()
frozenset({1, 2, 3, 4, 5})
```

2．适用于可变集合的方法

- s.add(x)：在集合 s 中添加对象 x。例如：

```
>>> s={1,2,3,4,5}
>>> s.add('abc')
>>> s
{1, 2, 3, 4, 5, 'abc'}
```

- s.update(s1,s2,…,sn)：用集合 s1，s2，…，sn 中的成员修改集合 s，s=s ∪ s1 ∪ s2 ∪… ∪ sn。例如：

```
>>> s={10,20,30}
>>> s.update({1,2,3},{3,4,5},{'a','b'})
>>> s
{1, 2, 3, 4, 5, 10, 'b', 20, 'a', 30}
```

- s.intersection_update(s1，s2，…，sn)：集合 s 中的成员是共同属于 s1，s2，…，sn 的元素，s=s ∩ s1 ∩ s2 ∩…∩ sn。例如：

```
>>> s={1,2,3,4,5}
>>> s.intersection_update({1,2,3,4,5,6},{2,3,4,5},{2,4,6,8})
>>> s
{2, 4}
```

- s.difference_update(s1，s2，…，sn)：集合 s 中的成员是属于 s 但不包含在 s1，s2，…，sn 中的元素，s=s-s1-s2-…-sn。例如：

```
>>> s={1,2,3,4,5,6,7,8,9}
>>> s.difference_update({1,2,3,4,5,6},{2,3,4,5},{2,4,6,8})
>>> s
{7, 9}
```

- s.symmetric_difference_update(s1)：集合 s 中的成员更新为那些包含在 s 或 s1 中，但不是 s 和 s1 共有的元素，s=s^s1。例如：

```
>>> s={1,2,3,4,5,6,7,8,9}
```

```
>>> s.symmetric_difference_update({5,6,7,8,9,10})
>>> s
{1, 2, 3, 4, 10}
```

- s.remove(x)：从集合 s 中删除 x，若 x 不存在，则引发 KeyError 错误。

```
>>> s={1,2,3,4,5}
>>> s.remove(4)
>>> s
{1, 2, 3, 5}
```

- s.discard(x)：如果 x 是 s 的成员，则删除 x。x 不存在，也不出现错误。

```
>>> s={1,2,3,4,5}
>>> s.discard(4)
>>> s
{1, 2, 3, 5}
>>> s.discard(42)
>>> s
{1, 2, 3, 5}
```

- s.pop()：删除集合 s 中任意一个对象，并返回它。

```
>>> s={1,2,3,4,5}
>>> s.pop()
1
```

- s.clear()：删除集合 s 中所有元素。

```
>>> s={1,2,3,4,5}
>>> s.clear()
>>> s
set()
```

7.4 字典与集合的应用

根据求解问题的特点，选择合适的组织数据的方法，是程序设计过程中要考虑的重要问题。本节通过例子进一步说明字典和集合的应用。

例 7-1　输入年、月、日，判断这一天是这一年的第几天。

分析：以 3 月 5 日为例，应该先把前两个月的天数加起来，再加上 5，即本年的第几天。平年 1~12 月份的天数分别为 31、28、31、30、31、30、31、31、30、31、30、31，但闰年的 2 月份是 29 天。

程序如下：

```
year=int(input('请输入年份:'))
month=input('请输入月份:')
day=int(input('请输入日期:'))
dic={'1':31,'2':28,'3':31,'4':30,'5':31,'6':30,'7':31,\
     '8':31,'9':30,'10':31,'11':30,'12':31}
days=0
```

```
if ((year%4==0) and (year%100!=0)) or (year%400==0):
    dic['2']=29        # 如果是闰年，则 2 月份是 29 天
if int(month)>1:
    for obj in dic:
        if month==obj:
            for i in range(1,int(obj)):
                days+=dic[str(i)]
    days+=day
else:
    days=day
print(f'{year} 年 {month} 月 {day} 日是该年的第 {days} 天 ')
```

程序运行结果如下：

```
请输入年份 :2023 ↙
请输入月份 :2 ↙
请输入日期 :16 ↙
2023 年 2 月 16 日是该年的第 47 天
```

例 7-2　从键盘输入 10 个整数存入序列 p 中，其中凡相同的数在 p 中只存入第一次出现的数，其余的都被剔除。

分析：因为 Python 的集合是一个无序、不重复的数据集，根据要求，利用集合完成是十分方便的。

程序如下：

```
s=set()
for i in range(10):
    x=int(input())
    s.add(x)
print('s=',s)
```

习　题　7

一、选择题

1．Python 语句 print(type({1:1,2:2,3:3,4:4})) 的输出结果是（　）。

A．<class 'tuple'>　　B．<class 'dict'>

C．<class 'set'>　　D．<class 'frozenset'>

2．以下不能创建字典的语句是（　）。

A．dict1={}　　B．dict2={3:5}

C．dict3=dict([2,5],[3,4])　　D．dict4=dict(([1,2],[3,4]))

3．对于字典 D={'A':10,'B':20,'C':30,'D':40}，对第 4 个字典元素的访问形式是（　）。

A．D[3]　　B．D[4]　　C．D[D]　　D．D[‘D’]

4．对于字典 D={'A':10,'B':20,'C':30,'D':40}，len(D) 的值是（　）。

A．4　　B．8　　C．10　　D．12

5．对于字典 D={'A':10,'B':20,'C':30,'D':40}，sum(list(D.values())) 的值是（　）。

A．10　　B．100　　C．40　　D．200

6．以下不能创建集合的语句是（　）。

A．s1=set()　　B．s2=set("abcd")

C．s3={}　　D．s4=frozenset((3,2,1))

7．设 a=set([1,2,2,3,3,3,4,4,4,4])，则 a.remove(4) 执行后，a 的值是（　）。

A．{1, 2, 3}　　B．{1, 2, 2, 3, 3, 3, 4, 4, 4}

C．{1, 2, 2, 3, 3, 3}　　D．[1, 2, 2, 3, 3, 3, 4, 4, 4]

8．下列语句执行后的结果是（　）。

```
fruits={'apple':3,'banana':4,'pear':5}
fruits['banana']=7
print(sum(fruits.values()))
```

A．7　　B．19　　C．12　　D．15

9．下列语句执行后的结果是（　）。

```
d1={1:'food'}
d2={1:' 食品 ',2:' 饮料 '}
d1.update(d2)
print(d1[1])
```

A．1　　B．2　　C．食品　　D．饮料

10．下列 Python 程序的运行结果是（　）。

```
s1=set([1,2,2,3,3,3,4])
s2={1,2,5,6,4}
print(s1&s2-s1.intersection(s2))
```

A．{1, 2, 4}　　B．set()　　C．[1,2,2,3,3,3,4]　　D．{1,2,5,6,4}

二、填空题

1．在 Python 中，字典和集合都使用________作为定界符。字典的每个元素由两部分组成，即________和________，其中________不允许重复。

2．集合是一个无序、________的数据集，它包括________和________两种类型，前者可以通过大括号或________函数创建，后者需要通过________函数创建。

3．下列语句执行后，di['fruit'][1] 的值是________。

```
di={'fruit':['apple','banana','orange']}
di['fruit'].append('watermelon')
```

4．语句 print(len({})) 的执行结果是_______。

5．设 a=set([1,2,2,3,3,3,4,4,4,4])，则 sum(a) 的值是________。

6．{1,2,3,4} & {3,4,5} 的值是________，{1,2,3,4} | {3,4,5} 的值是________，{1,2,3,4} - {3,4,5} 的值是________。

7．设有 s1={1,2,3}，s2={2,3,5}，则 s1.update(s2) 执行后，s1 的值为________________，s1.intersection(s2) 的执行结果为________，s1.difference(s2) 的执行结果为________。

8．下列程序的运行结果是_______。

```
d={1:'x',2:'y',3:'z'}
del d[1]
del d[2]
d[1]='A'
print(len(d))
```

9．下面程序的运行结果是________。

```
list1={}
list1[1]=1
list1['1']=3
list1[1]+=2
sum=0
for k in list1:
    sum+=list1[k]
print(sum)
```

10．下面程序的运行结果是________。

```
s=set()
for i in range(1,10):
    s.add(i)
print(len(s))
```

三、问答题

1．什么是空字典和空集合？如何创建？

2．设有列表 a=['number','name','score']，b=['21001','denmer',90]，写一个语句将这两个列表的内容转换为字典，且以列表 a 中的元素为关键字，以列表 b 中的元素为值。

3．字典的遍历有哪些方法？

4．集合有哪两种类型？分别如何创建？

5．Python 支持的集合运算有哪些？集合的比较运算有哪些？集合对象的方法有哪些？

6．分别写出下列两个程序的输出结果，输出结果为何不同？

程序一：

```
d1={'a':1,'b':2}
d2=d1
d1['a']=6
sum=d1['a']+d2['a']
print(sum)
```

程序二：

```
d1={'a':1,'b':2}
d2=dict(d1)
d1['a']=6
sum=d1['a']+d2['a']
print(sum)
```

第 8 章　函数与模块

在程序设计中，有很多操作或运算是完全相同的或非常相似的，只是处理的数据不同而已，我们固然可以将程序段复制到所需要的地方，但这样不仅烦琐，而且为程序测试和维护带来很大麻烦。一旦被复制的程序段被发现存在问题而需要修改，则所有被复制的地方都需要修改，这是很繁杂的工作。比较好的做法是，将反复要用到的某些程序段写成函数（function），当需要时直接调用就可以了，而不需要复制整个程序段。函数能提高程序的模块性和代码的重复利用率，对大型程序的开发是很有用的。在 Python 中有很多内置函数，如 print() 函数，还有标准模块库中的函数，如 math 模块中的 sqrt() 函数，其实对象的方法也是一种函数。这些都是 Python 系统提供的函数，称为系统函数。在 Python 程序中，也可以自己创建函数，称为用户自定义函数。

模块（module）是 Python 最高级别的程序组织单元，比函数粒度更大，一个模块可以包含若干个函数。与函数类似，模块也分系统模块和用户自定义模块，用户自定义的一个模块就是一个 .py 程序文件。在导入模块之后才可以使用模块中定义的函数，例如要调用 sqrt() 函数，就必须用 import 语句导入 math 模块。

本章介绍内容包括函数的定义与调用、函数的参数传递、两类特殊函数、变量的作用域、模块、函数应用举例等。

8.1 函数的定义与调用

在 Python 中，函数的含义不是数学上的函数值与表达式之间的对应关系，而是一种运算或处理过程，即将一个程序段完成的运算或处理放在函数中完成，这就要先定义函数，然后根据需要调用它，而且可以多次调用，这体现了函数的优点。

8.1.1 函数的定义

Python 函数的定义包括对函数名、函数的参数与函数功能的描述。一般形式如下：

```
def 函数名 ([ 形式参数表 ]):
    函数体
```

下面是一个是简单的 Python 函数，该函数接受两个输入参数，返回它们的平方和。

```
def myf(x,y):
    return x*x+y*y
```

1. 函数首部

函数定义以关键字 def 开始，后跟函数名和括号括起来的参数，最后以冒号结束。函数定义的第一行称为函数首部，用于对函数的特征进行定义。

函数名是一个标识符，可以按标识符的规则随意命名。一般给函数命名一个能反映函数功能、有助于记忆的标识符。

在函数定义中，函数名后面括号内的参数因没有值的概念，它只是说明了这些参数和某种运算或操作之间的函数关系，所以称为形式参数（formal parameter），简称形参。形参是按需要而设定的，也可以没有形参，但必须保留函数名后的一对圆括号。当函数有多个形参时，形参之间用逗号分隔。

2．函数体

函数定义的缩进部分称为函数体，它描述了函数的功能。函数体中的 return 语句用于传递函数的返回值。一般格式如下：

```
return 表达式
```

一个函数中可以有多个 return 语句，当执行到某个 return 语句时，程序的控制流程返回调用函数，并将 return 语句中表达式的值作为函数值带回。若函数中有不带参数的 return 语句或函数体内没有 return 语句，则函数返回空（None）。若函数返回多个值，则函数就把这些值当成一个元组返回。例如，“return 1,2,3”实际上返回的是元组（1,2,3）。

3．空函数

Python 还允许使用函数体为空的函数，其形式如下：

```
def 函数名 ():
    pass
```

调用此函数时，执行一个空语句，即什么工作也不做。这种函数定义出现在程序中有以下目的：在调用该函数处，表明这里要调用某函数；在函数定义处，表明此处要定义某函数。出于函数的算法还未确定，或暂时来不及编写，或有待于完善和扩充程序功能等原因，未给出该函数的完整定义。特别是在程序开发过程中，通常先开发主要的函数，将次要的函数或准备扩充程序功能的函数暂写成空函数，既能在程序还未完整的情况下调试部分程序，又能为以后程序的完善和功能扩充打下一定的基础。因此，空函数在程序开发中经常被采用。

8.1.2 函数的调用

有了函数定义，在完成该函数功能处，就可调用该函数来完成。函数调用的一般形式如下：

```
函数名 ( 实际参数表 )
```

调用函数时，和形参对应的参数因为有值的概念，所以称为实际参数（actual parameter），简称实参。当有多个实参时，实参之间用逗号分隔。

如果调用的是不带参数的函数，则调用形式如下：

```
函数名 ()
```

其中，函数名之后的一对括号不能省略。

函数调用时提供的实参应与被调用函数的形参按顺序一一对应，而且参数类型应兼容。

Python 函数可以在交互式命令提示符下定义和调用。例如：

```
>>> def myf(x,y):
```

```
    return x*x+y*y
>>> print(myf(3,4))
25
```

但通常的做法是，将函数定义和函数调用都放在一个程序文件中，然后运行程序文件。例如，程序文件 ftest.py 的内容如下：

```
def myf(x,y):
    return x*x+y*y
print(myf(3,4))
```

程序运行结果如下：

```
25
```

程序中只定义了一个函数 myf()，还可以定义一个主函数，用于完成程序的总体调度功能。例如，程序文件 ftest1.py 的内容如下：

```
def myf(x,y):
    return x*x+y*y
def main():
    a,b=eval(input())
    print(myf(a,b))
main()
```

程序运行结果如下：

```
3,4 ↙
25
```

程序最后一行调用主函数，这是调用整个程序的入口。作为一种习惯，通常将一个程序的主函数（程序入口）命名为 main。由主函数来调用其他函数，使得程序呈现模块化结构。

函数要先定义后使用。当 Python 遇到一个函数调用时，在调用处暂停执行，被调用函数的形参被赋予实参的值，然后转向执行被调用函数，执行完成后，返回调用处继续执行主调程序的语句。

例 8-1　求五边形（如图 8-1 所示）面积，从键盘输入长度 $k_1 \sim k_7$。

分析：求五边形面积可以变成求三个三角形面积的和。由于要三次计算三角形面积，为了程序简单起见，可将计算三角形面积定义成函数，然后在主函数中三次调用它，分别得到三个三角形面积，然后相加得到五边形面积。

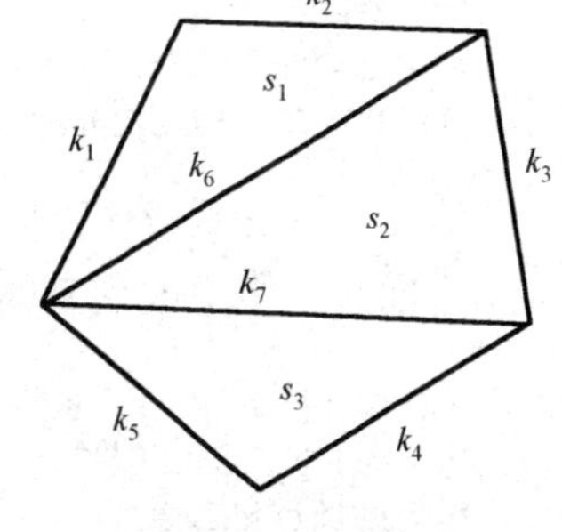

图 8-1　五边形

程序如下：

```
from math import *
def ts(a,b,c):
    s=(a+b+c)/2
    s=sqrt(s*(s-a)*(s-b)*(s-c))
    return s
def main():
    k1,k2,k3,k4,k5,k6,k7=eval(input())
```

```
    s=ts(k1,k2,k6)+ts(k6,k3,k7)+ts(k7,k4,k5)
    print("area=",s)
main()
```

程序运行结果如下：

```
3,2,5,2,7,4,8 ↙
area= 17.523468190424214
```

8.2 函数的参数传递

调用带参数的函数时，调用函数与被调用函数之间会有参数传递。形参是函数定义时由用户定义的形式上的变量；实参是函数调用时，主调函数为被调用函数提供的原始数据。

8.2.1 参数传递方式

为了理解 Python 函数的参数传递方式，先复习一下 Python 变量的概念。在 Python 中，各种数据都是一个对象，通过 id() 函数可以获得该对象的 ID（可以理解为数据所在内存单元的地址）。例如：

```
>>> x=10
>>> y=x
>>> id(x),id(y)
(1732720544, 1732720544)
>>> z=10
>>> id(x),id(y),id(z)
(1732720544, 1732720544, 1732720544)
```

语句执行结果表明，变量 x、y、z 的 ID 相同，它们均指向整型对象 10。

```
>>> x=20
>>> y=30
>>> z=40
>>> id(x),id(y),id(z)
(1732720704, 1732720864, 1732721024)
```

给 x、y、z 重新赋不同的值后，它们的 ID 均不相同。

下面看一组更改列表的执行结果。

```
>>> lst1=[1,2,3,4,5]
>>> lst2=[1,2,3,4,6]
>>> id(lst1),id(lst2)
(35906104, 35903408)
>>> lst1[4]=6
>>> lst1
[1, 2, 3, 4, 6]
>>> id(lst1),id(lst2)
(35906104, 35903408)
```

下面再看一组更改字典的执行结果。

```
>>> dict1={'a':1,'b':2,'c':3,'d':4}
>>> dict2={'a':1,'b':2,'c':3,'d':5}
>>> id(dict1),id(dict2)
(36297504, 36297464)
>>> dict1['d']=5
>>> dict1
{'b': 2, 'd': 5, 'a': 1, 'c': 3}
>>> dict2
{'b': 2, 'd': 5, 'a': 1, 'c': 3}
>>> id(dict1),id(dict2)
(36297504, 36297464)
```

从上面的执行结果可以看出，对于列表而言，当改变了列表中某个元素后，列表的地址并没有改变，从而对象的 ID 也就不能改变了。这说明列表局部内容是可被修改的，但是列表对象的 ID（存储地址）不会发生改变。同样，对于字典类型的数据也可以知道，让 dict1、dict2 分别指向两个字典对象，这两个字典对象的 ID 存在差别，当修改其中一个字典的内容使两个字典的内容一样时，判断 ID，仍然是不同的，说明字典的内容也是可以修改的。例如“dict1['d']=5”是指原来“d”指向的对象是 4，这时候重新分配一个对象 5，让“d”指向这个对象 5，并不改变字典变量 dict1 的 ID（已分配字典对象的地址）。

综上所述，Python 中的变量是一个对象的引用，变量与变量之间的赋值是对同一个对象的引用，当给变量重新赋值时，则这个变量指向一个新分配的对象。这和其他程序设计语言中的变量存在差别。Python 中的变量指向一个对象或一段内存空间，这段内存空间的内容是可被修改的（这也是对列表或者字典的某一元素进行修改并不改变字典或列表的 ID 的原因），但内存的起始地址是不能改变的，变量之间的赋值相当于两个变量指向同一块内存区域，在 Python 中就相当于同一个对象。

下面分析函数的参数传递。在 Python 中，实参向形参传送数据的方式是“值传递”，即实参的值传给形参，是一种单向传递方式，不能由形参传回给实参。在函数执行过程中，形参的值可能被改变，但这种改变对它所对应的实参没有影响。

参数传递过程中存在以下两个规则。

（1）通过引用将实参复制到局部作用域的函数中，意味着形参与传递给函数的实参无关，在函数中修改局部对象不会改变原始的实参数据。

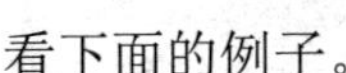

看下面的例子。

```
def change(number,string,lst):
    number=5
    string='GoodBye'
    lst=[4,5,6]
    print("Inside:",number,string,lst)
num=10
string='Hello'
lst=[1,2,3]
print('Before:',num,string,lst)
change(num,string,lst)
print('After:',num,string,lst)
```

程序运行结果如下：

```
Before: 10 Hello [1, 2, 3]
Inside: 5 GoodBye [4, 5, 6]
After: 10 Hello [1, 2, 3]
```

从上面的结果可以看出，函数调用前后，数据并没有发生改变，虽然在函数局部区域对传递进来的参数进行了相应的修改，但是仍然不能改变实参对象的内容。因为对传递进来的三个参数在函数内部进行了相关的修改，相当于三个形参分别指向了不同的对象（存储区域），但这三个形参都是不改变实参，所以函数调用前后，实参指向的对象并没有发生改变。这说明，如果在函数内部对参数重新赋值新的对象，则不会改变实参的对象。这就是函数参数传递的第一个规则。

（2）可以在适当位置修改可变对象。可变对象主要就是列表和字典，适当位置就是前面分析的对列表或字典的元素的修改不会改变其 ID 的位置。

对不可变类型的字符串或元组不能进行修改，但对可变类型的列表或字典的局部区域的值可以修改，这和前面分析的一样，看下面的例子。

```
def change(lst,dict):
    lst[0]=10
    dict['a']=10
    print(f'Inside lst = {lst}, dict = {dict}')
dict={'a':1,'b':2,'c':3}
lst=[1,2,3,4,5]
print(f'Before lst = {lst}, dict = {dict}')
change(lst,dict)
print(f'After lst = {lst}, dict = {dict}')
```

程序运行结果如下：

```
Before lst = [1, 2, 3, 4, 5], dict = {'a': 1, 'b': 2, 'c': 3}
Inside lst = [10, 2, 3, 4, 5], dict = {'a': 10, 'b': 2, 'c': 3}
After lst = [10, 2, 3, 4, 5], dict = {'a': 10, 'b': 2, 'c': 3}
```

从上面的结果可以看出，在函数内部修改列表、字典的元素或者没有对传递进来的列表、字典变量重新赋值，而是修改变量的局部元素，就会导致外部实参指向对象内容的修改，这样的修改必然会导致实参指向区域内容的改变。这是第二条规则，适当位置是指对对象进行修改，而不是重新分配一个对象，重新分配一个对象不会影响实参，而对对象的修改必然影响实参。

在 Python 中采用元组的形式返回多个值。若知道了函数参数的传递特性，则完全可以采用函数参数实现一些基本操作，如交换两个数可以采用以下程序。

```
def swap(lst):
    lst[0],lst[1]=lst[1],lst[0]
lst1=list(eval(input()))
swap(lst1)
print(lst1)
```

程序运行结果如下：

```
10,20 ↙
```

```
[20, 10]
```

从上面的结果可知，swap() 函数实现了数据的交换。

8.2.2　参数的类型

可以通过使用不同的参数类型来调用函数，包括位置参数、关键字参数、默认值参数和可变长度参数。

1．位置参数

在调用函数时使用的参数通常采用按位置匹配的方式，即实参按顺序传递给相应位置的形参。这里实参的数目应与形参完全匹配。例如，调用 mysum() 函数，一定要传递两个参数，否则会出现一个语法错误。

```
def mysum(x,y):
    return x+y
mysum(54)
```

当运行上面的程序时，提示以下 TypeError 错误：

```
TypeError: mysum() missing 1 required positional argument: 'y'
```

意思是 mysum() 函数漏掉了一个必需的位置固定的参数。

2．关键字参数

关键字参数的形式如下：

```
形参名 = 实参值
```

在调用函数时使用关键字参数是指通过形参的名称来指示为哪个形参传递什么值，这可以跳过某些参数或脱离参数的顺序。例如，使用关键字调用 mykey() 函数。

```
def mykey(x,y):
    print("x=",x,"y=",y)
mykey(y=10,x=20)
```

程序运行结果如下：

```
x= 20 y= 10
```

3．默认值参数

默认值参数是指定义函数时，假设一个默认值，如果不提供参数的值，则取默认值。默认值参数的形式如下：

```
形参名 = 默认值
```

例如，定义 mydefa() 函数时使用默认值参数。

```
def mydefa(x,y=200,z=100):
    print("x=",x,"y=",y,"z=",z)
mydefa(50,100)
```

程序运行结果如下：

```
x= 50 y= 100 z= 100
```

在调用带默认值参数的函数时，既可以不对默认值参数进行赋值，也可以通过显式赋值替换其默认值。在调用 mydefa() 函数时，为第一个形参 x 传递实参 50，为第二个形参 y 传递实参 100（不使用默认值 200），第三个参数使用默认值 100。

注意：默认值参数必须出现在形参表的最右端。也就是说，第一个形参使用默认值参数后，它后面的所有形参也必须使用默认值参数，否则会出错。

4．可变长度参数

在程序设计过程中，可能会遇到函数参数个数不固定的情况，这时就需要使用可变长度参数来实现程序功能。在 Python 中，有两种可变长度参数，分别是元组可变长度参数（非关键字参数）和字典可变长度参数（关键字参数）。

（1）元组可变长度参数

元组可变长度参数在参数名前面加 *，用来接受任意多个实参并将其放在一个元组中。例如：

```
def myvar1(*t):
    print(t)
myvar1(1,2,3)
myvar1(1,2,3,4,5)
```

程序运行结果如下：

```
(1, 2, 3)
(1, 2, 3, 4, 5)
```

（2）字典可变长度参数

既然 Python 允许关键字参数，那么也应该有一种能实现关键字的可变长度参数的方式，这就是字典可变长度参数，其表示方式是在参数名前面加 **，可以接受任意多个实参，实参的形式如下：

```
关键字 = 实参值
```

在字典可变长度参数中，关键字参数和实参值参数被放入一个字典，分别作为字典的关键字和字典的值。例如：

```
def myvar2(**t):
    print(t)
myvar2(x=1,y=2,z=3)
myvar2(name='bren',age=25)
```

程序运行结果如下：

```
{'y': 2, 'x': 1, 'z': 3}
{'age': 25, 'name': 'bren'}
```

所有其他类型的形参，必须在可变长度参数之前。下面的例子说明了几种不同形式的参数混合使用的方法。

例 8-2　写出下列程序的执行结果。

```
def mytotal(x,y=30,*z1,**z2):
    t=x+y
    for i in range(0,len(z1)):
        t+=z1[i]
    for k in z2.values():
        t+=k
    return t
s=mytotal(1,20,2,3,4,5,k1=100,k2=200)
print(s)
```

调用 mytotal() 函数时，实参和形参结合后，x=1，y=20，z1=(2, 3, 4, 5)，z2={'k2': 200, 'k1': 100}，函数体中首先将 x+y 的值赋给 t（t=21），然后累加元组 z1 的全部元素（t=35），再累加字典 z2 的全部值（t=335）。

程序运行结果如下：

```
335
```

8.3 两类特殊函数

Python 有两类特殊函数：匿名函数和递归函数。匿名函数是指没有函数名的简单函数，只可以包含一个表达式，不允许包含其他复杂的语句，表达式的结果是函数的返回值。递归函数是指直接或间接调用函数本身的函数。递归函数反映了一种逻辑思想，用它来解决某些问题时显得很简练。

8.3.1 匿名函数

1. 匿名函数的定义

在 Python 中，可以使用 lambda 关键字在同一行内定义函数，因为不用指定函数名，所以这个函数称为匿名函数，也称为 lambda 函数，定义格式如下：

```
lambda [ 参数 1[, 参数 2,…, 参数 n]]: 表达式
```

lambda 关键字表示匿名函数，冒号前面是函数参数，可以有多个函数参数，但因为只有一个返回值，所以只能有一个表达式，返回值就是该表达式的结果。匿名函数不能包含语句或多个表达式、不用写 return 语句。例如：

```
lambda x,y:x+y
```

该函数定义语句定义一个函数，函数参数为“x,y”，函数返回的值为表达式“x+y”的值。使用匿名函数的好处是，因为函数没有名字，所以不必担心函数名冲突。

2. 匿名函数的调用

匿名函数也是一个函数对象，也可以把匿名函数赋值给一个变量，再利用变量来调用该函数。例如：

```
>>> f=lambda x,y:x+y
>>> f(5,10)
15
```

该匿名函数等价于使用 def 关键字以标准方式定义的函数：

```
def f(x,y):
    return x+y
```

又如：

```
>>> f1,f2=lambda x,y:x+y,lambda x,y:x-y
>>> f1(5,10)
15
>>> f2(5,10)
-5
```

定义或调用匿名函数时也可以指定默认值参数和关键字参数。看下面的例子。

例 8-3 lambda 函数的定义与调用。

程序如下：

```
f=lambda a,b=2,c=5:a*a-b*c                    # 使用默认值参数
print("Value of f:",f(10,15))
print("Value of f:",f(20,10,38))
print("Value of f:",f(c=20,a=10,b=38))        # 使用关键字实参
```

程序运行结果如下：

```
Value of f: 25
Value of f: 20
Value of f: -660
```

3. 把匿名函数作为普通函数的返回值

可以把匿名函数作为普通函数的返回值返回。看下面的程序。

```
def f():
    return lambda x,y:x*x+y*y
fx=f()
print(fx(3,4))
```

定义 f() 函数时，把匿名函数作为返回值。因为语句“fx=f()”执行时将 f() 函数的返回值（匿名函数）赋给 fx 变量，所以可以通过 fx 作为函数名来调用匿名函数。

程序运行结果如下：

```
25
```

4. 把匿名函数作为序列或字典的元素

可以把匿名函数作为序列或字典的元素，以列表为例，一般格式如下：

```
列表名 =[ 匿名函数 1, 匿名函数 2,…, 匿名函数 n]
```

这时，可以把序列或字典元素引用作为函数名来调用匿名函数，一般格式如下：

```
列表或字典元素引用 ( 匿名函数实参 )
```

例如：

```
>>> f=[lambda x,y:x+y,lambda x,y:x-y]
```

```
>>> print(f[0](3,5),f[1](3,5))
8 -2
>>> f={'a':lambda x,y:x+y,'b':lambda x,y:x-y}
>>> f['a'](3,4)
7
>>> f['b'](3,4)
-1
```

8.3.2　递归函数

1．递归的基本概念

递归（recursion）是指在连续执行某一处理过程时，该过程中的某一步要用到它自身的上一步或上几步的结果。在一个程序中，若存在程序自己调用自己的现象则构成了递归。递归是一种常用的程序设计技术。在实际应用中，许多问题的求解方法具有递归特征，利用递归描述这种求解算法，思路清晰简洁。

Python 允许使用递归函数，递归函数是指一个函数的函数体中又直接或间接地调用该函数本身的函数。如果函数 a 中又调用函数 a 自己，则称函数 a 为直接递归。如果函数 a 中先调用函数 b，函数 b 中又调用函数 a，则称函数 a 为间接递归。程序设计中常用的是直接递归。

数学上，递归定义的函数是非常多的。例如，当 n 为自然数时，求 n 的阶乘 $n!$。

$n!$ 的递归表示：

$$n!=\begin{cases}1 & n\leqslant 1\\ n(n-1)! & n>1\end{cases}$$

从数学角度来说，如果要计算出 $f(n)$ 的值，则必须先计算出 $f(n-1)$，而要计算出 $f(n-1)$ 则必须先计算出 $f(n-2)$。这样递归下去，直到计算 $f(0)$ 时为止。若已知 $f(0)$，就可以向回推，计算出 $f(1)$，再往回推计算出 $f(2)$，一直往回推计算出 $f(n)$。

2．递归函数的调用过程

用一个简单的递归程序来分析递归函数的调用过程。

例 8-4　求 $n!$ 的递归函数。

根据 $n!$ 的递归表示形式，用递归函数描述如下：

```
def fac(n):
    if n<=1:
        return 1
    else:
        return n*fac(n-1)
m=fac(3)
print(m)
```

程序运行结果如下：

```
6
```

在函数中使用了 n*fac(n-1) 的表达式形式，该表达式中调用了函数 fac()，这是一种函数自身调用，是典型的直接递归调用，fac() 是递归函数。显然，就程序的简洁来说，函数用递归描述比用循环控制结构描述更自然、更简洁。但是，对初学者来说，递归函数的执行过程比较难以理解。以计算 3! 为例，设有某函数以 m=fac(3) 形式调用函数 fac()，fac(3) 的计算流程如图 8-2 所示。

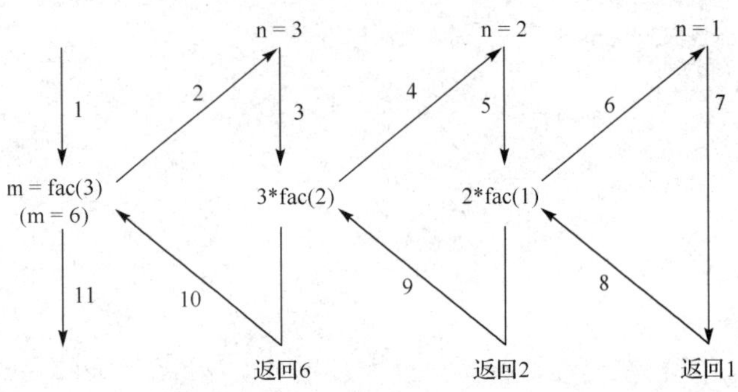

图 8-2　fac(3) 的计算流程

函数调用 fac(3) 的计算过程可大致如下：

为计算 3!，以函数调用 fac(3) 去调用函数 fac()；n=3 时，函数 fac() 值为 3*2!，用 fac(2) 去调用函数 fac()；n=2 时，函数 fac() 值为 2*1!，用 fac(1) 去调用函数 fac()；n=1 时，函数 fac() 计算 1! 以结果 1 返回；返回到发出调用 fac(1) 处，继续计算得到 2! 的结果 2 返回；返回到发出调用 fac(2) 处，继续计算得到 3! 的结果 6 返回。

递归计算 n! 有一个重要特征，为求 n 有关的解，化为求 n-1 的解，求 n-1 的解又化为求 n-2 的解，依次类推。特别是，对于 1 的解是可立即得到的。这是将大问题分解为小问题的递推过程。在有了 1 的解后，接着是一个回溯过程，逐步获得 2 的解，3 的解，…，n 的解。

编写递归程序要注意两点：一要找出正确的递归算法，这是编写递归程序的基础；二要确定算法的递归结束条件，这是决定递归程序能否正常结束的关键。

例 8-5　用递归方法计算下列多项式函数的值。

$$p(x,n)=x-x^2+x^3-x^4+\cdots+(-1)^{n-1}x^n,\ n>0$$

分析：函数的定义不是递归定义形式，对原来的定义进行如下数学变换。

$$\begin{aligned}p(x,n)&=x-x^2+x^3-x^4+\cdots+(-1)^{n-1}x^n\\&=x[1-(x-x^2+x^3-\cdots+(-1)^{n-2}x^{n-1})]\\&=x[1-p(x,n-1)]\end{aligned}$$

经变换后，可以将原来的非递归定义形式转化为等价的递归定义：

$$p(x,n))=\begin{cases}x, & n=1\\ x[1-p(x,n-1)], & n>1\end{cases}$$

由此递归定义，可以确定递归算法和递归结束条件。

递归函数的程序如下：

```
def p(x,n):
    if n==1:
        return x
    else:
        return x*(1-p(x,n-1))
print(p(2,4))
```

程序运行结果如下：

```
-10
```

3. 递归函数的特点

当一个问题蕴含了递归关系且结构比较复杂时，采用递归函数可以使程序变得简洁、紧凑，能够很容易地解决一些用非递归算法很难解决的问题。但递归函数是以牺牲存储空间为代价的，因为每次递归调用都要保存相关的参数和变量。而且，递归函数也会影响程序执行速度，反复调用函数会增加时间开销。

8.4 变量的作用域

Python 程序可以由若干个函数组成，每个函数都要用到一些变量。需要完成的任务越复杂，组成程序的函数就越多，涉及的变量也越多。一般情况下，要求各函数的数据各自独立，但有时候，又希望各函数有较多的数据联系，甚至能在组成程序的各文件之间共享某些数据。因此，在程序设计中，必须重视变量的作用域。

在程序中能对变量进行存取操作的范围称为变量的作用域。作用域也可理解为一个变量的命名空间。程序中变量被赋值的位置，就决定了哪些范围的对象可以访问这个变量，这个范围就是命名空间。Python 在给变量赋值时生成了变量名，也就确定了作用域。根据变量的作用域不同，变量分为局部变量和全局变量。

8.4.1 局部变量

在一个函数体或语句块内定义的变量称为局部变量。局部变量只在定义它的函数体或语句块内有效，即只能在定义它的函数体或语句块内使用它，而在定义它的函数体或语句块外不能使用它。例如有以下程序片段：

```
def fun1(x):
    m,n=10
    …              #这里可以使用形参 x 和局部变量 m、n
def fun2(x,y):
    m,n=100
    …            #这里可以使用形参 x、y 和局部变量 m、n
def main():
    a,b=1000
    …              #这里可以使用 a、b
```

说明：

（1）主函数 main() 定义了变量 a 和 b，fun1 函数、fun2 函数中都定义了变量 m 和 n，这些变量各自在定义它们的函数体中有效，其他函数不能使用它们。另外，不同的函数可以使用相同的标识符命名各自的变量。同一名字在不同函数中代表不同的对象，互不干扰。

（2）对于带参数的函数来说，形参的有效范围也局限于函数体。例如，fun1 的函数体中可使用形参 x，其他函数不能使用它。同样，同一标识符可作为不同函数的形参名，它们也被作为不同对象。

8.4.2 全局变量

在函数定义之外定义的变量称为全局变量，它可以被多个函数引用，如下面的程序。

```
s=1                    # 全局变量定义
def f1():
    print(s,k)
k=10                   # 全局变量定义
def f2():
    print(s,k)
f1()
f2()
```

变量 s 与 k 都是全局变量，在函数 f1() 和 f2() 中可以直接引用全局变量 s、k。

程序运行结果如下：

```
1 10
1 10
```

说明：

（1）在函数体中，如果要为在函数外的全局变量重新赋值，则使用 global 语句，表明变量是全局变量。

例 8-6　写出以下程序运行结果。

程序如下：

```
def f():
    global x      # 说明 x 为全局变量
    x=30
    y=40        # 定义局部变量 y
    print("No2:",x,y)
x=10                   # 定义全局变量 x
y=20                   # 定义全局变量 y
print("No1:",x,y)
f()
print("No3:",x,y)
```

程序运行结果如下：

```
No1: 10 20
No2: 30 40
No3: 30 20
```

第一行输出全局变量 x 和 y 的值，分别为 10 和 20；第二行是函数中的输出结果，x、y 分别为 30 和 40；第三行是函数执行完后返回主程序的输出结果，x、y 分别为 30 和 20。这说明，函数中的 x 变量通过 global 语句说明为全局变量，其值带回到主程序，但 y 没有用 global 语句说明，相当于在函数中建立了一个与全局变量 y（值为 20）同名的局部变量（值为 40），局部变量 y 只在函数中有效，所以返回到主程序后取全局变量 y 的值，即值为 20。

根据程序的执行结果，可以总结为：在同一程序文件中，如果全部变量与局部变量同名，则在局部变量的作用范围内，全局变量不起作用。

例 8-7　写出程序运行结果。

程序如下：

```
def f():
    global x
    x='ABC'
    def g():
        global x
        x+='abc'
        return x
    return g()
print(f())
```

程序运行结果如下：

```
ABCabc
```

函数 f() 的函数体中又嵌套定义了函数 g()，函数 f() 中的“x='ABC'”语句定义了局限于函数 f() 的局部变量 x（x 相对于函数 g() 来说是全局的），函数 g() 中的“x+='abc'”定义了局限于函数 g() 的局部变量 x，在局部变量起作用的范围内，全局变量不起作用。但是，global 语句说明 x 在各自函数中是一个全局变量，其值可以互用。

（2）如果要更改外部作用域里的变量，最简单的办法就是用 global 语句将其放入全局作用域（见例 8-7）。在 Python 2.x 中，内层函数只能读外层函数的变量，而不能改写它。如果要对 x 进行赋值操作，在 Python 2.x 中只能使用 global 全局变量说明。为了解决这个问题，Python 3.x 引入了 nonlocal 关键字，只要在内层函数中用 nonlocal 语句说明变量，就可以让解释器在外层函数中修改变量的值。例 8-7 的程序可以写为：

```
def f():
    x='ABC'
    def g():
        nonlocal x
        x+='abc'
        return x
    return g()
print(f())
```

程序运行结果与例 8-7 的程序运行结果相同。

（3）在程序中定义全局变量的主要目的是，为函数间的数据联系提供一个直接传递的通道。在某些应用中，函数将执行结果保留在全局变量中，使函数能返回多个值。在另一些应用中，将部分参数信息放在全局变量中，以减少函数调用时的参数传递。程序中的多个函数能使用全局变量，其中某个函数改变全局变量的值就可能影响其他函数的执行，产生副作用。因此，不宜过多使用全局变量。

8.5 模块

Python 模块可以在逻辑上组织 Python 程序，将相关的程序组织到一个模块中，使程序具有良好的结构，增加程序的重用性。模块可以被别的程序导入，以调用该模块中的函数，这也是使用 Python 标准库模块的方法。

8.5.1 模块的定义与使用

Python 模块是比函数更高级别的程序组织单元，一个模块可以包含若干个函数。与函数相似，模块也分标准库模块和用户自定义模块。

1．标准库模块

标准库模块是 Python 自带的函数模块，也称为标准链接库。Python 提供了大量的标准库模块，实现了很多常见功能，包括数学运算、字符串处理、操作系统功能、网络和 Internet 编程、图形绘制、图形用户界面创建，等等，这些功能为应用程序开发提供了强大支持。

标准库模块并不是 Python 语言的组成部分，而是由专业开发人员预先设计好并随语言提供给用户使用的。用户可以在安装了标准 Python 系统的情况下，通过导入命令来使用所需要的模块。

标准库模块的种类繁多，可以使用 Python 的联机帮助命令来熟悉和了解标准库模块。

2．用户自定义模块

用户自定义一个模块就是建立一个 Python 程序文件，其中包括变量、函数的定义。下面是一个简单的模块，程序文件名为 support.py。

```
def print_func(par):
    print("Hello:",par)
```

一个 Python 程序可通过导入一个模块而读取这个模块的内容。从本质上讲，导入就是在一个文件中载入另一个文件，并且能够读取那个文件的内容。可以通过执行 import 语句来导入 Python 模块，语句格式如下：

```
import 模块名 1[, 模块名 2[,…, 模块名 n]
```

当 Python 解释器执行 import 语句时，如果模块文件出现在搜索路径中，则导入相应的模块。例如：

```
>>> import support
>>> support.print_func("Brenden")
Hello: Brenden
```

第一个语句导入 support 模块，第二个语句调用模块中定义的 print_func() 函数，函数执行后得到相应的结果。

Python 的 from 语句可以从一个模块中导入特定的项目到当前的命名空间，语句格式如下：

```
from 模块名 import 项目名 1[, 项目名 2[,…, 项目名 n]]
```

此语句不导入整个模块到当前的命名空间，而只是导入指定的项目，在调用函数时不需要加模块名作为限制。例如：

```
>>> from support import print_func          # 导入模块中的函数
>>> print_func("Brenden")                   # 调用模块中定义的函数
Hello: Brenden
```

也可以通过使用下面形式的 import 语句导入模块的所有项目到当前的命名空间。

```
from 模块名 import *
```

例 8-8　首先创建一个 fibo 模块，其中包含两个求 Fibonacci 数列的函数；然后导入该模块并调用其中的函数。

首先创建一个 fibo.py 文件。

```
def fib1(n):
    a,b=0,1
    while b<n:
        print(b,end=' ')
        a,b=b,a+b
    print()
def fib2(n):
    result=[]
    a,b=0,1
    while b<n:
        result.append(b)
        a,b=b,a+b
    return result
```

然后进入 Python 解释器，使用下面的语句导入这个模块：

```
>>> import fibo
```

因为这里并没有把直接定义在 fibo 模块中的函数名称写入语句中，所以需要使用模块名来调用函数。例如：

```
>>> fibo.fib1(1000)
1 1 2 3 5 8 13 21 34 55 89 144 233 377 610 987
>>> fibo.fib2(100)
[1, 1, 2, 3, 5, 8, 13, 21, 34, 55, 89]
```

还可以一次性地把模块中的所有函数、变量都导入当前命名空间，这样就可以直接调用函数。例如：

```
>>> from fibo import *
>>> fib1(500)
1 1 2 3 5 8 13 21 34 55 89 144 233 377
```

这将把所有的名字都导入进来，但那些名称由单一下画线（_）开头的项目不在此列。在大多数情况下，Python 程序员不使用这种方法，因为导入的其他来源的项目名称很可能覆盖已有的定义。

8.5.2　Python 程序结构

简单的程序可以只用一个程序文件实现，但绝大多数 Python 程序一般都是由多个程序文件组成的，其中每个程序文件就是一个 .py 源程序文件。Python 程序的结构是指将一个求解问题的程序分解为若干源程序文件的集合，以及将这些文件连接在一起的方法。

Python 程序通常由一个主程序及多个模块组成。主程序定义了程序的主控流程，是执行程序时的启动文件，属于顶层文件。模块则是函数库，相当于子程序。模块是用户自定义函数的集合体，主程序可以调用模块中定义的函数来完成应用程序的功能，还可以调用标准库模块，同时模块也可以调用其他模块或标准库模块定义的函数。

图 8-3 描述了一个由 a.py、b.py 和 c.py.py 三个程序文件组成的 Python 程序结构，其中 a.py 文件构成主程序，b.py、c.py 文件构成模块 b 和 c，箭头指向代表了程序之间的相互调用关系。模块 b 和 c 一般不能直接执行，该程序的执行只能从主程序 a 开始。

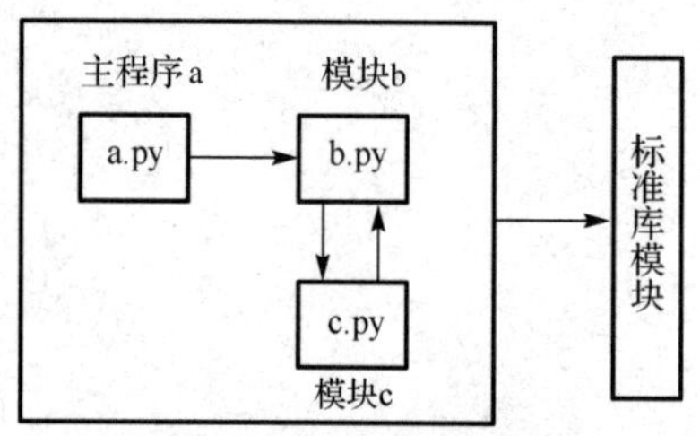

图 8-3　Python 程序结构

设在模块 b 中定义了 hello()、bye() 和 disp() 三个函数，建立 b.py 文件如下：

```
import math
def hello(person):
    print("Hello",person)
def bye(person):
    print("Bye",person)
def disp(r):
    print(math.pi*r*r)
```

设在模块 c 中定义了函数 show()，建立 c.py 文件如下：

```
import b
def show(n):
    b.disp(n)
```

设在主程序 a 中要调用模块 b 和 c 中的函数，建立 a.py 文件如下：

```
import b,c
b.hello("Jack")
b.bye("Jack")
c.show(10)
```

在主程序 a 中调用了模块 b 和 c，而模块 b 调用了标准库模块 math，模块 c 又调用了模块 b，运行 a.py 文件，得到结果如下：

```
Hello Jack
Bye Jack
314.1592653589793
```

8.5.3　模块的有条件执行

每个 Python 程序文件都可以当成一个模块，模块以磁盘文件的形式存在。模块中可以是一段可以直接执行的程序（也称为脚本），也可以定义一些变量、类或函数，让别的模块导入和调用，类似于库函数。

模块中的定义部分，如全局变量定义、类定义、函数定义等，因为没有程序执行入口，所以不能直接运行，但对于主程序代码部分有时希望只让它在模块直接执行的时候才执行，被其他模块加载时就不执行。在 Python 中，可以通过系统变量 __name__（注意前后是两个下画线）的值来区分这两种情况。

__name__ 是一个全局变量，在模块内是用来标识模块名称的。如果模块是被其他模块导入的，则 __name__ 的值是模块的名称，主动执行时，它的值就是字符串“__main__”。例如，建立模块 m.py，内容如下：

```
def test():
    print(__name__)
test()
```

在 Python 交互方式下第一次执行 import 导入命令，可以看到打印的 __name__ 值就是模块的名称，结果如下：

```
>>> import m
m
```

如果通过 Python 解释器直接执行模块，则 __name__ 会被设置为“__main__”这个字符串值，结果如下：

```
__main__
```

通过 __name__ 变量的这个特性，可以将一个模块文件既作为普通的模块库供其他模块使用，又可以作为一个可执行文件进行执行，具体做法是在程序执行入口之前加上 if 判断语句，即将模块 m.py 写成：

```
def test():
    print(__name__)
if __name__=='__main__':
    test()
```

当使用 import 命令导入 m.py 时，因为 __name__ 变量的值是模块名“m”，所以不执行 test() 函数调用。当运行 m.py 时，因为 __name__ 变量的值是“__main__”，所以执行 test() 函数调用。

8.6 函数应用举例

应用计算机求解复杂的实际问题，总是把一个任务按功能分成若干个子任务，对每个子任务还可进一步分解。一个子任务称为一个功能模块，在 Python 中用函数实现。一个大型程序往往由许多函数组成，以便于程序的调试和维护，因此，设计功能和数据独立的函数是软件开发中最基本的工作。下面通过一些例子说明函数的应用。

例 8-9　求 $y = \mathrm{e}^2 + \sum_{n=1}^{100} \frac{1+\ln n}{2\pi}$。

分析：定义一个匿名函数求累加项，循环控制累加 100 次。

程序如下：

```
from math import *
f=lambda n:(1+log(n))/(2*pi)
y=exp(2.0)
for n in range(1,101):
    y+=f(n)
print('y=',y)
```

程序运行结果如下：

```
y= 81.19547002494745
```

例 8-10　先定义函数求$\sum_{i=1}^{n} i^m$，然后调用该函数求$s=\sum_{k=1}^{100} k+\sum_{k=1}^{50} k^2+\sum_{k=1}^{10}\frac{1}{k}$。

程序如下：

```
def mysum(n,m):
    s=0
    for i in range(1,n+1):
        s+=i**m
    return s
def main():
    s=mysum(100,1)+mysum(50,2)+mysum(10,-1)
    print("s=",s)
main()
```

程序运行结果如下：

```
s= 47977.92896825397
```

例 8-11　设计一个程序，求同时满足下列两个条件的分数 x 的个数：

（1）$1/6<x<1/5$。

（2）x 的分子、分母都是素数且分母是 2 位数。

分析：设 $x=m/n$，根据条件（2），有 $10\leqslant n\leqslant 99$；根据条件（1），有 $5m\leqslant n\leqslant 6m$，并且 m、n 均为素数。用穷举法来求解这个问题，并设计一个函数来判断一个数是否为素数，若是素数则返回值为 True，否则为 False。

程序如下：

```
from math import *
def isprime(n):
    found=True
    for j in range(2,int(sqrt(n)+1)):
        if n%j==0:found=False
    return found
def main():
    count=0
    for n in range(11,100):
        if isprime(n):
            for m in range(n//6+1,n//5+1):
                if isprime(m):
                    print(f"{m}/{n}")
```

```
            count+=1
    print(f" 满足条件的数有 {count} 个 ")
main()
```

程序运行结果如下：

```
2/11
3/17
5/29
7/37
7/41
11/59
11/61
13/67
13/71
13/73
17/89
17/97
19/97
满足条件的数有 13 个
```

例 8-12　汉诺(Hanoi)塔问题。有 A、B、C 三根柱子，A 上堆放了 n 个盘子，盘子大小不等，大的在下，小的在上，如图 8-4 所示。现在要求把这 n 个盘子从 A 移到 C，在移动过程中可以借助 B 作为中转，每次只允许移动一个盘子，且在移动过程中在三根柱子上都保持大盘在下，小盘在上。要求打印出移动的步骤。

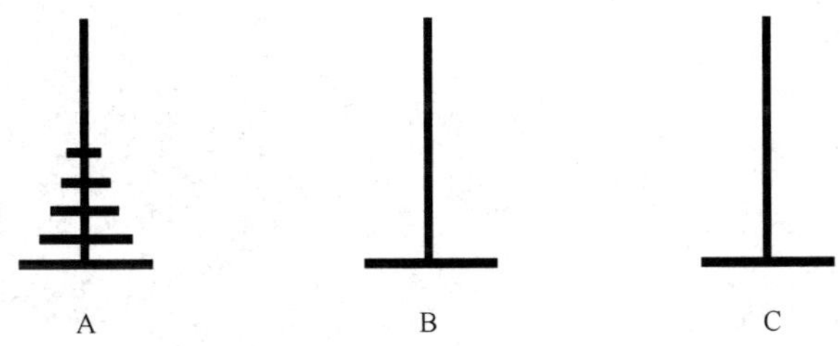

图 8-4　汉诺塔问题

分析：汉诺塔问题是典型的递归问题。分析发现，若想把 A 上的 n 个盘子移到 C，则必须先把 A 上的 n-1 个盘子移到 B，然后把第 n 个盘子移到 C，最后再把 n-1 个盘子移过来。整个过程可以分解为以下三个步骤：

（1）将 A 上的 n-1 个盘子借助 C 移到 B 上。

（2）把 A 上剩下的一个盘子移到 C 上。

（3）将 n-1 个盘子从 B 借助 A 移到 C 上。

也就是说，要解决 n 个盘子的问题，先要解决 n-1 个盘子的问题。而这个问题与前一个是类似的，可以用相同的办法解决。最终会达到只有一个盘子的情况，这时直接把盘子从 A 移到 C 即可。

例如，将三个盘子从 A 移到 C 可以分为以下三步：

（1）将 A 上的 1 ～ 2 号盘子借助 C 移到 B 上。

（2）将 A 上的 3 号盘子移到 C 上。

（3）将 B 上的 1 ～ 2 号盘子借助 A 移到 C 上。

步骤（1）又可分解成以下三步：

① 将 A 上的 1 号盘子从 A 移到 C 上。

② 将 A 上的 2 号盘子从 A 移到 B 上。

③ 将 C 上的 1 号盘子从 C 移到 B 上。

步骤（3）也可分解为以下三步：

① 将 B 上的 1 号盘子从 B 移到 A 上。

② 将 B 上的 2 号盘子从 B 移到 C 上。

③ 将 A 上的 1 号盘子从 A 移到 C 上。

综合上述移动，将三个盘子从 A 移到 C 需要以下步骤：

1 号盘子 A → C，2 号盘子 A → B，1 号盘子 C → B，3 号盘子 A → C，1 号盘子 B → A，2 号盘子 B → C，1 号盘子 A → C。

可以把上面的步骤归纳为以下两类操作：

（1）将 1 ～ n-1 号盘子从一个柱子移到另一个柱子上。

（2）将 n 号盘子从一个柱子移到另一个柱子上。

基于以上分析，分别用两个函数实现上述两类操作，用 hanoi 函数实现上述第一类操作，用 move 函数实现上述第二类操作。hanoi 函数是一个递归函数，可以实现将 n 个盘子从一个柱子借助中间柱子移到另一个柱子上，如果 n 不为 1，则以 n-1 作实参调用自身，即将 n-1 个盘子移动，依次调用自身，直到 n 等于 1，结束递归调用。move 函数实现将一个盘子从一个柱子移至另一个柱子的过程。

程序如下：

```
cnt=0                                          #统计移动次数，cnt 是一个全局变量
def hanoi(n,a,b,c):
    global cnt
    if n==1:
        cnt+=1
        move(n,a,c)
    else:
        hanoi(n-1,a,c,b)
        cnt+=1
        move(n,a,c)
        hanoi(n-1,b,a,c)
def move(n,x,y):
    print(f"{cnt:5d}: {'Move disk '}{n}{' from tower '}{x}{' to tower '}{y}.")
def main():
    print("TOWERS OF HANOI:")
    print("The problem starts with n plates on tower A.")
    print("Input the number of plates:")
    n=eval(input())
    print(f"The step to moving {n} plates:")
    hanoi(n,'A','B','C')                       #借助 B 将 n 个盘子从 A 移到 C
main()
```

若在程序运行过程中输入盘子个数为 3，则程序运行结果如下：

```
TOWERS OF HANOI:
The problem starts with n plates on tower A.
Input the number of plates:
3↙
The step to moving 3 plates:
    1: Move disk 1 from tower A to tower C.
    2: Move disk 2 from tower A to tower B.
    3: Move disk 1 from tower C to tower B.
    4: Move disk 3 from tower A to tower C.
    5: Move disk 1 from tower B to tower A.
    6: Move disk 2 from tower B to tower C.
    7: Move disk 1 from tower A to tower C.
```

从程序运行结果可以看出，只需 7 步就可以将三个盘子由 A 移到 C 上。但是，随着盘子数量的增加，所需步数会迅速增加。实际上，如果要将 64 个盘子全部由 A 移到 C，则需 $2^{64}-1$ 步。这个数字有多大呢？假定移动一步需要一秒钟，日夜不停地移，则需 5 800 多亿年才能完成。

习　题　8

一、选择题

1．下列选项中不属于函数优点的是（　）。

A．减少代码重复　　B．使程序模块化

C．使程序便于阅读　　D．便于发挥程序员的创造力

2．以下关于函数的说法中正确的是（　）。

A．函数定义时必须有形参

B．函数中定义的变量只在该函数体中起作用

C．函数定义时必须带 return 语句

D．实参与形参的个数可以不相同，类型可以任意

3．以下关于函数说法中正确的是（　）。

A．函数的实参和形参必须同名

B．函数的形参既可以是变量也可以是常量

C．函数的实参不可以是表达式

D．函数的实参可以是其他函数的调用

4．有 return 语句的函数将返回（　）。

A．0　　B．其参数　　C．None　　D．其名字

5．下列程序的输出结果是（　）。

```
def swap(x):
    x[0],x[1]=x[1],x[0]
a=[10,20]
swap(a)
print(a[0],a[1])
```

A．10 20　　B．20 10　　C．[20 10]　　D．[10 20]

6．有以下两个程序。

程序一：

```
x=[1,2,3]
def f(x):
    x=x+[4]
f(x)
print(x)
```

程序二：

```
x=[1,2,3]
def f(x):
    x+=[4]
f(x)
print(x)
```

以下说法中正确的是（　　）。

A．两个程序均能正确运行，但结果不同　　B．两个程序的运行结果相同

C．程序一能正确运行，程序二不能　　D．程序一不能正确运行，程序二能

7．已知 f=lambda x,y:x+y，则 f([4],[1,2,3]) 的值是（　　）。

A．[1, 2, 3, 4]　　B．10　　C．[4, 1, 2, 3]　　D．{1, 2, 3, 4}

8．下列程序的运行结果是（　　）。

```
f=[lambda x=1:x*2,lambda x:x**2]
print(f[1](f[0](3)))
```

A．1　　B．6　　C．9　　D．36

9．下列程序的运行结果是（　　）。

```
def f(x=2,y=0):
    return x-y
y=f(y=f(),x=5)
print(y)
```

A．-3　　B．3　　C．2　　D．5

10．output.py 文件和 test.py 文件内容如下，且 output.py 文件和 test.py 文件位于同一文件夹中，那么运行 test.py 的结果是（　　）。

```
#output.py
def show():
    print(__name__)
#test.py
import output
if __name__=='__main__':
    output.show()
```

A．output　　B．__name__　　C．test　　D．__main__

二、填空题

1．函数首部以关键字________开始，最后以________结束。

2．函数执行语句“return [1,2,3],4”后，返回值是________；没有 return 语句的函数将返回________。

3．使用关键字________可以在一个函数中设置一个全局变量。

4．下列程序的输出结果是________。

```
def recp(n):
    if n==1:
        return 0
    elif n==2:
        return 1
    elif n>2:
        return recp(n-1)*2+recp(n-2)
print(recp(5))
```

5．下列程序的输出结果是________。

```
counter=1
num=0
def TestVariable():
    global counter
    for i in (1,2,3):
        counter+=1
    num=10
TestVariable()
print(counter,num)
```

6．设有 f=lambda x,y:{x:y}，则 f(5,10) 的值是________。

7．Python 包含了数量众多的模块，通过________语句，可以导入模块，并使用其定义的功能。

8．设 Python 中有模块 m，如果希望同时导入模块 m 中的所有成员，则可以采用_______的导入形式。

9．Python 中的每个模块都有一个名称，通过特殊变量________可以获取模块的名称。特别是，当一个模块被用户单独运行时，模块名称为_______。

10．建立模块 a.py，该模块的内容如下：

```
def B():
    print('BBB')
def A():
    print('AAA')
```

为了调用该模块中的 A() 函数，应先使用语句________。

三、问答题

1．什么叫递归函数？举例说明。

2．什么叫 lambda 函数？举例说明。

3．什么叫模块？如何导入模块？

4．写出下列程序的输出结果。

```
def ff(x,y=100):
    return {x:y}
```

```
print(ff(y=10,x=20))
```

5．分析下面的程序。

```
x=10
def f():
    #y=x
    x=0
    print(x)
print(x)
f()
```

（1）函数 f() 中的 x 和程序中的 x 是同一个变量吗？程序的输出结果是什么？

（2）删除函数 f() 中第一个语句前面的“#”，此时运行程序会出错，为什么？

（3）删除函数 f() 中第一个语句前面的“#”，同时在函数 f() 中第二个语句前面加“#”，此时程序能正确运行，为什么？写出运行结果。

第 9 章　面向对象程序设计

传统的程序设计是基于求解过程来组织程序流程的。在这类程序中，数据和施加于数据的操作是独立设计的，以对数据进行操作的过程作为程序的主体。面向对象程序设计（Object-Oriented Programming，OOP）则以对象作为程序的主体，将程序和数据封装于其中，以提高软件的重用性、灵活性和扩展性。

Python 引入了 class 关键字来定义类，类把数据和作用于这些数据上的操作组合在一起，是面向对象程序设计的基础。对象是类的实例，类定义了属于该类的所有对象的共同特性。在 Python 中采用面向对象程序设计，具有面向对象的基本特征，包括类与对象的使用、成员函数、构造函数、析构函数、方法重载、类的继承等。但 Python 的面向对象与其他程序设计语言（如 C++）的面向对象也有一些差异，在 Python 中，一切都是对象，类本身是一个对象（类对象），类的实例也是对象。Python 中的变量、函数都是对象。

本章介绍内容包括面向对象程序设计概述、类与对象、属性和方法、继承和多态、面向对象程序设计应用举例等。

9.1 面向对象程序设计概述

面向对象程序设计是按照人们认识客观世界的系统思维方式，采用基于对象的概念建立问题模型，模拟客观世界，分析、设计和实现软件的办法。面向对象的方法可使计算机软件系统与现实世界中的系统相统一。

9.1.1 面向对象的基本概念

面向对象程序设计涉及对象、类、消息、封装、继承、多态等许多概念，这些概念既是对现实世界的归纳和解释，也是实现面向对象程序设计的基础。

1. 对象

现实世界中客观存在的事物称为对象（object），它既可以是有形的，如一个人、一辆汽车、一座大楼等，也可以是无形的，如一场足球比赛、一次演出、一项计划等。任何对象都具有各自的特征（属性）和行为（方法）。例如，一个人既有姓名、性别、身高、肤色等特征，也有行走、说话、上网等动作行为。

面向对象程序设计中的对象是现实世界中的客观事物在程序设计中的具体体现，它也具有自己的特征和行为。对象的特征用数据来表示，称为属性（property）。对象的行为用程序代码来实现，称为对象的方法（method）。总之，任何对象都是由属性和方法组成的。

2. 类

人们在认知客观世界时，采用抽象的方法把具有共同性质的事物划分为一类。类（class）是具有相同属性和行为的一组对象的集合，它为属于该类的全部对象提供了统一的抽象描述。任何对象都是某个类的实例（instance）。例如，汽车是一个类，而每辆具体的汽车是该类的一个对象或实例。

在系统中通常有很多相似的对象，它们具有相同名称和类型的属性、响应相同的消息、使用相同的方法。对每个这样的对象单独进行定义是很浪费的，因此将相似的对象分组形成一个类，每个这样的对象称为类的一个实例，一个类中的所有对象共享一个公共的定义，尽管它们对属性所赋予的值不同。例如，所有的雇员构成雇员类，所有的客户构成客户类等。类的概念是面向对象程序设计的基本概念，通过它可实现程序的模块化设计。

3．消息

一个系统由若干个对象组成，各个对象之间通过消息（message）相互联系、相互作用。消息是一个对象要求另一个对象实施某项操作的请求。发送者发送消息，在一条消息中需要包含消息的接收者和要求接收者执行某项操作的请求，接收者通过调用相应的方法响应消息，这个过程被不断地重复，从而驱动整个程序的运行。

4．封装

封装（encapsulation）是指把对象的数据（属性）和操作数据的过程（方法）结合在一起，构成独立的单元，它的内部信息对外界是隐蔽的，不允许外界直接存取对象的属性，只能通过使用类提供的外部接口对该对象实施各项操作，保证了程序中数据的安全性。

类是数据封装的工具，对象是封装的实现。类的访问控制机制体现在类的成员中可以有公有成员、私有成员和保护成员。对于外界而言，只需要知道对象所表现的外部行为，而不必了解内部实现细节。

5．继承

继承（inheritance）反映的是类与类之间抽象级别的不同，根据继承与被继承的关系，可分为父类和子类，父类也称为基类，子类也称为衍类。正如“继承”这个词的字面含义一样，子类将从父类那里获得所有的属性和方法，并且可以对这些获得的属性和方法加以改造，使之具有自己的特点。

一个父类可以派生出若干个子类，每个子类都可以通过继承和改造获得自己的一套属性与方法。因此，父类表现出的是共性和一般性，子类表现出的是个性和特性，父类的抽象级别高于子类。继承具有传递性，子类又可以派生出下一代——孙类，对于孙类，子类将成为其父类，具有较孙类高的抽象级别。继承反映的类与类之间的这种关系，使程序设计人员可以在已有的类的基础上定义和实现新类，从而有效地支持了软件组件的复用，在系统中增加新特征时所需的新代码最少。

6．多态

多态（polymorphism）是指同一名字的方法产生了多个不同的动作行为，也就是不同的对象收到相同的消息时产生不同的行为方式。例如，“上课”是师生类具有的动作行为，“响铃”消息发出以后，老师和学生都要“上课”，但老师是“讲课”，而学生是“听课”。

将多态的概念应用于面向对象程序设计，增强了程序对客观世界的模拟性，使对象程序有了更好的可读性、更易于理解，而且显著提高了软件的可复用性和可扩充性。

9.1.2 从面向过程到面向对象

前面各章中的程序所采用的方法基于结构化程序设计思想，它是面向过程的，其数据和处理数据的程序是分离的。一个面向对象的 Python 程序将数据和处理数据的函数封装到一个类中，而属于类的变量称为对象。在一个对象内，只有属于该对象的函数才可以存取该对象的数据，其他函数不能对它进行操作，从而达到数据保护和隐藏的效果。

面向过程程序设计把求解问题的程序视为一系列语句的集合。为了简化程序设计，面向过程程序设计采用自顶向下的方法，分析出解决问题所需要的步骤，将程序分解为若干个功能模块，每个功能模块用函数来实现。而面向对象程序设计把构成问题的各个事务分解成各个对象，建立对象的目的不是完成一个步骤，而是描述一个事物在整个解决问题的步骤中的行为。每个对象都可以接收其他对象发过来的消息，并处理这些消息，计算机程序的执行就是一系列消息在各个对象之间传递的结果。

面向对象和面向过程是两种不同的程序设计方法，没有哪一种方法是绝对完美的，要根据具体需求拟定开发方案。例如，开发一个小型软件或应用程序，因工程量小，故在短时间内即可完成，完全可以采用面向过程的开发方式；使用面向对象方法反而会增加代码量，降低开发效率。面向对象程序设计是面向过程程序设计的补充和完善，对开发较大规模的程序而言，可以显著提高软件开发的效率。因此，不要把面向对象和面向过程对立起来，它们不是矛盾的，而是各有用途、互为补充的。

一个面向对象的程序一般由类的声明和类的使用两部分组成。类的使用部分一般由主程序和有关函数组成。这时，程序设计始终围绕类展开。通过声明类，构建了程序所要完成的功能，体现了面向对象程序设计的思想。下面的具体例子直观地说明了面向过程和面向对象在程序流程上的不同之处。

假设要处理学生的成绩表，为了表示一个学生的成绩，面向过程的程序可以用一个字典表示。例如：

```
std1={'name':'Jasmine','score':98}
std2={'name':'Bob','score':81}
```

而处理学生成绩可以通过函数实现，例如使用以下函数打印学生的成绩。

```
def print_score(std):
    print('{}:{}'.format(std1['name'],std1['score']))
```

如果要输入 10 个学生的姓名和成绩并输出，则完整的程序如下：

```
def print_score(stud):
    print('{}:{}'.format(stud['name'],stud['score']))
stud={}
for i in range(0,10):
    stud['name']=input()            # 输入姓名
    stud['score']=int(input())      # 输入成绩
    print_score(stud)               # 输出结果
```

如果采用面向对象的程序设计思想，则首先考虑的不是程序的执行流程，而是如何表达学生的信息。学生（Student）类这种数据类型应该被视为一个类，这个类拥有 name 和 score 这两个属性（property）。如果要打印一个学生的成绩，则必须先创建出与这个学生对应的对象，然后给对象发一个 print_score 消息，让对象把数据打印出来。定义 student 类的语句如下：

```
class Student(object):
    def __init__(self,name,score):
        self.name=name
```

```
        self.score=score
    def print_score(self):
        print(f'{self.name}:{self.score}')
```

给对象发消息实际上就是调用与对象对应的成员函数，在面向对象程序设计中称之为对象的方法（method）。面向对象的程序如下：

```
brenden=Student('Brenden:',59)          # 定义对象 brenden
lucy=Student('Lucy:',87)                # 定义对象 lucy
brenden.print_score()                   # 调用对象的方法
lucy.print_score()
```

面向对象的设计思想源自自然界，因为在自然界中，类和对象的概念是很自然的。任何客观事物都是对象，任何对象一定属于某个类。类是对一类客观事物的抽象，如定义的学生类 Student 对应学生这个概念，而对象则是一个个具体的学生。例如，Brenden 和 Lucy 是两个具体的学生，称为对象。因此，面向对象的设计思想从同类的对象抽象出类，根据类创建具体的实例，即对象。

9.2 类与对象

从程序设计语言的角度看，类是一种数据类型，而对象是具有这种数据类型的变量。类是抽象的，不占用内存空间；而对象是具体的，占用内存空间。当定义对象之后，系统将为对象变量分配内存空间。

9.2.1 类的定义

类是一种广义的数据类型，这种数据类型中的元素（或成员）既包含数据，也包含操作数据的函数。

在 Python 中，通过 class 关键字来定义类。定义类的一般格式如下：

```
class 类名:
    类体
```

类的定义由类头和类体两部分组成。类头由关键字 class 开头，后面紧跟类名，其命名规则与一般标识符的命名规则一致。类名的首字母一般采用大写。注意：类名后面有个冒号。类体包括类的所有细节，向右缩进对齐。

类体定义类的成员，有两种类型的成员：一是数据成员，它描述问题的属性；二是成员函数，它描述问题的行为（称为方法）。这样，就把数据和操作封装在一起，体现了类的封装性。

当一个类定义完之后，就产生了一个类对象。类对象支持两种操作：引用操作和实例化操作。引用操作通过类对象去调用类中的属性或方法；实例化操作产生一个类对象的实例（称为实例对象）。例如，定义一个 Person 类：

```
class Person:
    name='brenden'              # 定义了一个属性
    def printName(self):        # 定义了一个方法
        print(self.name)
```

Person 类定义完成之后产生了一个全局的类对象，可以通过类对象来访问类中的属性和方法。当通过 Person.name（关于为什么可以直接这样访问属性将在后面解释，这里只要理解类对象这个概念即可）来访问时，Person.name 中的 Person 称为类对象。

9.2.2　对象的创建和使用

类是抽象的，若使用类定义的功能，则必须将类实例化，即创建类的对象。在 Python 中，用赋值的方式创建类的实例，一般格式如下：

```
对象名 = 类名 ( 参数列表 )
```

创建对象后，可以使用“.”运算符，通过实例对象来访问这个类的属性和方法（函数），一般格式如下：

```
对象名 . 属性名
对象名 . 函数名 ()
```

例如，可以对前面定义的 Person 类进行实例化操作，语句“p=Person()”产生了一个 Person 的实例对象，此时也可以通过实例对象 p 来访问属性或方法，用 p.name 来调用类的 name 属性。

例 9-1　类和对象应用示例。

程序如下：

```
class CC:
    x=10                              # 定义属性
    y=20                              # 定义属性
    z=30                              # 定义属性
    def show(self):                   # 定义方法
        print((self.x+self.y+self.z)/3)
b=CC()                                # 创建实例对象 b
b.x=30                                # 调用属性 x
b.show()                              # 调用方法 show
```

程序运行结果如下：

```
26.666666666666668
```

9.3　属性和方法

上面介绍了类、类对象和实例对象的区别，下面介绍 Python 中属性、方法和函数的区别。在上述 Person 类的定义中，name 是一个属性，printName() 是一个方法。在 Python 中，与某个对象绑定的函数称为方法。因为在类内定义的函数一般与类对象或实例对象绑定了，所以称为方法；而在类外定义的函数一般没有与对象绑定，所以称为函数。

9.3.1 属性和方法的访问控制

1. 属性的访问控制

在类中可以定义一些属性。例如：

```
class Person:
    name='brenden'
    age=18
p=Person()
print(p.name,p.age)
```

上述语句定义了一个 Person 类，其中定义了 name 和 age 属性，默认值分别为 brenden 和 18。在定义了类之后，就可以用来产生实例化对象了，语句“p=Person()”实例化了一个对象 p，然后就可以通过 p 来读取属性了。这里的 name 和 age 都是公有的，可以直接在类外通过对象名访问，如果想定义成私有的，则需在前面加两个下画线“__”。例如：

```
class Person:
    __name='brenden'
    __age=18
p=Person()
print(p.__name,p.__age)
```

程序运行时会出现 AttributeError 错误：

```
AttributeError: 'Person' object has no attribute '__name'
```

系统提示找不到该属性，因为私有属性是不能够在类外通过对象名来进行访问的。在 Python 中以属性命名方式来区分公有属性和私有属性。如果在属性名前面加了两个下画线“__”，则表明该属性为私有属性，否则为公有属性。方法也一样，如果在方法名前面加了两个下画线，则表示该方法为私有属性，否则为公有属性。

2. 方法的访问控制

在类中可以根据需要定义一些方法，定义方法采用 def 关键字，在类中定义的方法至少会有一个参数，一般以名为“self”的变量作为该参数（也可以用其他名称），而且需要作为第一个参数。下面看一个例子。

例 9-2　方法的访问控制使用示例。

程序如下：

```
class Person:
    __name='brenden'
    __age=18
    def getName(self):
        return self.__name
    def getAge(self):
        return self.__age
p=Person()
print(p.getName(),p.getAge())
```

程序运行结果如下：

```
brenden 18
```

程序中的 self 是对象自身的意思，在对某个对象调用该方法时，就将该对象作为第一个参数传递给 self。

9.3.2　类属性和实例属性

1. 类属性

顾名思义，类属性（class attribute）就是类对象所拥有的属性，它被所有类对象的实例对象所公有，在内存中只有一个副本。对于公有的类属性，在类外可以通过类对象和实例对象访问。例如：

```
class Person:
    name='brenden'       # 公有的类属性
    __age=18             # 私有的类属性
p=Person()
print(p.name)            # 正确，但不提倡
print(Person.name)       # 正确
print(p.__age)           # 错误，不能在类外通过实例对象访问私有的类属性
print(Person.__age)      # 错误，不能在类外通过类对象访问私有的类属性
```

类属性是在类中方法之外定义的，它属于类，可以通过类访问。尽管也可以通过对象来访问类属性，但不建议这样做，因为这样做会造成类属性值不一致。

类属性还可以在类定义结束之后通过类名增加。例如，下列语句给 Person 类增加属性 id。

```
Person.id='2100512'
```

再来看下面的语句。

```
person.pn='82100888'
```

在类外对类对象 Person 进行实例化之后，产生了一个实例对象 p，然后通过上面语句给 p 添加了一个实例属性 pn，赋值为 '82100888'。这个实例属性是实例对象 p 所特有的。注意，因为类对象 Person 并不拥有它，所以不能通过类对象来访问 pn 属性。

2. 实例属性

实例属性（instance attribute）是不需要在类中显式定义的，而是在 __init__ 构造函数中定义的，定义时以 self 作为前缀。在其他方法中也可以随意添加新的实例属性，但并不提倡这么做，所有的实例属性最好在 __init__ 中给出。实例属性属于实例（对象），只能通过对象名访问。例如：

```
class Car:
    def __init__(self,c):
        self.color=c              # 定义实例对象属性
    def fun(self):
        self.length=1.83          # 给实例添加属性，但不提倡
s=Car('Red')
print(s.color)                    # 输出 Red
s.fun()
print(s.length)                   # 输出 1.83
```

如果需要在类外修改类属性，则必须先通过类对象去引用，然后进行修改。如果通过实例对象去引用，则会产生一个同名的实例属性，这种方式修改的是实例属性，不会影响到类属性，并且之后如果通过实例对象去引用该名称的属性，实例属性会强制屏蔽掉类属性，即引用的是实例属性，除非删除了该实例属性。例如：

```
class Person:
    place='Changsha'
print(Person.place)       # 输出 Changsha
p=Person()
print(p.place)            # 输出 Changsha
p.place='Shanghai'
print(p.place)            # 实例属性会屏蔽掉同名的类属性，输出 Shanghai
print(Person.place)       # 输出 Changsha
del p.place               # 删除实例属性
print(p.place)            # 输出 Changsha
```

9.3.3 类的方法

1. 类中内置的方法

在 Python 中有一些内置的方法，这些方法命名都有特殊的约定，其方法名以两个下画线开始、以两个下画线结束。类中最常用的就是构造方法和析构方法。

1）构造方法

构造方法 __init__(self,…) 在生成对象时调用，可以用来进行一些属性初始化操作，不需要显式调用，系统会默认执行。构造方法支持重载，如果用户自己没有重新定义构造方法，系统就自动执行默认的构造方法。看下面的程序。

例 9-3 构造方法使用示例。

程序如下：

```
class Person:
    def __init__(self,name):
        self.PersonName=name
    def sayHi(self):
        print('Hello,my name is {}.'.format(self.PersonName))
p=Person('Jasmine')
p.sayHi()
```

程序运行结果如下：

```
Hello,my name is Jasmine.
```

在 __init__ 方法中用形参 name 对属性 PersonName 进行初始化。注意，它们是两个不同的变量，尽管它们可以有相同的名字。更重要的是，程序中没有专门调用 __init__ 方法，只是在创建一个类的新实例时，把参数包括在圆括号内且跟在类名后面，从而传递给 __init__ 方法。这是这种方法的重要之处。能够在方法中使用 self.PersonName 属性（也称为域），这在 sayHi 方法中得到了验证。

2）析构方法

析构方法 __del__(self) 在释放对象时调用，支持重载，可以在其中进行一些释放资源的操作，不需要显式调用。下面的例子说明了类的普通成员函数，以及构造方法和析构方法的作用。

```
class Test:
    def __init__(self):
        print('AAAAA')
    def __del__(self):
        print('BBBBB')
    def myf(self):
        print('CCCCC')
obj=Test()                              # 输出 AAAAA
obj.myf()                               # 输出 CCCCC
del obj                                 # 输出 BBBBB
```

在类 Test 中，__init__(self) 构造函数具有初始化的作用，即当该类被实例化时就会执行该函数，可以把要先初始化的属性放到这个函数里面。其中的 __del__(self) 方法就是一个析构函数，当使用 del 删除对象时，会调用对象本身的析构函数。另外，当对象在某个作用域中调用完后，在跳出其作用域的同时，析构函数也会被调用一次，这样可以用来释放内存空间。myf(self) 是一个普通函数，通过对象进行调用。

2．类方法、实例方法和静态方法

1）类方法

类方法是类对象所拥有的方法，需要用修饰器“@classmethod”来标识其为类方法。对于类方法，第一个参数必须是类对象，一般以“cls”作为第一个参数。当然，可以用其他名称的变量作为其第一个参数，但因为大都习惯以“cls”作为第一个参数的名字，所以一般用“cls”。能够通过实例对象和类对象去访问类方法。例如：

```
class Person:
    place='Changsha'
    @classmethod                        # 类方法，用 @classmethod 来进行修饰
    def getPlace(cls):
        return cls.place
p=Person()
print(p.getPlace())                     # 可以通过实例对象引用，输出 Changsha
print(Person.getPlace())                # 可以通过类对象引用，输出 Changsha
```

类方法还有一个用途：可以对类属性进行修改。例如：

```
class Person:
    place='Changsha'
    @classmethod
    def getPlace(cls):
        return cls.place
    @classmethod
    def setPlace(cls,place1):
        cls.place=place1
p=Person()
p.setPlace('Shanghai')                  # 修改类属性
print(p.getPlace())                     # 输出 Shanghai
print(Person.getPlace())                # 输出 Shanghai
```

结果显示在用类方法对类属性修改之后，通过类对象和实例对象访问都发生了改变。

2）实例方法

实例方法是类中最常定义的成员方法，它至少有一个参数且必须以实例对象作为其第一个参数，一般以名为“self”的变量作为第一个参数，当然可以以其他名称的变量作为第一个参数。类外实例方法只能通过实例对象去调用，不能通过其他方式调用。例如：

```
class Person:
    place='Changsha'
    def getPlace(self):              # 实例方法
        return self.place
p=Person()
print(p.getPlace())                  # 正确，可以通过实例对象引用，输出 Changsha
print(Person.getPlace())             # 错误，不能通过类对象引用实例方法
```

3）静态方法

静态方法需要通过修饰器“@staticmethod”进行修饰。静态方法不需要多定义参数。例如：

```
class Person:
    place='Changsha'
    @staticmethod
    def getPlace():                  # 静态方法
        return Person.place
print(Person.getPlace())             # 输出 Changsha
```

对于类属性和实例属性，如果在类方法中引用某个属性，则该属性必定是类属性。当在实例方法中引用某个属性（不做更改）且存在同名的类属性时，若实例对象有该名称的实例属性，则实例属性会屏蔽类属性，即引用的是实例属性；若实例对象没有该名称的实例属性，则引用的是类属性。当在实例方法中更改某个属性且存在同名的类属性时，若实例对象有该名称的实例属性，则修改的是实例属性；若实例对象没有该名称的实例属性，则会创建一个同名称的实例属性。当要修改类属性时，如果在类外，则可以通过类对象修改；如果在类内，则只能在类方法中进行修改。

从类方法、实例方法及静态方法的定义形式可以看出：类方法的第一个参数是类对象cls，那么通过cls引用的必定是类对象的属性和方法；而实例方法的第一个参数是实例对象self，那么通过self引用的既可能是类属性，也可能是实例属性，但在存在相同名称的类属性和实例属性的情况下，实例属性优先级更高。在静态方法中不需要额外定义参数，因此如果在静态方法中引用类属性，则必须通过类对象来引用。

9.4 继承和多态

上一节介绍了类的定义和使用方法，这只体现了面向对象程序设计方法的三大特点之一：封装。本节介绍另外两大特点：继承和多态。

9.4.1 继承

面向对象程序设计带来的主要好处之一是代码的重用。当设计一个新类时，为了实现这

种重用可以继承一个已设计好的类。一个新类从已有类那里获得其已有特性，这种现象称为类的继承（inheritance）。通过继承，在定义一个新类时，先把已有类的功能包含进来，然后给出新功能的定义或对已有类的某些功能重新定义，从而实现类的重用。从另一个角度说，从已有类产生新类的过程就称为类的派生（derivation），即派生是继承的另一种说法，只是表述问题的角度不同而已。

在继承关系中，被继承的类称为父类或基类，也可以称为超类，继承的类称为子类。在 Python 中，类继承的定义形式如下：

```
class 子类名 ( 父类名 ):
    类体
```

在定义一个类的时候，可以在类名后面紧跟一对括号，在括号中指定所继承的父类。如果有多个父类，则在多个父类名之间用逗号隔开。

例 9-4　以大学里的学生和教师为例，可以首先定义一个父类 UniversityMember，然后子类 Student 和子类 Teacher 分别继承父类 UniversityMember。

程序如下：

```
class UniversityMember:                                    # 定义父类
    def __init__(self,name,age):
        self.name=name
        self.age=age
        print('init UniversityMember:',self.name)
    def tell(self):
        print('name:{};age:{}'.format(self.name,self.age))
class Student(UniversityMember):                           # 定义子类 Student
    def __init__(self,name,age,marks):
        UniversityMember.__init__(self,name,age)
        self.marks=marks
        print('init Student:',self.name)
    def tell(self):
        UniversityMember.tell(self)
        print('marks:',self.marks)
class Teacher(UniversityMember):                           # 定义子类 Teacher
    def __init__(self,name,age,salary):
        UniversityMember.__init__(self,name,age)           # 显式调用父类构造方法
        self.salary=salary
        print('init Teacher:',self.name)
    def tell(self):
        UniversityMember.tell(self)
        print('salary:',self.salary)
s=Student('Brenden',18,92)
t=Teacher('Jasmine',28,2450)
members=[s,t]
print
for member in members:
    member.tell()
```

程序运行结果如下：

```
init UniversityMember: Brenden
init Student: Brenden
init UniversityMember: Jasmine
init Teacher: Jasmine
name:Brenden;age:18
marks: 92
name:Jasmine;age:28
salary: 2450
```

大学中的每个成员都有姓名和年龄，而学生有分数属性，教师有工资属性。从上面类的定义中可以看到：

（1）在 Python 中，如果父类和子类都重新定义了构造方法 __init( )__，则在进行子类实例化的时候，子类的构造方法不会自动调用父类的构造方法，必须在子类中显式调用。

（2）如果要在子类中调用父类的方法，则需以“父类名 . 方法”这种方式调用。以这种方式调用的时候，注意要传递 self 参数。

对于继承关系，子类继承了父类所有的公有属性和方法，可以在子类中通过父类名来调用；而对于私有属性和方法，子类是不继承的，因此在子类中是无法通过父类名来访问的。

9.4.2 多重继承

前面介绍的继承都属于单继承，即子类只有一个父类。实际上，常常有这样的情况：一个子类有两个或多个父类，子类从两个或多个父类中继承所需的属性。Python 支持多重继承，允许一个子类同时继承多个父类，这种行为称为多重继承（multiple inheritance）。

多重继承的定义形式如下：

```
class 子类名 ( 父类名 1, 父类名 2,…):
    类体
```

此时的一个问题是，如果子类没有重新定义构造方法，它会自动调用哪个父类的构造方法？ Python 2.x 采用的规则是深度优先，先是第一个父类，然后是第一个父类的父类，依次类推。但 Python 3.x 不会进行深度搜索，而是依次地搜索后面的父类。如果子类重新定义了构造方法，需要显式调用父类的构造方法，此时调用哪个父类的构造方法由程序决定。若子类没有重新定义构造方法，则只会执行第一个父类的构造方法，并且若父类 1，父类 2，…中有同名的方法，则通过子类的实例化对象去调用该方法时调用的是第一个父类中的方法。

对于普通的方法，其搜索规则和构造方法是一样的。

例 9-5　多重继承程序示例。

程序如下：

```
class A():
    def foo1(self):
        print("AAAAA")
class B(A):
    def foo2(self):
        print("BBBBB")
class C(A):
    def foo1(self):
        print("CCCCC")
```

```
class D(B,C):
    pass
d=D()
d.foo1()
```

程序在 Python 3.x 环境下的输出结果如下：

```
CCCCC
```

在访问 d.foo1() 的时候，D 没有 foo1() 方法，这时并不是深度搜索，而是调用 C 的 foo1() 方法。而按照经典的类的查找顺序从左到右深度优先的规则，在访问 d.foo1() 的时候，D 没有 foo1() 方法，那么往上查找，先找到 B，B 中也没有 fool() 方法，深度优先，访问 B 的父类 A，找到了 foo1() 方法，所以这时候调用的是 A 的 foo1() 方法，从而导致 C 重写的 foo1() 方法被绕过。程序在 Python 2.x 环境下的输出结果如下：

```
AAAAA
```

9.4.3　多态

多态即多种形态，是指不同的对象收到同一种消息时会产生不同的行为。在程序中，消息就是调用函数，不同的行为就是指不同的实现方法，即执行不同的函数。

Python 中的多态和 C++、Java 中的多态不同。Python 中的变量是弱类型的，在定义时不用指明其类型，Python 会根据需要在运行时确定变量的类型。在运行时确定其状态，在编译阶段无法确定其类型，这就是多态的一种体现。此外，Python 本身是一种解释性语言，不进行编译，因此它只在运行时确定变量的状态。因此，也有人说 Python 是一种多态语言。在 Python 中，很多地方都可以体现多态的特性，如内置函数 len()。len() 函数不仅可以计算字符串的长度，还可以计算列表、元组等对象中的数据个数，在运行时通过参数类型确定函数的具体计算过程，这正是多态的一种体现。

例 9-6　多态程序示例。

程序如下：

```
class base(object):
    def __init__(self,name):
        self.name=name
    def show(self):
        print("base class:",self.name)
class subclass1(base):
    def show(self):
        print("sub class 1:",self.name)
class subclass2(base):
    def show(self):
        print("sub class 2:",self.name)
class subclass3(base):
    pass
def testFunc(o):
    o.show()
first=subclass1("1")
second=subclass2("2")
```

```
third=subclass3("3")
lst=[first,second,third]
for p in lst:
    testFunc(p)
```

程序运行结果如下：

```
sub class 1: 1
sub class 2: 2
base class: 3
```

base 类和三个子类中都有同名的 show() 方法。虽然同名，但该方法在不同类中的行为是不同的，当向一个对象发送 show 消息（调用该方法）时，所得结果取决于是哪一个对象。多个不同的对象都支持相同的消息，但各对象响应消息的行为不同，这种能力是多态的体现，即同一操作具有不同的形态的意思。

9.5 面向对象程序设计应用举例

类的设计与对象的使用是面向对象程序设计的基础，希望读者能熟练掌握。下面介绍一些实际例子。

例 9-7　已知 $y=\dfrac{f(40)}{f(30)f(20)}$，当 $f(n)=1\times2+2\times3+3\times4+\cdots+n\times(n+1)$ 时，求 y 的值。

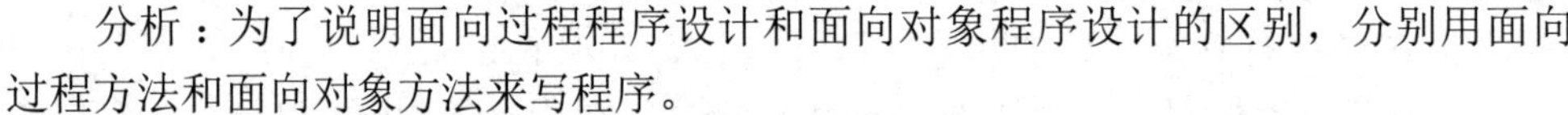

分析：为了说明面向过程程序设计和面向对象程序设计的区别，分别用面向过程方法和面向对象方法来写程序。

面向过程方法的程序如下：

```
def f(n):                    # 定义求 f(n) 的函数
    s=0
    for i in range(1,n+1):
        s+=i*(i+1)
    return s
y=f(40)/(f(30)+f(20))
print('y=',y)
```

程序运行结果如下：

```
y= 1.7661538461538462
```

面向对象方法的程序如下：

```
class calculate:
    def __init__(self,n):
        self.n=n
    def f(self):             # 求 f(n) 的成员函数
        s=0
        for i in range(1,self.n+1):
            s+=i*(i+1)
        return s
ob1=calculate(40)
```

```
ob2=calculate(30)
ob3=calculate(20)
y=ob1.f()/(ob2.f()+ob3.f())
print('y=',y)
```

程序运行结果与面向过程方法相同。

例 9-8　用面向对象方法编写例 4-11 对应的程序。

程序如下：

```
class compute:
    def yn(self):                        # 计算 y 和 n 的函数
        self.n=1
        self.y=0.0
        while self.y<3.0:
            self.f=1.0/(2*self.n-1)
            self.y+=self.f
            self.n+=1
        self.y=self.y-self.f
        self.n=self.n-2
    def print(self):                     # 输出结果的函数
        print(f"y={self.y},n={self.n}")
def main():                              # 主函数
    obj=compute()
    obj.yn()
    obj.print()
main()
```

程序运行结果与例 4-11 相同。

例 9-9　某商店销售某一商品，允许售货员在一定范围内灵活掌握售价（price），现已知当天 3 名售货员的销售情况如下：

售货员号（num）	售货件数（quantity）	售货单价（price）
101	5	23.5
102	12	24.56
103	100	21.5

编写程序，计算当日此商品的总销售款 sum 及每件商品的平均售价。

分析：利用字典来组织数据，以售货员号作为字典关键字，通过关键字遍历字典。

程序如下：

```
class Product:
    def total(self):
        prod={'101':[5,23.5],'102':[12,24.56],'103':[100,21.5]}
        self.sum=0.0
        self.n=0
        for key in prod.keys():
            quantity=prod[key][0]
            price=prod[key][1]
            self.sum+=quantity*price
            self.n+=quantity
    def display(self):
```

```
        print(self.sum)
        print(self.sum/self.n)
def main():
    ob=Product()
    ob.total()
    ob.display()
main()
```

程序运行结果如下：

```
2562.22
21.89931623931624
```

习　题　9

一、选择题

1．下列说法中不正确的是（　　）。

A．类是对象的模板，而对象是类的实例

B．实例属性名如果以 __ 开头，则变成了一个私有变量

C．只有在类内才可以访问类的私有变量，在类外不能访问

D．在 Python 中，一个子类只能有一个父类

2．下列选项中不是面向对象程序设计的基本特点的是（　　）。

A．继承　　B．多态　　C．可维护性　　D．封装

3．在方法定义中，访问实例属性 x 的格式是（　　）。

A．x　　B．self.x　　C．self[x]　　D．self.getx()

4．下列程序的执行结果是（　　）。

```
class Point:
    x=10
    y=10
    def __init__(self,x,y):
        self.x=x
        self.y=y
pt=Point(20,20)
print(pt.x,pt.y)
```

A．10 20　　B．20 10　　C．10 10　　D．20 20

5．下列程序的执行结果是（　　）。

```
class C():
    f=10
class C1(C):
    pass
print(C.f,C1.f)
```

A．10 10　　B．10 pass　　C．pass 10　　D．运行出错

二、填空题

1．在 Python 中，定义类的关键字是________。

2．类的定义如下：

```
class person:
    name='Liming'
    score=90
```

该类的类名是________，其中定义了________属性和________属性，它们都是________属性。如果在属性名前加两个下画线（_ _），则属性是________属性。将该类实例化后创建对象 p，使用的语句为________，通过 p 来访问属性，格式为________、________。

3．Python 类的构造方法是________，它在________对象时被调用，可以用来进行一些属性________操作；类的析构方法是________，它在________对象时调用，可以进行一些释放资源的操作。

4．可以根据已有类来定义新类，这称为类的________，新类称为________，而已有类称为________、父类或超类。

5．创建对象后，可以使用________运算符来调用其成员。

6．下列程序的运行结果为________。

```
class Account:
    def _ _init_ _(self,id):
        self.id=id
        id=888
acc=Account(100)
print(acc.id)
```

7．下列程序的运行结果为______。

```
class parent:
    def _ _init_ _(self,param):
        self.v1=param
class child(parent):
    def _ _init_ _(self,param):
        parent._ _init_ _(self,param)
        self.v2=param
obj=child(100)
print(obj.v1,obj.v2)
```

8．下列程序的运行结果为______。

```
class account:
    def _ _init_ _(self,id,balance):
        self.id=id
        self.balance=balance
    def deposit(self,amount):
        self.balance+=amount
    def withdraw(self,amount):
        self.balance-=amount
acc1=account('1234',100)
acc1.deposit(500)
```

```
acc1.withdraw(200)
print(acc1.balance)
```

三、问答题

1．什么叫类？什么叫对象？它们有何关系？

2．在 Python 中如何定义类与对象？

3．类的属性有哪几种？如何访问它们？

4．继承与派生有何关系？如何实现类的继承？

5．什么是多态？它在 Python 中如何体现？

第 10 章　文件操作

在实际的应用系统中，输入 / 输出数据可以使用标准输入 / 输出设备完成，但在数据量大、数据访问频繁及数据处理结果需长期保存的情况下，一般将数据以文件的形式保存。文件是存储在外部介质（如磁盘）上的用文件名标识的数据集合。如果想访问存储在外部介质上的数据，则必须先按文件名找到指定的文件，然后从该文件中读取数据。如果要向外部介质存储数据，则必须先建立一个文件（以文件名标识），然后才能向外部介质写入数据。

文件操作是一种基本的输入 / 输出方式，在实际问题求解过程中经常使用。数据以文件的形式进行存储，操作系统以文件为单位对数据进行管理，文件系统仍是高级语言普遍采用的数据管理方式。

本章介绍内容包括文件的概念、文件的打开与关闭、文本文件的操作、二进制文件的操作、CSV 文件的操作、文件管理方法、文件操作应用举例等。

10.1 文件的概念

1. 文件格式

文件（file）是存储在外部介质上的一组相关信息的集合。例如，程序文件是程序代码的集合，数据文件是数据的集合。每个文件都有一个名字（称为文件名）。一批数据是以文件的形式存储在外部介质（如磁盘）上的，而操作系统以文件为单位对数据进行管理。也就是说，如果想寻找存储在外部介质上的数据，则必须先按文件名找到指定的文件，然后从该文件中读取数据。若要在外部介质上存储数据，则必须以文件名为标识先建立一个文件，然后才能向外部介质（简称外存）输出数据。

在程序运行时，常常需要将一些数据（运行的中间数据或最终结果）输出到磁盘上保存起来，在以后需要时再从磁盘中读入计算机内存，这就需要使用磁盘文件。磁盘既可作为输入设备，也可作为输出设备，因此，有磁盘输入文件和磁盘输出文件。除磁盘文件外，操作系统把每个与主机相连的输入 / 输出设备都作为文件来管理，称为标准输入 / 输出文件。例如，键盘是标准输入文件，显示器和打印机是标准输出文件。

根据文件数据的组织形式，Python 的文件可分为文本文件和二进制文件。文本文件的每个字节放一个 ASCII 代码，代表一个字符。二进制文件是把内存中的数据按其在内存中的存储形式原样输出到磁盘上存放。例如，图形图像文件、音频视频文件、可执行文件等都是常见的二进制文件。

在文本文件中，一个字节代表一个字符，因而既便于对字符进行逐个处理，也便于输出字符，但占用存储空间较多，而且要花费时间转换（二进制形式与 ASCII 码间的转换）。用二进制形式输出数值，可以节省外存空间和转换时间，但一个字节并不对应一个字符，不能直接输出字符形式。一般中间结果数据需要暂时保存在外存中且以后又需要读入内存，常用二进制文件保存。

2．文件操作

无论是文本文件还是二进制文件，其操作过程都是一样的，即首先打开文件并创建文件对象，然后通过该文件对象对文件内容进行读 / 写操作，最后关闭文件。

文件的读（read）操作是指从文件中取出数据，再输入计算机内存；文件的写（write）操作是指向文件写入数据，即将内存数据输出到磁盘文件。这里，读 / 写操作是相对于磁盘文件而言的，而输入 / 输出操作是相对于内存而言的。对文件的读 / 写过程就是实现数据输入 / 输出的过程。“读”与“输入”、“写”与“输出”指的是同一过程，只是基于的对象不同。

10.2 文件的打开与关闭

在对文件进行读 / 写操作之前，首先要打开文件，操作结束后应该关闭文件。Python 提供了文件对象，通过 open() 函数可以按指定方式打开指定文件并创建文件对象。

10.2.1 打开文件

所谓打开文件是指在程序和操作系统之间建立起联系，程序把所要操作文件的一些信息通知给操作系统。这些信息中除包括文件名外，还要指出读 / 写方式及读 / 写位置。如果是读操作，则需要先确认此文件是否已存在；如果是写操作，则检查是否已有同名文件。如有则先将该文件删除，然后新建一个文件，并将读 / 写位置设定于文件开头，准备写入数据。

1．open() 函数

Python 提供了基本的函数和对文件进行操作的方法。若要读取或写入文件，则必须使用内置的 open() 函数来打开它。该函数创建一个文件对象，可以使用文件对象来完成各种文件操作。open() 函数的一般调用格式如下：

```
文件对象 =open( 文件说明符 [, 打开方式 ][, 缓冲区 ])
```

其中，文件说明符指定打开的文件名，可以包含盘符、路径和文件名，它是一个字符串。注意，文件路径中的“\”要写成“\\”。例如，若要打开 e:\mypython 中的 test.dat 文件，则文件说明符要写成“e:\\mypython\\test.dat”。打开方式指定打开文件后的操作方式，该参数是字符串，必须小写。文件操作方式是可选参数，默认为 r（只读操作）。文件操作方式用具有特定含义的符号表示，如表 10-1 所示。缓冲区指定文件操作是否使用缓冲存储方式。如果缓冲区参数被设置为 0，则表示不使用缓冲存储方式；如果该参数设置为 1，则表示使用缓冲存储方式。如果指定的缓冲区参数为大于 1 的整数，则使用缓冲存储方式，并且该参数指定了缓冲区的大小。如果缓冲区参数指定为 -1，则使用缓冲存储方式，并且使用系统默认缓冲区的大小，这也是缓冲区参数的默认设置。

表 10-1　文件操作方式

打开方式	含义	打开方式	含义
r（只读）	为输入打开一个文本文件	r+（读 / 写）	为读 / 写打开一个文本文件
w（只写）	为输出打开一个文本文件	w+（读 / 写）	为读 / 写建立一个新的文本文件
a（追加）	向文本文件末尾增加数据	a+（读 / 写）	为读 / 写打开一个文本文件
rb（只读）	为输入打开一个二进制文件	rb+（读 / 写）	为读 / 写打开一个二进制文件
wb（只写）	为输出打开一个二进制文件	wb+（读 / 写）	为读 / 写建立一个新的二进制文件
ab（追加）	向二进制文件末尾增加数据	ab+（读 / 写）	为读 / 写打开一个二进制文件

open() 函数以指定的方式打开指定的文件，文件操作方式符的含义是：

（1）用“r”方式打开文件时，只能从文件向内存输入数据，而不能从内存向该文件写数据。以“r”方式打开的文件应该已经存在，不能用“r”方式打开一个并不存在的文件（输入文件），否则将出现 FileNotFoundError 错误。这是默认打开方式。

（2）用“w”方式打开文件时，只能从内存向该文件写数据，而不能从文件向内存输入数据。如果该文件不存在，则打开时创建一个以指定文件名命名的新文件。如果该文件已存在，则在打开时将该文件删除，然后创建一个新文件。

（3）如果希望向一个已存在的文件末尾添加新数据（保留该文件中已有的数据），则应用“a”方式打开。如果该文件不存在，则创建新文件并写入数据。打开文件时，文件的位置指针在文件末尾。

（4）用“r+”、“w+”和“a+”方式打开的文件可以进行读 / 写操作。用“r+”方式打开文件时，如果该文件已存在，则可进行读 / 写操作。用“w+”方式打开文件时，如果该文件已存在，则覆盖已有文件；如果该文件不存在，则创建新文件并进行读 / 写操作。用“a+”方式打开文件时，如果该文件已存在，则保留文件中原有的数据，文件的位置指针在文件末尾，此时可以进行追加或读 / 写操作；如果该文件不存在，则创建新文件并进行读 / 写操作。

（5）用类似的方法可以打开二进制文件。

2. 文件对象的属性

文件一旦被打开，便可通过文件对象的属性得到有关该文件的各种信息。文件对象属性如表 10-2 所示。

表 10-2　文件对象属性

属性	含义
closed	如果文件被关闭则返回 True，否则返回 False
mode	返回该文件的打开方式
name	返回文件的名称

文件属性的引用方法如下：

```
文件对象名 . 属性名
```

看下面的程序。

```
fo=open("file.txt","wb")
print("Name of the file:",fo.name)
print("Closed or not:",fo.closed)
print("Opening mode:",fo.mode)
```

程序运行结果如下：

```
Name of the file: file.txt
Closed or not: False
Opening mode: wb
```

3. 文件对象的方法

Python 文件对象有很多方法（函数），通过这些方法可以实现各种文件操作。表 10-3 概要性地列出了文件对象的常用方法，后续章节将详细加以介绍。

表 10-3　文件对象的常用方法

方法	含义
close()	把缓冲区的内容写入磁盘，关闭文件，释放文件对象
flush()	把缓冲区的内容写入磁盘，不关闭文件
read([count])	如果有 count 参数，则从文件中读取 count 个字节。如果省略 count，则读取整个文件的内容
readline()	从文本文件中读取一行内容
readlines()	从文本文件中读取所有行内容，也就是读取整个文件的内容。把文件的每行作为列表的成员，并返回这个列表
seek(offset[, where])	把文件指针移动到相对于 where 的 offset 位置。where 为 0 表示文件开始处，这是默认值；1 表示当前位置；2 表示文件末尾
tell()	获得当前文件指针位置
truncate([size])	删除从当前指针位置到文件末尾的内容。如果指定了 size，则不论指针在什么位置都留下前 size 个字节，其余的被删除
write(string)	把 string 字符串写入文件（文本文件或二进制文件）
writelines(list)	把 list 列表中的字符串一行一行地写入文本文件，连续写入文件，没有换行
__next__()	返回文件的下一行，并将文件操作标记移到下一行

10.2.2　关闭文件

文件使用完毕后，应当关闭，这意味着释放文件对象以供别的程序使用，同时也可以避免文件中数据的丢失。用文件对象的 close() 方法可以关闭文件，其调用格式如下：

```
close()
```

close() 方法用于关闭已打开的文件，将缓冲区中尚未存储的数据写入磁盘，并释放文件对象。此后，如果再次使用已关闭的文件，则必须重新打开它。应该养成在访问完之后及时关闭文件的习惯，一方面可避免数据丢失，另一方面可及时释放内存、减少系统资源的占用。看下面的程序。

```
fo=open("file.txt","wb")
print("Name of the file:",fo.name)
fo.close()
```

在 Python 中还可以使用 with 语句操作文件，不论出于什么原因跳出 with 块，都能确保文件的正常关闭，从而达到释放资源的目的。例如，上一个程序可以改写成以下程序。

```
with open("file.txt","wb") as f:
    print("Name of the file:",f.name)          # 不需要用 fo.close() 关闭文件
```

10.3　文本文件的操作

文本文件是指以 ASCII 码方式存储的文件，更确切地说，英文、数字等字符存储的是

ASCII 码，而汉字存储的是机内码。文本文件中除存储文件有效字符信息（包括能用 ASCII 码字符表示的回车、换行等信息）外，不能存储其他任何信息。文本文件的优点是方便阅读和理解，使用常用的文本编辑器或文字处理器就可以创建与修改文本文件。

10.3.1　文本文件的读取

Python 对文件的操作都是通过调用文件对象的方法来实现的，文件对象提供了 read()、readline() 和 readlines() 方法读取文本文件的内容。

1. read() 方法

read() 方法的用法如下：

```
变量 = 文件对象 .read()
```

其功能是读取从文件当前位置直到末尾的内容，并作为字符串返回，赋给变量。如果是刚打开的文件对象，则读取整个文件内容。read() 方法通常将读取的文件内容存放到一个字符串变量中。

read() 方法也可以带参数，其用法如下：

```
变量 = 文件对象 .read(count)
```

其功能是读取从文件当前位置开始的 count 个字符，并作为字符串返回，赋给变量。如果 count 大于从文件当前位置到末尾的字符数，则仅返回这些字符。

用 Python 解释器或 Windows 记事本建立文本文件 data.txt，其内容如下：

```
Python is very useful.
Programming in Python is very easy.
```

看下列语句的执行结果。

```
>>> fo=open("data.txt","r")
>>> fo.read()
'Python is very useful.\nProgramming in Python is very easy.\n'
>>> fo=open("data.txt","r")
>>> fo.read(6)
'Python'
```

例 10-1　已经建立文本文件 data.txt，统计文件中元音字母出现的次数。

分析：先读取文件的全部内容，得到一个字符串，然后遍历字符串，统计元音字母的个数。

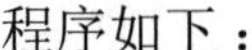

程序如下：

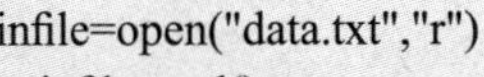

```
infile=open("data.txt","r")          # 打开文件，准备输出文本文件
s=infile.read()                      # 读取文件的全部内容
print(s)                             # 显示文件内容
n=0
for c in s:                          # 遍历读取的字符串
    if c in 'aeiouAEIOU':n+=1
print(n)
infile.close()                       # 关闭文件
```

程序运行结果如下：

```
Python is very useful.
Programming in Python is very easy.

15
```

2. readline() 方法

readline() 方法的用法如下：

```
变量 = 文件对象 .readline()
```

其功能是读取从文件当前位置到行末（下一个换行符）的所有字符，并作为字符串返回，赋给变量。通常用此方法来读取文件的当前行，包括行结束符。如果当前处于文件末尾，则返回空串。例如：

```
>>> fo=open("data.txt","r")
>>> fo.readline()
'Python is very useful.\n'
>>> fo.readline()
'Programming in Python is very easy.\n'
>>> fo.readline()
''
```

例 10-2　已经建立文本文件 data.txt，统计文件中元音字母出现的次数。用 readline() 方法实现。

分析：先逐行读取文件，得到一个字符串，然后遍历字符串，统计文件中元音字母的个数。在文件读取完毕后，得到一个空串，控制循环结束。

程序如下：

```
infile=open("data.txt","r")                 # 打开文件，准备输出文本文件
s=infile.readline()                         # 读取一行
n=0
while s!='':                                # 在还没有读完时继续循环
    print(s[:-1])                           # 显示文件内容
    for c in s:                             # 遍历读取的字符串
        if c in 'aeiouAEIOU':n+=1
    s=infile.readline()                     # 读取下一行
print(n)
infile.close()                              # 关闭文件
```

程序运行结果如下：

```
Python is very useful.
Programming in Python is very easy.
15
```

程序中的“print(s[:-1])”用“[:-1]”去掉每行读入的换行符。如果输出的字符串末尾带有换行符，输出会自动跳到下一行，再加上 print() 函数输出完后换行，这样各行之间会输出一个空行。也可以用字符串的 strip() 方法去掉最后的换行符，即用语句“print(s.strip())”替换语

句“print(s[:-1])”。

3．readlines() 方法

readlines() 方法的用法如下：

```
变量 = 文件对象 .readlines()
```

其功能是读取从文件当前位置直到末尾的所有行，并将这些行构成列表返回，赋给变量。列表中的元素即每行构成的字符串。如果当前处于文件末尾，则返回空列表。例如：

```
>>> fo=open("data.txt","r")
>>> fo.readlines()
['Python is very useful.\n', 'Programming in Python is very easy.\n']
```

例 10-3　已经建立文本文件 data.txt，统计文件中元音字母出现的次数。用 readlines() 方法实现。

分析：先读取文件的所有行，得到一个字符串列表，然后遍历列表，统计元音字母的个数。

程序如下：

```
infile=open("data.txt","r")          # 打开文件，准备输出文本文件
ls=infile.readlines()                # 读取所有行，得到一个字符串列表
n=0
for s in ls:                         # 遍历列表
    print(s[:-1])                    # 显示文件内容
    for c in s:                      # 遍历列表的字符串元素
        if c in 'aeiouAEIOU':n+=1
print(n)
infile.close()                       # 关闭文件
```

程序运行结果如下：

```
Python is very useful.
Programming in Python is very easy.
15
```

10.3.2　文本文件的写入

当以写方式打开文件时，可以向文件写入文本内容。Python 文件对象提供两种写文件的方法：write() 方法和 writelines() 方法。

1．write() 方法

write() 方法的用法如下：

```
文件对象 .write( 字符串 )
```

其功能是在文件当前位置写入字符串，并返回字符的个数。例如：

```
>>> fo=open("file1.dat","w")
>>> fo.write("Python 语言 ")
8
>>> fo.write("Python 程序 \n")
9
>>> fo.write("Python 程序设计 ")
```

```
10
>>> fo.close()
```

上面的语句执行后会创建 file1.dat 文件，并将给定的内容写在该文件中，最终关闭该文件。用编辑器查看该文件，内容如下：

```
Python 语言 Python 程序
Python 程序设计
```

从执行结果可以看出，每次 write() 方法执行完后并不换行，如果需要换行则在字符串最后加换行符“\n”。

例 10-4　从键盘输入若干个字符串，逐个将它们写入文件 data1.txt 中，直到输入“*”时结束。然后从该文件中逐个读出字符串，并在屏幕上显示出来。

分析：先输入一个字符串，如果不等于“*”则写入文件，然后再输入一个字符串，进行循环判断，直到输入“*”结束循环。

程序如下：

```
fo=open("data1.txt","w")            # 打开文件，准备建立文本文件
print(" 输入多行字符串 ( 输入 "*" 结束 ):")
s=input()                           # 从键盘输入一个字符串
while s!="*":                       # 不断输入，直到输入结束标志“*”
    fo.write(s+'\n')                # 向文件写入一个字符串
    s=input()                       # 从键盘输入一个字符串
fo.close()
fo=open("data1.txt","r")            # 打开文件，准备读取文本文件
s=fo.read()
print(" 输出文本文件 :")
print(s.strip())
```

程序运行结果如下：

```
输入多行字符串 ( 输入 "*" 结束 ):
Good preparation, Great opportunity. ↙
Practice makes perfect. ↙
* ↙
输出文本文件 :
Good preparation, Great opportunity.
Practice makes perfect.
```

2. writelines() 方法

writelines() 方法的用法如下：

```
文件对象 .writelines( 字符串元素的列表 )
```

其功能是在文件当前位置依次写入列表中的所有字符串。例如：

```
>>> fo=open("file2.dat","w")
>>> fo.writelines(["Python 语言 ","Python 程序 \n","Python 程序设计 "])
>>> fo.close()
```

上面的语句执行后会创建 file2.dat 文件，用编辑器查看该文件，内容如下：

```
Python 语言 Python 程序
Python 程序设计
```

writelines() 方法接收一个字符串列表作为参数，将它们写入文件，这样并不会自动加入换行符，如果需要，必须在每行字符串末尾加上换行符。

例 10-5 从键盘输入若干个字符串，逐个将它们写入文件 data1.txt 末尾，直到输入“*”时结束。然后从该文件中逐个读出字符串，并在屏幕上显示出来。

分析：以“a”方式打开文件，当前位置定位在文件末尾，可以继续写入文本而不改变原有的文件内容。本例考虑先输入若干个字符串，并将字符串存入一个列表中，然后通过 writelines() 方法将全部字符串写入文件。

程序如下：

```
print('输入多行字符串(输入"*"结束):')
lst=[]
while True:                          #不断输入，直到输入结束标志“*”
    s=input()                        #从键盘输入一个字符串
    if s=="*":break
    lst.append(s+'\n')               #将字符串附加在列表末尾
fo=open("data1.txt","a")             #打开文件,准备追加文本文件
fo.writelines(lst)                   #向文件写入一个字符串
fo.close()
fo=open("data1.txt","r")             #打开文件,准备读取文本文件
s=fo.read()
print("输出文本文件:")
print(s.strip())
```

程序运行结果如下：

```
输入多行字符串(输入"*"结束):
Python 语言
Python 程序设计
*
输出文本文件:
Good preparation, Great opportunity.
Practice makes perfect.
Python 语言
Python 程序设计
```

请注意程序中循环实现方式的变化，相对于例 10-4，这里在控制字符串的重复输入时，采用“永真”循环，即循环的条件是“True”，在循环体中，当输入“*”时通过执行“break”语句退出循环。

10.4 二进制文件的操作

前面讨论的文本文件，其读 / 写方式是从文件的第一个数据开始，按照数据在文件中的排列顺序依次进行读 / 写，称为顺序文件（sequential file）。但在实际对文件的应用中，还往往需要对文件中某个特定的数据进行处理，这就要求具备对文件进行随机读 / 写的功能，也就是强制将文件的指针指向用户所希望的位置。这类可以任意读 / 写的文件称为随机文件（random file）。二进制文件的存储内容为字节码，甚至可以用一个二进制位来代表一个信息表示单位（位操作），而文本文件的信息表示单位至少是一个字符，有些字符占一个字节，有些字符可能占多个字节。二进制文件一般采用随机存取。

10.4.1　文件的定位

文件中有一个位置指针，指向当前的读 / 写位置，读 / 写一次，指针向后移动一次（一次移动多少字节根据读 / 写方式定）。为了主动调整指针位置，可用系统提供的文件指针定位函数。

1. tell() 方法

tell() 方法的用法如下：

```
文件对象 .tell()
```

其功能是返回文件的当前位置，即相对于文件开始位置的字节数，下一个读/写操作将发生在该位置。例如：

```
>>> fo=open("data.txt","r")
>>> fo.tell()
0
```

这是文件刚打开时的位置，即第一个字符的位置为 0。

```
>>> fo.read(6)
'Python'
>>> fo.tell()
6
```

这是读取 6 个字符以后的文件位置。

2. seek() 方法

seek() 方法的用法如下：

```
文件对象 .seek( 偏移 [, 参考点 ])
```

其功能是更改文件的当前位置。偏移参数指示要移动的字节数，移动时以设定的参考点为基准。偏移为正数表示朝文件尾方向移动，偏移为负数表示朝文件头方向移动。参考点指定移动的基准位置。如果参考点设置为 0，则意味着使用该文件的开始处作为基准位置（这是默认的情况）；若设置为 1，则将文件当前位置作为基准位置；如果设置为 2，则将文件末尾作为基准位置。例如：

```
>>> fo=open("data.txt","rb")   # 以二进制方式打开文件
>>> fo.read()
b'Python is very useful.\r\nProgramming in Python is very easy.\r\n'
>>> fo.read()
b''
```

data.txt 是一个文本文件，既可以用文本方式读取，也可以用二进制方式读取，两者的差别仅体现在回车换行符的处理上。用二进制方式读取时需要将“\n”转换成“\r\n”，即多出一个字符。当文件中不存在回车换行符时，用文本方式读取与用二进制方式读取的结果是一样的。

此外，文件所有字符被读完后，文件读 / 写位置位于文件末尾，再读则读出空串。此时可以移动文件位置。

```
>>> fo.seek(10,0)
10
>>> fo.read()
b'very useful.\r\nProgramming in Python is very easy.\r\n'
```

从文件开始处移动 10 个字节后读取文件全部字符。

看下面文件位置移动的结果。

```
>>> fo.seek(10,0)
10
>>> fo.seek(10,1)
20
>>> fo.seek(-10,1)
10
>>> fo.seek(0,2)
61
>>> fo.seek(-10,2)
51
>>> fo.seek(10,2)
71
```

注意：文本文件也可以使用 seek() 方法，但 Python 3.x 限制文本文件只能相对于文件开始处进行位置移动，当相对于当前位置和文件末尾进行位置移动时，偏移量只能取 0。seek(0,1) 和 seek(0,2) 分别定位于当前位置和文件末尾。例如：

```
>>> fo=open("data.txt","r")    # 以文本方式打开文件
>>> fo.read()
'Python is very useful.\nProgramming in Python is very easy.\n'
>>> fo.seek(10,0)
10
>>> fo.seek(0,1)
10
>>> fo.seek(0,2)
61
```

10.4.2　二进制文件的读/写

使用 open() 函数打开文件时，在打开方式参数中加上“b”，如“rb”、“wb”和“ab”等，可以打开二进制文件。文本文件存储的是与编码对应的字符，而二进制文件直接存储字节编码。

1．read() 方法和 write() 方法

二进制文件的读 / 写（读取或写入）可以使用文件对象的 read() 和 write() 方法。下面看一个例子。

例 10-6　从键盘输入一个字符串，以字节数据写入二进制文件；从文件尾到文件头依次读取一个字符，对其加密后反向输出全部字符。加密规则是，对字符编码的中间两个二进制位取反。

分析：对中间两个二进制位取反的办法是，将读出的字符编码与二进制数 00011000（也

就是十进制数 24）进行异或运算，将异或后的结果写回原位置。

程序如下：

```
s=input(' 输入一个字符串 :')
s=s.encode()                    # 变成字节数据
fo=open("data30.txt","wb")      # 建立二进制文件
fo.write(s)
fo.close()
fo=open("data30.txt","rb")      # 读二进制文件
lst=[]
for n in range(1,len(s)+1):
    fo.seek(-n,2)               # 文件定位从最后一个字符到第一个字符
    s=fo.read(1)                # 读一个字节
    s=chr(ord(s.decode())^24)   # 加密处理
    lst.append(s)
lst="".join(lst)                # 将序列元素组合成字符串
print(lst)
fo.close()
```

程序运行结果如下：

```
输入一个字符串 :abcd ↙
|{zy
```

输入的字符串为“abcd”，将它们反向后为“dcba”，分别加密后为“|{zy”，即“d”加密后为“|”、“c”加密后为“{”、“b”加密后为“z”、“a”加密后为“y”。下面分析“d”的加密结果。“d”的 ASCII 码为十进制数 100、二进制数 01100100，01100100^00011000 结果为 01111100，即十进制数 124，这是“|”的 ASCII 码。

2. struct 模块

read() 和 write() 方法以字符串为参数，对于其他类型数据需要进行转换。Python 没有二进制类型，但可以存储二进制类型的数据，就是用字符串类型来存储二进制数据。Python 中的 struct 模块的 pack() 和 unpack() 方法可以处理这种情况。

pack() 函数可以把整型（或者浮点型）打包成二进制字符串（Python 中的字符串可以是任意字节）。例如：

```
>>> import struct
>>> a=65
>>> bytes=struct.pack('i',a)        # 将 a 变为二进制字符串
>>> bytes
b'A\x00\x00\x00'
```

此时，bytes 就是一个 4 字节字符串，如果写文件则可以写如下语句：

```
>>> fo=open("data3.txt","wb")
>>> fo.write(bytes)
4
>>> fo.close()
```

反过来，在读文件的时候，可以一次读出 4 字节，然后用 unpack() 方法转换成 Python 的整数。例如：

```
>>> fo=open("data3.txt","rb")
>>> bytes=fo.read(4)
>>> a=struct.unpack('i',bytes)
>>> a
(65,)
```

注意，unpack() 方法执行后得到的结果是一个元组。

如果写入的数据是由多个数据构成的，则需要在 pack() 方法中使用格式串。例如：

```
>>> a=b'hello'
>>> b=b'world!'
>>> c=2
>>> d=45.123
>>> bytes=struct.pack('5s6sif',a,b,c,d)
>>> bytes
b'helloworld!\x00\x02\x00\x00\x00\xf4}4B'
```

此时的 bytes 就是二进制数据，可以直接写入二进制文件。例如：

```
>>> fo=open("data3.txt","wb")
>>> fo.write(bytes)
20
>>> fo.close()
```

当需要时可以将二进制数据读出来，再通过 struct.unpack() 方法解码成 Python 变量。例如：

```
>>> fo=open("data3.txt","rb")
>>> bytes=fo.read(4)
>>> a,b,c,d=struct.unpack('5s6sif',bytes)
>>> a,b,c,d
(b'hello', b'world!', 2, 45.12300109863281)
```

在 unpack() 方法中，“5s6sif” 称为格式化字符串，由数字加字符构成，“5s” 表示占 5 个字符的字符串，“2i” 表示 2 个整数，等等。unpack() 方法的可用格式符及对应的 Python 类型如表 10-4 所示。

表 10-4　unpack() 方法的可用格式符及对应的 Python 类型

格式符	Python 类型	字节数	格式符	Python 类型	字节数
b	整型	1	B	整型	1
h	整型	2	H	整型	2
i	整型	4	I	整型	4
l	整型	4	L	整型	4
q	整型	8	Q	整型	8
p	字符串	1	P	整型	
f	浮点型	4	d	浮点型	8
s	字符串	1	?	布尔型	1
c	单个字符	1			

3. pickle 模块

字符串很容易从文件中读 / 写，数值则需要更多的转换，当处理更复杂的数据类型（如列表、字典等）时，这些转换更加复杂。Python 带有一个 pickle 模块，用于把 Python 的对象（包括内置类型和自定义类型）直接写入文件中，而不需要先把它们转化为字符串后再保存，也不需要用底层的文件访问操作把它们写入一个二进制文件里。

在 pickle 模块中有两个常用的方法：dump() 和 load() 方法。

dump() 方法的用法如下：

```
pickle.dump( 数据 , 文件对象 )
```

其功能是直接把数据对象转换为字节字符串，并保存到文件中。例如，以下程序创建二进制文件 file11。

```
import pickle
info={'one':1,'two':2,'three':3}
f1=open('file11','wb')
pickle.dump(info,f1)
f1.close()
```

load() 方法的用法如下：

```
变量 =pickle.load( 文件对象 )
```

其功能正好与上面的 dump() 方法相反。load() 方法从文件中读取字符串，将它们转换为 Python 的数据对象，可以像使用通常的数据一样来使用它们。例如，以下程序显示二进制文件 file11 的内容。

```
import pickle
f2=open('file11','rb')
info1=pickle.load(f2)
f2.close()
print(info1)
```

程序运行结果如下：

```
{'three': 3, 'two': 2, 'one': 1}
```

10.5 CSV 文件的操作

CSV（Comma-Separated Values，逗号分隔值）是一种常用的数据交换格式，易于阅读和处理，在电子表格、数据分析、数据库管理、Web 应用等方面得到广泛应用。

1. CSV 文件的基本格式

逗号分隔值有时也称为字符分隔值，因为分隔字符也可以不是逗号，其文件以纯文本形式存储表格数据。CSV 文件由任意数目的数据行组成，每个数据行又由一个或多个数据字段组成。目前，很多应用软件都支持 CSV 格式。例如，使用 Excel 可以打开 CSV 文件，也可以将 Excel 文件另存为 CSV 文件。例如，图 10-1 的电子表格可以另存为图 10-2 的 CSV 文件。

学号	姓名	数学	英语	程序设计
43020101	张一	89	90	78
43020102	李二	90	81	67
43020103	刘三	76	67	87
43020104	王四	80	75	93
43020105	赵五	68	85	69
43020106	陈六	90	89	95

图 10-1　电子表格

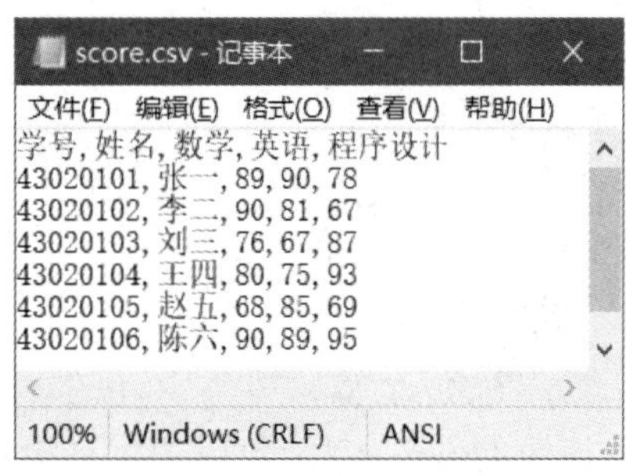


```
学号,姓名,数学,英语,程序设计
43020101,张一,89,90,78
43020102,李二,90,81,67
43020103,刘三,76,67,87
43020104,王四,80,75,93
43020105,赵五,68,85,69
43020106,陈六,90,89,95
```

图 10-2　CSV 文件

2. 读取 CSV 文件

我们既可以使用文本文件的操作方式对 CSV 文件进行操作，也可以使用 Python 内置的 csv 模块对 CSV 文件进行操作。csv 模块提供了许多用于操作 CSV 文件中的数据的方法，使得数据分析和处理变得更加容易。

csv 模块的 reader() 函数可用于读取 CSV 文件的数据，常用的调用格式如下：

```
csv.reader(csvfile)
```

其中，参数 csvfile 可以是文件对象或列表对象。

reader() 函数返回一个 csv.reader 对象，它是一个可迭代对象，可以使用 for 循环依次提取每行数据。看下面的程序。

```
import csv
fo=open('score.csv','r')            # 打开 CSV 文件 score.csv
reader = csv.reader(fo)             # 创建一个 csv.reader 对象
for row in reader:
    print(row)                      # 输出 CSV 文件各行内容
fo.close()                          # 关闭文件
```

程序运行结果如下：

```
[' 学号 ',' 姓名 ',' 数学 ',' 英语 ',' 程序设计 ']
['43020101', ' 张一 ', '89', '90', '78']
['43020102', ' 李二 ', '90', '81', '67']
['43020103', ' 刘三 ', '76', '67', '87']
['43020104', ' 王四 ', '80', '75', '93']
['43020105', ' 赵五 ', '68', '85', '69']
['43020106', ' 陈六 ', '90', '89', '95']
```

我们还可以使用 DictReader() 函数读取 CSV 文件。csv.DictReader 对象是一个可迭代对象，使用 for 循环可以依次提取 CSV 文件的每行数据。与 csv.reader 对象不同的是，它将返回的结果放到了一个字典中，字典的关键字就是表格标题。看下面的程序。

```
import csv
fo=open('score.csv','r')                  # 打开一个 CSV 文件
reader=csv.DictReader(fo)                 # 创建一个 csv.DictReader 对象
for row in reader:                        # 提取 CSV 文件各行内容
    if row[' 程序设计 ']>'85':            # 输出程序设计成绩大于 85 的数据行
        print(row[' 学号 '],row[' 姓名 '],row[' 数学 '],row[' 英语 '],row[' 程序设计 '])
```

```
fo.close()              # 关闭文件
```

程序运行结果如下：

```
43020103 刘三 76 67 87
43020104 王四 80 75 93
43020106 陈六 90 89 95
```

3．写入 CSV 文件

csv 模块的 writer() 函数用于将列表数据写入 CSV 文件。操作步骤是，先调用 writer() 函数创建 csv.writer 对象，再调用 csv.writer 对象的以下两个方法向 CSV 文件写入数据。

```
writerow()              # 一次写入一行
writerows()             # 一次写入多行
```

看下面的程序。

```
import csv
fo=open('score1.csv','w',newline='')                        # 打开 CSV 文件 score1.csv
writer=csv.writer(fo)                                        # 创建一个 csv.writer 对象
writer.writerow(['学号','姓名','数学','英语','程序设计'])   # 写入一行
writer.writerows([['43020101', '张一', '89', '90', '78'],\
    ['43020102', '李二', '90', '81', '67']])                  # 写入多行
fo.close()                                                   # 关闭文件
```

程序运行后创建一个名字为 score1.csv 的 CSV 文件，并往其中写入以下三行数据。

```
学号,姓名,数学,英语,程序设计
43020101,张一,89,90,78
43020102,李二,90,81,67
```

注意，打开文件时，参数 newline='' 不能省略，否则文件中的每行数据后有一个空行，这会导致 CSV 文件的读取错误。

DictWriter() 函数可以将字典对象数据写入 CSV 文件，常用的调用格式如下：

```
csv.DictWriter(csvfile,fieldnames)
```

其中，csvfile 通常是一个文件对象，fieldnames 用于指定标题行的各个字段名。

通过 csv.DictWriter 对象既能调用 writerow() 和 writerows() 方法向 csv 文件写入数据，也可以调用 writeheaders() 方法把标题行写入文件。看下面的程序。

```
import csv
fo=open('score2.csv','w',newline='')
fname=['学号','姓名','数学','英语','程序设计']               # 定义标题行
writer=csv.DictWriter(fo,fname)                              # 创建一个 csv.DictWriter 对象
writer.writeheader()                                         # 将标题行写入文件
writer.writerow({'学号':'43020101','姓名':'张一','数学':'89',\
    '英语':'90','程序设计':'78'})                            # 写入一行
writer.writerows([{'学号':'43020102','姓名':'李二','数学':'90',\
    '英语':'81','程序设计':'67'},{'学号': '43020103', '姓名': '刘三',\
    '数学': '76', '英语': '67', '程序设计': '87'}])            # 写入两行
fo.close()                                                   # 关闭文件
```

程序运行后创建一个名字为 score2.csv 的 CSV 文件，其内容如下：

```
学号 , 姓名 , 数学 , 英语 , 程序设计
43020101, 张一 ,89,90,78
43020102, 李二 ,90,81,67
43020103, 刘三 ,76,67,87
```

10.6 文件管理方法

Python 的 os 模块提供了类似于操作系统级的文件管理功能，如文件重命名、文件删除、目录管理等。若使用这个模块，则先导入它，然后调用相关的方法。

1. 文件重命名

可以用 rename() 方法实现文件重命名，其一般格式如下：

```
os.rename(" 当前文件名 "," 新文件名 ")
```

例如，将文件 test1.txt 重命名为 test2.txt，命令如下：

```
>>> import os
>>> os.rename("test1.txt","test2.txt")
```

2. 文件删除

可以用 remove() 方法删除文件，其一般格式如下：

```
os.remove(" 文件名 ")
```

例如，删除现有文件 test2.txt，命令如下：

```
>>> import os
>>> os.remove("text2.txt")
```

3. Python 中的目录操作

所有的文件都包含在不同的目录中，os 模块提供以下几种创建、删除和更改目录的方法。

1）mkdir() *方法*

可以用 mkdir() 方法在当前目录下创建目录，其一般格式如下：

```
os.mkdir(" 新目录名 ")
```

例如，在当前盘的当前目录下创建 test 目录，命令如下：

```
>>> import os
>>> os.mkdir("test")
```

2）chdir() *方法*

可以用 chdir() 方法改变当前目录，其一般格式如下：

```
os.chdir(" 要成为当前目录的目录名 ")
```

例如，将“d:\home\newdir”目录设定为当前目录，命令如下：

```
>>> import os
```

```
>>> os.chdir("d:\\home\\newdir")
```

3）getcwd() 方法

可以用 getcwd() 方法显示当前的工作目录，其一般格式如下：

```
os.getcwd()
```

例如，显示当前目录的命令如下：

```
>>> import os
>>> os.getcwd()
```

4）rmdir() 方法

可以用 rmdir() 方法删除空目录，其一般格式如下：

```
os.rmdir(" 待删除目录名 ")
```

在用 rmdir() 方法删除一个目录时，先要删除目录中的所有内容。例如，删除空目录“d:\aaaa”，命令如下：

```
>>> import os
>>> os.rmdir('d:\\aaaa')
```

10.7 文件操作应用举例

前面讨论了文件的基本操作，下面介绍一些应用实例来加深对文件操作的认识，以便能更好地使用文件。

例 10-7 有 f1.txt 和 f2.txt 两个文件，每个文件存放一行已经按升序排列的字母，要求依然按字母升序排列，将两个文件中的内容合并，输出到一个新文件 f.txt。

分析：先分别从两个有序的文件中读出一个字符，将 ASCII 值小的字符写到 f.txt 文件，直到其中一个文件结束为止。然后将未结束文件复制到 f.txt 文件，直到该文件结束为止。

程序如下：

```
def ftcomb(fname1,fname2,fname3):      # 文件合并
    fo1=open(fname1,"r")
    fo2=open(fname2,"r")
    fo3=open(fname3,"w")
    c1=fo1.read(1)
    c2=fo2.read(1)
    while c1!="" and c2!="":
        if c1<c2:
            fo3.write(c1)
            c1=fo1.read(1)
        elif c1==c2:
            fo3.write(c1)
            c1=fo1.read(1)
            fo3.write(c2)
            c2=fo2.read(1)
        else:
```

```
            fo3.write(c2)
            c2=fo2.read(1)
    while c1!="":                    # 文件 1 复制未结束
        fo3.write(c1)
        c1=fo1.read(1)
    while c2!="":                    # 文件 2 复制未结束
        fo3.write(c2)
        c2=fo2.read(1)
    fo1.close()
    fo2.close()
    fo3.close()
def ftshow(fname):                   # 输出文本文件
    fo=open(fname,"r")
    s=fo.read()
    print(s.replace('\n',''))        # 去掉字符串中的换行符后输出
    fo.close()
def main():
    ftcomb("f1.txt","f2.txt","f.txt")
    ftshow("f.txt")
main()
```

假设 f1.txt 的内容如下：

```
ABDEGHJLXY
```

f2.txt 的内容如下：

```
ADERSxyzzzzzzzzzzz
```

程序执行后，f.txt 的内容如下：

```
AABDDEEGHJLRSXY
xyzzzzzzzzzzz
```

屏幕显示内容如下：

```
AABDDEEGHJLRSXYxyzzzzzzzzzzz
```

例 10-8 在 number.dat 文件中放有若干个不小于 2 的正整数（数据间以逗号分隔），编写程序实现：

（1）在 prime() 函数中判断和统计这些整数中的素数及个数。

（2）在主函数中将 number.dat 中的全部素数及素数个数输出到屏幕上。

程序如下：

```
def prime(a,n):                      # 判断列表 a 中的 n 个元素是否为素数
    k=0
    for i in range(0,n):
        flag=1             # 素数标志
        for j in range(2,a[i]):
            if a[i]%j==0:
                flag=0
                break
        if flag:
```

```
            a[k]=a[i]                       # 将素数存入列表
            k+=1                            # 统计素数个数
    return k
def main():
    fo=open("number.dat","r")
    s=fo.read()
    fo.close()
    x=s.split(sep=',')                      # 以 "," 为分隔符将字符串拆分为列表
    for i in range(0,len(x)):               # 将列表元素转换成整型
        x[i]=int(x[i])
    m=prime(x,len(x))
    print(' 全部素数为 :',end=' ')
    for i in range(0,m):
        print(x[i],end=' ')                 # 输出全部素数
    print()                                 # 换行
    print(' 素数的个数为 :',end=' ')
    print(m)                                # 输出素数个数
main()
```

假设 number.dat 的内容如下：

```
2,3,4,5,6,7,8,9,10,11,12,13,14,15,16,17,18,19,20,21,22,23
```

程序运行结果如下：

```
全部素数为 : 2 3 5 7 11 13 17 19 23
素数的个数为 : 9
```

例 10-9　对一个 BMP 图像文件进行操作，使其高度缩为原来的一半。

分析：图像文件是一种典型的二进制文件，利用二进制文件的操作方法可以实现图像文件的读 / 写。BMP（bitmap）是 Windows 操作系统中的标准图像文件格式，其使用率非常高。它采用位映射存储格式，除了图像深度可选，不采用其他任何压缩方法，因此 BMP 图像文件包含的信息较丰富，但所占用的存储空间较大。BMP 图像文件的图像深度可选 1 位（双色）、4 位（16 色）、8 位（256 色）或 24 位（真彩色）。存储 BMP 图像文件数据时，图像的扫描方式按从左到右、从下到上的顺序。由于 BMP 图像文件格式是 Windows 系统中交换图像数据的一种标准，因此在 Windows 系统中运行的图形图像软件都支持 BMP 图像文件格式。

典型的 BMP 图像文件由位图文件头、位图信息头、调色板和位图数据内容组成。

（1）位图文件头包含位图类型、位图文件大小和位图数据存放的起始位置等信息，共 14 字节，即文件的第 0 ～ 13 字节。其中，第 0 ～ 1 字节必须是“BMP”，第 2 ～ 5 字节表示位图文件大小（以字节为单位），第 6 ～ 7 字节和第 8 ～ 9 字节均为 0，第 10 ～ 13 字节表示从位图文件开始到位图数据之间的偏移量。

（2）位图信息头包含位图的宽度、高度、压缩方式及颜色定义等信息，共 40 字节，即文件的第 14 ～ 53 字节。其中，第 14 ～ 17 字节表示位图信息头长度，第 18 ～ 21 字节表示位图的宽度（以像素为单位），第 22 ～ 25 字节表示位图的高度（以像素为单位），第 26 ～ 27 字节必须为 1，第 28 ～ 29 字节表示每个像素的位数，第 30 ～ 33 字节表示位图压缩方式，第 34 ～ 37 字节表示位图数据的大小（以字节为单位），第 38 ～ 41 字节表示位图水平分辨率，第 42 ～ 45 字节表示位图垂直分辨率，第 46 ～ 49 字节表示位图实际使用的颜色数，第

50 ~ 53 字节表示位图显示过程中重要的颜色数。

（3）调色板用于说明图像的颜色。

（4）位图数据内容记录了图像的每个像素值。

对图像文件进行裁剪，首先要打开文件，然后读取文件大小信息，对其进行修改后写入新的文件中，将不修改的信息原样写入新的文件，最后关闭文件。

程序如下：

```
from struct import *
fi=open('image.bmp','rb')
fo=open('image_new.bmp','wb+')
fi.read(14)                          # 读文件头
headl=fi.read(4)                     # 读信息头长度
headl=unpack('i',headl)[0]
fi.read(4)                           # 读图像宽度
h=fi.read(4)                         # 读图像高度
h=unpack('i',h)[0]//2                # 新的图像高度
fi.read(8)                           # 跳过 8 字节
imsize=fi.read(4)                    # 读图像大小
imsize=unpack('i',imsize)[0]//2      # 新的图像大小
# 开始写入新的 BMP 图像文件
fi.seek(0,0)
fo.write(fi.read(2))                 # 原样写入第 0~1 字节
newfilesize=14+headl+imsize
fo.write(pack('i',newfilesize))      # 写入文件大小（占 4 字节）
fi.read(4)                           # 跳过 4 字节
fo.write(fi.read(8))                 # 原样写入文件头中余下的 8 字节
fo.write(fi.read(4))                 # 原样写入信息头长度
fo.write(fi.read(4))                 # 原样写入图像宽度
fo.write(pack('i',h))                # 写入新的图像高度
fi.read(4)                           # 跳过 4 字节
fo.write(fi.read(8))                 # 原样写入第 26~33 字节，即 8 字节
fo.write(pack('i',imsize))           # 写入新的图像大小
fi.read(4)                           # 跳过 4 字节
fo.write(fi.read(headl-24))          # 原样写入信息头的余下的字节内容
fo.write(fi.read(imsize))            # 原样写入位图数据
fi.close()
fo.close()
```

假设原始 BMP 图像如图 10-3(a) 所示，则运行程序后得到如图 10-3(b) 所示的新的 BMP 图像。这里需要注意，由于 BMP 图像数据的存储顺序是从左到右、从下到上的，所以图像裁剪后余下的是下半部分图像。

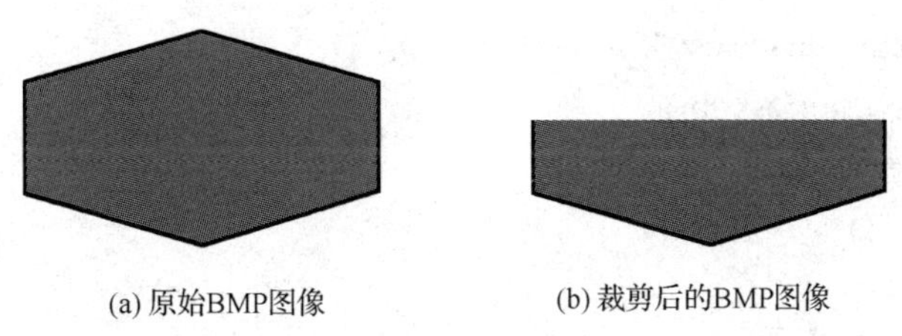

(a) 原始BMP图像　　(b) 裁剪后的BMP图像

图 10-3　BMP 图像裁剪

习 题 10

一、选择题

1．在读 / 写文件之前，用于创建文件对象的函数是（　）。

A．open　　B．create　　C．file　　D．folder

2．关于语句 f=open('demo.txt','r')，下列说法中不正确的是（　）。

A．demo.txt 文件必须已经存在

B．只能从 demo.txt 文件读数据，而不能向该文件写数据

C．只能向 demo.txt 文件写数据，而不能从该文件读数据

D．“r”方式是默认的文件打开方式

3．下列程序的输出结果是（　）。

```
f=open('c:\\out.txt','w+')
f.write('Python')
f.seek(0)
c=f.read(2)
print(c)
f.close()
```

A．Pyth　　B．Python　　C．Py　　D．th

4．下列程序的输出结果是（　）。

```
f=open('f.txt','w')
f.writelines(['Python programming.'])
f.close()
f=open('f.txt','rb')
f.seek(10,1)
print(f.tell())
```

A．1　　B．10　　C．gramming　　D．Python

5．使用 csv 模块生成 writer 对象，并向 csv 文件 device.csv 写入一条记录，正确的语句是（　）。

A．
```
import csv
csvobj=open("device.csv","a",newline='')
writer=csv.writer(csvobj)
writer.write([' 计算机 ','5100','20'])
csvobj.close()
```

B．
```
import csv
csvobj=open("device.csv","a",newline='')
writer=csv.writer(csvobj)
writer.write(' 计算机 ','5100','20')
csvobj.close()
```

C．
```
import csv
csvobj=open("device.csv","a",newline='')
```

writer=csv.writer(csvobj)
writer.writerow([' 计算机 ','5100','20'])
csvobj.close()

D．import csv
csvobj=open("device.csv","a",newline='')
writer=csv.write(csvobj)
writer.write([' 计算机 ','5100','20'])
csvobj.close()

6．下列语句的作用是（　）。

```
>>> import os
>>> os.mkdir("d:\\ppp")
```

A．在 D 盘当前文件夹下建立 ppp 文本文件
B．在 D 盘根文件夹下建立 ppp 文本文件
C．在 D 盘当前文件夹下建立 ppp 文件夹
D．在 D 盘根文件夹下建立 ppp 文件夹

二、填空题

1．根据文件数据的组织形式，Python 的文件可分为________文件和________文件。一个 Python 程序文件是一个________文件，一个 JPG 图像文件是一个________文件。

2．Python 提供了________、________和________方法读取文本文件的内容。

3．二进制文件的读取与写入可以分别使用________和________方法。

4．seek(0) 将文件指针定位于________，seek(0,1) 将文件指针定位于________，seek(0,2) 将文件指针定位于________。

5．Python 的________模块提供了许多文件管理方法。

三、问答题

1．什么是打开文件？为何要关闭文件？

2．文件的主要操作方式有哪些？

3．文本文件的操作步骤是什么？

4．二进制文件的操作步骤是什么？

5．在 Python 环境下如何实现文件更名和删除？

第 11 章 异常处理

异常（exception）是指程序运行过程中出现的错误或遇到的意外情况。引发异常的原因有很多，如除数为 0、下标越界、文件不存在、数据类型错误、命名错误、内存空间不够、用户操作不当，等等。如果这些异常得不到有效的处理，会导致程序终止运行。一个好的程序，应具备较强的容错能力，也就是说，除在正常情况下能够完成所预想的功能外，在遇到各种异常的情况下，也能够做出恰当处理。这种对异常情况给予适当处理的技术就是异常处理。

Python 提供了一套完整的异常处理方法，在一定程度上可以提高程序的健壮性，即程序在非正常环境下仍能正常运行，并能把 Python 晦涩难懂的错误信息转换为友好的提示呈现给最终用户。

本章介绍内容包括异常处理概述、捕获和处理异常、断言处理、主动引发异常与自定义异常类等。

11.1 异常处理概述

程序中的错误通常分为语法错误、运行错误和逻辑错误。语法错误是由于程序中存在不符合语法规则的情况而导致的，如缺少标点符号、表达式中的括号不匹配、关键字拼写错误等，这类错误易于修改，因为编译器或解释器会指出错误的位置和性质。运行错误则不易修改，因为其中的错误是不可预料的，或是虽可以预料但无法避免的，如内存空间不够、数组下标越界、文件打开失败等。逻辑错误主要表现在程序运行后，得到的结果与设想的结果不一致，存在逻辑错误的程序通常都能正常运行，系统不会给出提示信息，所以很难发现。发现与改正逻辑错误需要仔细阅读和分析程序及其算法。

程序出现错误的原因有很多，包括用户操作不当，如输入数据的格式不对，应该输入整数却输入了浮点数，或者输入了非法字符；程序本身有漏洞，如算法不严谨、考虑不全面；程序运行时出现了异常，如创建文件失败、除数为 0 等。

良好的程序应该对用户的不当操作做出提示，能识别多种情况下的程序运行状况，并选择适当的应对策略。对于程序运行时可能出现的情况，程序应有相应的处理措施。在程序中，对各种可预见的异常情况进行处理称为异常处理（exception handling）。例如，做除法运算时，应对除数进行判断，对除数是 0 的情况进行异常处理。

处理程序异常的方法有很多，其中最简单和最直接的办法是在发现异常时，由 Python 系统进行默认的异常处理。如果异常对象未被处理或者捕捉，Python 就会进行回溯（traceback）并终止程序。看下面的语句，执行“print(A)”语句时出错，系统抛出异常。

```
>>> a=3/4
>>> print(A)
Traceback (most recent call last):
  File "<pyshell#37>", line 1, in <module>
```

```
    print(A)
NameError: name 'A' is not defined
```

语句“print(A)”中使用了未定义的变量“A”，这个异常被 Python 系统捕获并显示标准错误信息。错误信息包括两个部分：错误类型（如 NameError）和错误说明（如 name 'A' is not defined），两者用冒号分隔。此外，Python 系统还追溯错误发生的位置，并显示有关信息。以上异常发生时，程序终止运行，如果能对异常进行捕获并处理，将不至于使整个程序运行失败。

默认异常处理只是简单地终止程序运行，并给出错误信息。显然，这种处理异常的方法过于简单。

可以用 if 语句来判断可能出现的异常情况，以便程序做出适当处理。例如，在求两个数的商时，在进行除法运算之前判断除数是否为 0，从而捕获并处理异常。

例 11-1　整除程序的简单异常处理方法。

程序如下：

```
def main():
    a,b=eval(input())
    if b==0:
        print("Divide 0!")
    else:
        s=a/b
        print(s)
main()
```

当输入的除数非 0 时，此程序能正常运行；当输入的除数为 0 时，程序需要做出判断，对可能出现的异常情况进行处理。这种处理方式使得程序对正常执行过程的描述和异常处理交织在一起，程序的可读性不好。为此，Python 提供了一套完整的异常处理方法。

11.2 捕获和处理异常

Python 的异常处理能力是很强的，可向用户准确地反馈出错信息。在 Python 中，异常也是对象，可对它进行操作。Python 提供 try 语句处理异常。try 语句有两种格式，即 try-except 语句和 try-finally 语句。

11.2.1 Python 中的异常类

Python 中提供了一些异常类，也可以自定义异常类。所有异常类都继承自基类 Exception，而且都在 exceptions 模块中定义。因为 Python 自动将所有异常类名称放在内置命名空间中，所以程序不必导入 exceptions 模块即可使用异常类。Python 中常见的异常类如表 11-1 所示。

表 11-1　Python 中常见的异常类

异常类名	说明
Exception	所有异常类的基类
AttributeError	尝试访问未知的对象属性时引发

续表

异常类名	说明
IOError	试图打开不存在的文件时引发
IndexError	使用序列中不存在的索引时引发
KeyError	使用字典中不存在的关键字时引发
NameError	找不到变量名字时引发
SyntaxError	语法错误时引发
TypeError	传递给函数的参数类型不正确时引发
ValueError	函数应用于正确类型的对象，但是该对象使用不适合的值时引发
ZeroDivisionError	在做除法或模除操作中除数为 0 时引发
EOFError	发现一个不期望的文件或输入结束时引发
SystemExit	Python 解释器请求退出时引发
KeyboardInterrupt	用户中断执行（通常是按 Ctrl+C 组合键）时引发
ImportError	导入模块或对象失败时引发
IndentationError	缩进错误时引发

尽管内置的异常类可应对大部分的情况，但有时还需要创建自己的异常类，只要确保从 Exception 类继承（不管是直接的还是间接的）即可。

11.2.2 使用 try-except 语句

在 Python 中，异常处理是通过一种特殊的控制结构即 try-except 语句实现的。try-except 语句用来检测 try 语句块中的错误，从而让 except 语句捕获异常信息并处理。如果不希望在异常发生时终止程序的运行，则在 try 语句块里捕获异常。

1. 形式最简单的异常处理

try-except 语句最简单的形式如下：

```
try:
    语句块
except：
    异常处理语句块
```

其异常处理过程是：执行 try 后面的语句块，如果执行正常，则语句块执行结束后转向执行 try-except 语句的下一条语句；如果引发异常，则转向异常处理语句块，执行结束后转向 try-except 语句的下一条语句。

例 11-2 整除程序的异常处理。

程序如下：

```
def main():
    a,b=eval(input())
    try:
        s=a/b
        print(s)
```

```
    except:
        print("Divide 0!")
main()
```

程序运行结果如下：

```
2,3 ↙（第 1 次运行）
0.6666666666666666
2,0 ↙（第 2 次运行）
Divide 0!
```

2．分类异常处理

以上用到的最简单形式的 try-except 语句不加区分地对所有异常进行相同的处理，如果需要对不同类型的异常进行不同处理，则可使用具有多个异常处理分支的 try-except 语句，一般格式如下：

```
try:
    语句块
except 异常类型 1[ as 错误描述 ]：
    异常处理语句块 1
…
except 异常类型 n[ as 错误描述 ]：
    异常处理语句块 n
except:
    默认异常处理语句块
else:
    语句块
```

其异常处理过程是：执行 try 后面的语句块，如果执行正常，则在语句块执行结束后转向执行 try-except 语句的下一条语句；如果引发异常，则系统依次检查各个 except 子句，试图找到与所发生异常相匹配的异常类型。如果找到了，则执行相应的异常处理语句块。如果找不到，则执行最后一个 except 子句下的默认异常处理语句块（最后一个不含错误类型的 except 子句是可选的）；如果在执行 try 语句块时没有发生异常，则 Python 系统将执行 else 语句后的语句（如果有 else）。异常处理结束后转向 try-except 语句的下一条语句。“as 错误描述”子句为可选项。

例 11-3　整除程序的分类异常处理。

分析：考虑输入数据时，输入的数据个数不足或输入的是字符串而非数值均可导致 TypeError，输入的除数为 0 可导致 ZeroDivisionError，等等。而且，让程序可以捕获未预料到的异常类型，没有异常时给出提示。据此可以写出完整的程序。

程序如下：

```
def main():
    a,b=eval(input())
    try:
        s=a/b
        print(s)
    except TypeError:
        print(" 数据类型错 !")
    except ZeroDivisionError as e:
        print(" 除数为 0 错 !",e)
```

```
    except:
        print(" 发生异常 !")
    else:
        print(" 程序执行正确 !")
main()
```

程序运行结果如下：

```
2,'a' ↙
数据类型错 !
2,0 ↙
除数为 0 错 ! division by zero
2,3 ↙
0.6666666666666666
程序执行正确 !
```

3．异常处理的嵌套

异常处理可以嵌套。如果外层 try 子句中的语句块引发异常，则程序直接跳转到与外层 try 子句对应的 except 子句，而内层的 try 子句将不会被执行。

例 11-4　异常处理嵌套示例。

程序如下：

```
try:
    s="Python"
    s=s+4
    try:
        print(s[0]+s[1])
        print(s[0]-s[1])
    except TypeError:
        print(" 字符串不支持减法运算 ")
except:
    print(" 产生异常 !")
```

程序运行结果如下：

```
产生异常 !
```

如果在语句“s=s+4”前面加注释符“#”，请读者自行分析程序运行结果。

11.2.3　使用 try-finally 语句

finally 子句的作用是：无论是否发生异常都执行相应的语句块。语句格式如下：

```
try:
    语句块
finally:
    语句块
```

例 11-5　将输入的字符串写入文件中，直至按 Q 键结束为止。如果按 Ctrl+C 组合键，则终止程序运行，最后要保证打开的文件能正常关闭。

分析：当对文件进行操作时，不管是否发生异常，都希望关闭文件，这可以使用 finally

子句来完成。

程序如下：

```
try:
    fh=open("test.txt","w")
    while True:
        s=input()
        if s.upper()=="Q":break
        fh.write(s+"\n")
except KeyboardInterrupt:
    print(" 按 Ctrl+C 组合键时程序终止 !")
finally:
    print(" 正常关闭文件！ ")
    fh.close()
```

11.3 断言处理

在编写程序时，在程序调试阶段往往需要判断程序执行过程中变量的值，根据变量的值来分析程序的执行情况。此时，既可以使用 print() 函数打印输出结果，也可以通过断点跟踪调试查看变量，但使用断言更加灵活高效。断言的主要作用是帮助调试程序，以保证程序运行的正确性。

使用 assert（断言）语句可以声明断言，其格式如下：

```
assert 逻辑表达式
assert 逻辑表达式 , 字符串表达式
```

assert 语句有一个或两个参数。第一个参数是一个逻辑值，如果该值为 True，则什么都不做。如果该值为 False，则断言不通过，抛出一个 AssertionError 异常；第二个参数是错误的描述，即断言失败时输出的信息，也可以省略不写。

例 11-6　a 整除程序的断言处理。

程序如下：

```
a,b=eval(input())
assert b!=0,' 除数不能为 0!'
c=a/b
print(a,"/",b,"=",c)
```

程序运行结果如下：

```
2,3 ↙
2 / 3 = 0.6666666666666666
2,0 ↙
Traceback (most recent call last):
  File "C:/Python34/aaa.py", line 5, in <module>
    assert b!=0,' 除数不能为 0!'
AssertionError: 除数不能为 0!
```

AssertionError 异常可以被捕获，并进行处理，但如果不处理，则程序将被终止并进行回溯。

例 11-7　AssertionError 异常处理。

```
try:
    assert 1==3
except AssertionError:
    print("Assertion error!")
```

程序运行结果如下：

```
Assertion error!
```

11.4 主动引发异常与自定义异常类

前面提及的异常类都是由 Python 库提供的，产生的异常也都是由 Python 解释器引发的。在程序设计过程中，有时需要在编写的程序中主动引发异常，还可能需要定义表示特定程序错误的异常类。

11.4.1 主动引发异常

当程序出现错误时，Python 会自动引发异常，也可以通过 raise 显式地引发异常。一旦执行了 raise 语句，raise 后面的语句将不被执行。

在 Python 中，要想自行引发异常，最简单的形式就是输入关键字 raise，后跟要引发的异常的名称。异常名称标识出具体的类，Python 异常处理是这些类的对象。执行 raise 语句时，Python 会创建指定的异常类的一个对象。在 raise 语句中，还可指定对异常对象进行初始化的参数。

raise 语句的格式如下：

```
raise 异常类型 [( 提示参数 )]
```

其中，提示参数用来传递关于这个异常的信息，它是可选的。例如：

```
>>> raise Exception(" 抛出一个异常 ")
Traceback (most recent call last):
  File "<pyshell#24>", line 1, in <module>
    raise Exception(" 抛出一个异常 ")
Exception: 抛出一个异常
```

11.4.2 自定义异常类

Python 允许自定义异常类，用于描述 Python 中没有涉及的异常情况，自定义异常类必须继承自基类 Exception，自定义异常类名一般以 Error 或 Exception 为后缀，表示这是异常类。例如，创建异常类（NumberError.py），程序段如下：

```
class NumberError(Exception):
    def __init__(self,data):
        self.data=data
```

自定义异常类使用 raise 语句引发，而且只能通过人工方式引发。

例 11-8　处理学生成绩时，成绩不能为负数。利用前面创建的 NumberError 异常类，处理出现负数成绩的异常。

程序如下：

```
from NumberError import *                          # 导入已创建的异常类 NumberError
def average(data):
    sum=0
    for x in data:
        if x<0:raise NumberError(" 成绩为负 !")      # 成绩为负时引出异常
        sum+=x
    return sum/len(data)
def main():
    score=eval(input(" 输入学生成绩 :"))             # 将学生成绩存入元组
    print(average(score))
main()
```

程序运行结果如下：

```
输入学生成绩 :34,45,67 ↙
48.666666666666664
输入学生成绩 :45,67,-89,78 ↙
```

此时出现成绩为负，引发异常。

习 题 11

一、选择题

1．下列关于 Python 异常处理的描述中，不正确的是（   ）。

A．异常处理可以通过 try-except 语句实现

B．任何需要检测的语句必须在 try 语句块中执行，并由 except 语句处理异常

C．raise 语句引发异常后，它后面的语句不再执行

D．except 语句处理异常最多有两个分支

2．以下关于异常处理 try 语句块的说法中，不正确的是（   ）。

A．finally 语句中的代码段始终被执行

B．一个 try 语句块后接一个或多个 except 语句块

C．一个 try 语句块后接一个或多个 finally 语句块

D．try 语句块必须与 except 语句块或 finally 语句块一起使用

3．Python 异常处理机制中没有（   ）语句。

A．try　　B．throw　　C．assert　　D．finally

4．如果以负数作为平方根函数 math.sqrt() 的参数，则产生（   ）。

A．死循环　　B．复数　　C．ValueError 异常　　D．finally

5．下列程序的输出结果是（   ）。

```
try:
    x=1/2
except ZeroDivisionError:
    print('AAA')
```

A．0　　B．0.5　　C．AAA　　D．无输出

6．下列程序的输出结果是（　　）。

```
x=10
raise Exception("AAA")
x+=10
print("x=",x)
```

A．Exception: AAA　　B．10　　C．20　　D．x=20

二、填空题

1．Python 提供了________机制用于专门处理程序运行时的错误，相应的语句是_______。

2．在 Python 中，如果异常并未被处理或捕捉，程序就会用________错误信息终止程序的执行。

3．Python 提供了一些异常类，所有异常类都是________类的成员。

4．在异常处理程序中，可能发生异常的语句块放在______语句中，紧跟其后可放置若干个对应的______语句。如果引发异常，则系统依次检查各个________语句，试图找到与所发生异常相匹配的________。

5．下列程序的输出结果是________。

```
try:
    print(2/'0')
except ZeroDivisionError:
    print('AAA')
except Exception:
    print('BBB')
```

三、问答题

1．程序的逻辑错误能否算作异常？为什么？

2．什么叫异常？异常处理有何作用？在 Python 中如何处理异常？

3．什么是 Python 内置异常类的基类？列举五个常见的异常类。

4．语句 try-except 和 try-finally 有何不同？

5．assert 语句和 raise 语句有何作用？

第 12 章　图形绘制

有时候，无论计算方法多么完善、结果多么准确，人们仍难以直接从大量的数据中感受它们的具体含义和内在规律，人们更喜欢通过图形直观感受科学计算结果的全局意义和许多内在本质。图形能使数据可视化，是人们研究科学、认识世界所不可缺少的手段。因此，图形绘制成为现代程序设计语言的一项重要功能。

Python 环境下有大量的图形库，包括 Python 自带的标准图形库，如 tkinter 模块中的画布绘图；种类繁多的第三方图形库，如 Matplotlib。此外，Python 内置的 turtle 绘图模块也具有基本的绘图功能。

本章介绍内容包括 Tkinter 图形库概述、画布绘图、turtle 绘图、Matplotlib 绘图、图形应用举例等。

12.1 Tkinter 图形库概述

Tkinter（Tk interface，Tk 接口）图形库是 Tk 图形用户界面工具包的 Python 接口。Tk 是一种流行的跨平台图形用户界面（Graphical User Interface，GUI）开发工具。Tkinter 图形库通过定义一些类和函数，实现了一个在 Python 中使用 Tk 的编程接口。可以简单地说，Tkinter 图形库就是 Python 版的 Tk。

12.1.1　tkinter 模块

Tkinter 图形库由若干模块（如 _tkinter、tkinter 和 tkinter.constants 模块等）组成。其中，_tkinter 是二进制扩展模块，tkinter 是主模块，tkinter.constants 模块定义了许多常量。

_tkinter 模块提供了对 Tk 的低级接口。低级接口不会被应用级程序员直接使用，通常是一个共享库或 DLL，但是在某些情况下，它也可被 Python 解释器静态链接。

tkinter 是最重要的模块，导入 tkinter 模块时，会自动导入 tkinter.constants 模块。因此，要处理图形首先需要导入 tkinter 模块，一般采用以下两种方法。

```
>>> import tkinter
>>> from tkinter import *
```

如果用第一种方法导入 tkinter 模块，则以后调用模块中的函数时需要加上模块名作为前缀。第二种方法是导入 tkinter 模块的所有内容，以后调用模块中的函数时不需加模块名作为前缀。以下总是假设使用第二种方法导入 tkinter 模块。

12.1.2　主窗口的创建

主窗口也称为根窗口，是一个顶层窗口，所有图形都是在这个窗口中绘制的。在导入 tkinter 模块之后，接下来就要使用 Tk 类的无参构造函数 Tk() 创建主窗口。主窗口是一个对象，其创建格式如下：

```
窗口对象名 =Tk()
```

例如，下面语句创建主窗口 w（简称主窗口），这时可以在屏幕上看到如图 12-1 所示的主窗口。

```
>>> w=Tk()
```

图 12-1　主窗口

主窗口有各种属性，如宽度（width）、高度（height）、背景颜色（bg 或 background）等，也有自己的方法。主窗口的默认宽度和高度都为 200 像素、背景颜色为浅灰色。下列语句设置主窗口的宽度、高度和背景颜色属性。

```
>>> w['width']=300
>>> w['height']=200
>>> w['bg']='red'
```

主窗口默认的窗口标题是 tk，可以通过调用主窗口对象的 title() 方法来设置窗口标题。下列语句设置主窗口的标题为“tkinter 主窗口”。

```
>>> w.title('tkinter 主窗口 ')
```

也可以通过调用主窗口对象的 geometry() 方法来设置主窗口的大小和位置。例如：

```
w.geometry("200x100-0+0")
```

在 geometry() 方法中，参数的一般形式为“（宽度）x（高度）±m±n”，“（宽度）x（高度）”用于指定主窗口的尺寸，“±m±n”用于设置主窗口的位置，+m 为主窗口左边距屏幕左边的距离，-m 为主窗口右边距屏幕右边的距离，+n 为主窗口上边距屏幕上边的距离，-n 为主窗口下边距屏幕下边的距离。“200x100-0+0”表示主窗口的宽度为 200 像素，高度为 100 像素，位于屏幕右上角。

通过主窗口对象的 resizable() 方法可以设置主窗口的长度、宽度是否可以变化。例如：

```
w.resizable(width=False,height=True)
```

语句执行后，主窗口的宽度不可变，而高度可变。其中，width 和 height 的默认值均为 True，即长度和宽度均是可变的。

12.1.3　画布对象的创建与坐标系

画布（canvas）就是用来进行绘图的区域，tkinter 模块的绘图操作都是通过画布进行的。画布实际上是一个对象，可以在画布上绘制各种图形、标注文本。画布对象包含一些属性，如画布的高度、宽度、背景色等；也包含一些方法，如在画布上创建图形、删除或移动图形等。

1．画布对象的创建

创建画布对象语句的格式如下：

```
画布对象名 =Canvas( 窗口对象名 , 属性名 = 属性值 ,…)
```

该语句创建一个画布对象，并对该对象的属性进行设置。语句中的 Canvas 代表 tkinter 模块提供的 Canvas 类，通过 Canvas 类的构造函数 Canvas() 创建画布对象。“窗口对象名”表示画布所在的窗口，“属性名 = 属性值”用于设置画布对象的属性。

画布对象的常用属性有画布高度（height）、画布宽度（width）和画布背景色（bg 或 background）等，需要在创建画布对象时进行设置。创建画布对象时如果不设置这些属性的值，则各属性取各自的默认值，如 bg 的默认值为浅灰色。下面的语句在主窗口 w 中创建一个宽度为 300 像素、高度为 200 像素、背景为白色的画布对象，并将画布对象命名为 c。

```
>>> c=Canvas(w,width=300,height=200,bg='white')
```

注意，虽然已经创建了画布对象 c，但在主窗口 w 中并没有看到这块白色画布。为了让画布在窗口中显现出来，还需要执行如下语句。

```
>>> c.pack()
```

其中，c 表示画布对象，pack() 是画布对象的一个方法，c.pack() 表示向画布对象 c 发出执行 pack() 方法的请求，这时在屏幕上看到原来的主窗口 w 中放进一个 300 像素 ×200 像素的白色画布。

画布对象的所有属性都可以在创建以后重新设置。例如，下面的语句将画布对象 c 的背景改为绿色。

```
>>> c['bg']='green'
```

2．画布对象的坐标系

为了在绘图时指定图形的绘制位置，tkinter 模块为画布建立了坐标系。画布坐标系以画布左上角为原点，从原点水平向右为 x 轴，从原点垂直向下为 y 轴，如图 12-2 所示。

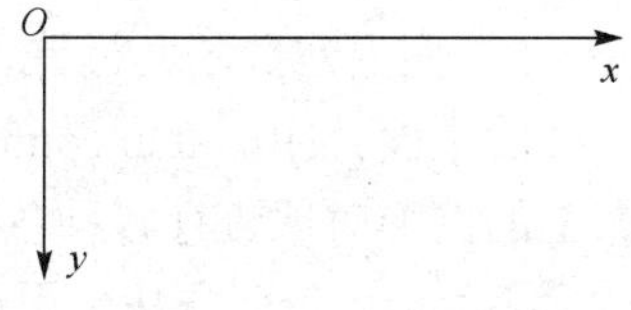

图 12-2　画布坐标系

如果画布坐标以整数给出，则度量单位是像素，例如左上角的坐标为原点 (0,0)，300 像素 ×200 像素画布的右下角坐标为 (299,199)。像素是最基本、最常用的长度单位，但 tkinter 模块也支持以字符串形式给出其他度量单位的长度值，例如 5c 表示 5 厘米、50m 表示 50 毫米、2i 表示 2 英寸等。

12.1.4　画布中的图形对象

在画布中可以创建很多图形，每个图形都是一个对象，称为图形对象，例如矩形、椭圆、圆弧、线条、多边形、文本、图像等。每个图形对象有自己的属性和方法，但 tkinter 模块没有采用为每个图形提供单独的类来创建图形对象的实现方式，而是采用画布对象的方法来实现。例如，画布对象的 create_rectangle() 方法可以创建一个矩形对象。创建各种图形对象的方法将在 12.2 节中详细介绍。这里先以矩形对象为例，介绍各种图形对象的共性操作。

1．图形对象的标识

画布中的图形对象需要采用某种方法来标识和引用，以便对该图形对象进行处理，有标识号和标签（tag）这两种标识方法。

（1）标识号是创建图形对象时自动为图形对象赋予的唯一的整数编号。

（2）标签相当于给图形对象命名，一个图形对象可以与多个标签相关联，而同一个标签可以与多个图形对象相关联，即一个图形对象可以有多个名字，而且不同图形对象可以有相同的名字。

为图形对象指定标签有以下三种方法。

① 在创建图形时利用 tags 属性来指定标签，既可以将 tags 属性设置为单个字符串，即单个名字；也可以设置为一个字符串元组，即多个名字。

② 在创建图形之后，可以利用画布的 itemconfig() 方法对 tags 属性进行设置。

③ 利用画布的 addtag_withtag() 方法来为图形对象添加新标签。

看下面的语句。

```
>>> id1=c.create_rectangle(10,10,100,50,tags="No1")
>>> id2=c.create_rectangle(20,30,200,100,tags=("myRect","No2"))
>>> c.itemconfig(id1,tags=("myRect","Rect1"))
>>> c.addtag_withtag("ourRect","Rect1")
```

第一条语句是在画布 c 上创建第一个矩形，将 create_rectangle() 方法返回的标识号赋给变量 id1，同时将该矩形的标签设置为 No1；第二条语句创建第二个矩形，将该矩形的标识号赋给变量 id2，同时设置该矩形的标签为 myRect 和 No2；第三条语句将第一个矩形的标签重新设置为 myRect 和 Rect1，此时原标签 No1 即告失效。这里使用了标识号 id1 来引用第一个矩形；第四条语句为具有标签 Rect1 的图形对象（即第一个矩形）添加一个新标签 ourRect，这里使用了标签 Rect1 来引用第一个矩形。至此，第一个矩形具有三个标签，即 myRect、Rect1 和 ourRect，可以使用其中任何一个来引用该矩形。注意，标签 myRect 同时引用两个矩形。

画布还预定义了 ALL 或 all 标签，此标签与画布上的所有图形对象相关联。

2．图形对象的共性操作

除上面介绍的 itemconfig() 和 addtag_withtag() 方法外，画布对象还提供很多方法用于对画布上的图形对象进行各种各样的操作。下面再介绍几个常用的方法。

（1）gettags() 方法：用于获取给定图形对象的所有标签。例如，下面的语句显示画布中标识为 id1 的图形对象的所有标签。

```
>>> print(c.gettags(id1))
('myRect', 'Rect1', 'ourRect')
```

（2）find_withtag() 方法：用于获取与给定标签相关联的所有图形对象。例如，下面的语句显示画布中与 Rect1 标签相关联的所有图形对象，返回结果为各图形对象的标识号所构成的元组。

```
>>> print(c.find_withtag("Rect1"))
```

```
(1,)
```

又如，下面的语句显示画布中所有的图形对象，因为 all 标签与所有图形对象相关联。

```
>>> print(c.find_withtag("all"))
(1, 2)
```

（3）delete() 方法：用于从画布上删除指定的图形对象。例如，下面的语句从画布上删除第一个矩形。

```
>>> c.delete(id1)
```

（4）move() 方法：用于在画布上移动指定图形。例如，为了将矩形 id2 在 x 方向上向右移动 10 像素、在 y 方向上向下移动 20 像素，即往画布右下角方向移动，可以执行下列语句。

```
>>> c.move(id2,10,20)
```

又如，下面的语句将矩形 id2 在 x 方向上向左移动 10 像素，在 y 方向上向上移动 20 像素，即往画布左上角方向（坐标原点）移动。

```
>>> c.move(id2,-10,-20)
```

又如，下面的语句将矩形 id2 往画布右下角方向移动，在 x 方向上向右移动 10mm，在 y 方向上向下移动 20mm。

```
>>> c.move(id2,'10m','20m')
```

12.2 画布绘图

画布对象提供了各种方法，利用这些方法可以在画布上绘制各种图形。绘制图形前，先要导入 tkinter 模块、创建主窗口、创建画布对象并使画布可见。相关的语句汇总如下：

```
from tkinter import *
w=Tk()
c=Canvas(w,width=300,height=200,bg='white')
c.pack()
```

12.2.1 绘制矩形

1. create_rectangle() 方法

画布对象提供 create_rectangle() 方法，用于在画布上创建矩形，其调用格式如下：

```
画布对象名 .create_rectangle(x0,y0,x1,y1, 属性设置…)
```

其中，(x0,y0) 是矩形左上角的坐标，(x1,y1) 是矩形右下角的坐标。设置属性即对矩形的属性进行设置。例如，下面的语句创建一个以 (50,30) 为左上角、以 (200,150) 为右下角的矩形。

```
>>> c.create_rectangle(50,30,200,150)
1
```

上面语句返回的 1 是矩形的标识号，表示这个矩形是画布上的 1 号图形对象。

2. 矩形对象的常用属性

矩形实际上可看成两个组成部分，即矩形边框和矩形内部区域，其属性主要包括以下两个方面的内容。

1）矩形边框属性

（1）outline 属性。矩形边框可以用 outline 属性来设置颜色，其默认值为黑色。如果将 outline 设置为空串，则不显示边框，即透明的边框。

在 Python 中，颜色用字符串表示，例如 red（红色）、yellow（黄色）、green（绿色）、blue（蓝色）、gray（灰色）、cyan（青色）、magenta（品红色）、white（白色）、black（黑色）等。颜色还具有不同的深浅，例如 red1、red2、red3、red4 表示红色逐渐加深。计算机中通常用三原色模型表示颜色，将红（R）、绿（G）、蓝（B）以不同的值叠加，产生各种颜色，因此三原色模型又称为 RGB 颜色模型。通常，通过三元组来表示 RGB 颜色，具体有三种字符串表示形式，即 #rgb、#rrggbb、#rrrgggbbb，例如 #f00 表示红色、#00ff00 表示绿色、#000000fff 表示蓝色。

（2）width 属性。边框的宽度可以用 width 属性来设置，默认值为 1 像素。

（3）dash 属性。边框可以画成虚线形式，这需要用到 dash 属性，该属性的值是整数元组。最常用的是二元组 (a,b)，其中 a 指定要画多少个像素，b 指定要跳过多少个像素，如此重复，直至边框画完。若 a、b 相等，则简记为 (a,) 或 a。

2）矩形内部区域填充属性

（1）fill 属性。矩形内部区域可以用 fill 属性来设置填充颜色，此属性的默认值是空串，效果是内部透明。

（2）stipple 属性。在填充颜色时，可以使用 stipple 属性设置填充画刷，即填充的点刻效果，可以取 gray12、gray25、gray50、gray75 等值。

矩形还有一个 state 属性，用于设置图形的显示状态。默认值是 NORMAL 或 normal，即正常显示。另一个有用的值是 HIDDEN 或 hidden，它使矩形在画布上不可见。当一个图形在 NORMAL 和 HIDDEN 两个状态之间交替变化时，即形成闪烁的效果。注意，若属性值用大写字母形式，则不要加引号；若用小写字母形式，则一定要加引号。

例 12-1　绘制如图 12-3 所示的四个正方形。

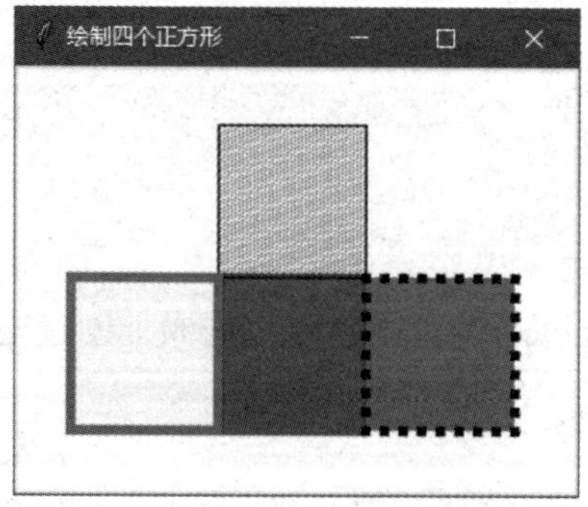

图 12-3　绘制四个正方形

分析：利用画布的 create_rectangle() 方法绘制正方形，注意设置属性和四个正方形之间的位置关系。

程序如下：

```
from tkinter import *
w=Tk()                                                    # 创建主窗口
w.title(' 绘制四个正方形 ')
c=Canvas(w,width=300,height=220,bg='white')               # 创建画布对象
c.pack()                                                  # 使画布可见
c.create_rectangle(110,110,190,190,fill='green',\
    outline='green',width=5)                              # 绘制无边框绿色正方形
c.create_rectangle(110,30,190,110,fill='#ff0000',\
    stipple='gray25')                                     # 绘制红色点画正方形
c.create_rectangle(30,110,110,190,fill='yellow',\
    outline='red',width=5)                                # 绘制红色边框黄色正方形
c.create_rectangle(190,110,270,190,dash=10,width=5,\
    fill='red')                                           # 绘制虚线边框红色正方形
```

程序运行结果如图 12-3 所示。

例 12-2　绘制曲线 $\begin{cases} x = 3(\cos t + t\sin t) \\ y = 3(\sin t - t\cos t) \end{cases}$，$t \in [0, 10\pi]$。

分析：绘制函数曲线可采用计算出函数曲线的各个点的坐标，将各点画出来，如果这些点足够密，绘出的曲线会比较光滑。画布对角没有提供画“点”的方法，但可以画一个很小的矩形来作为点。例如，c.create_rectangle(50,50,51,51)。

程序如下：

```
from math import *
from tkinter import *
w=Tk()
w.title(' 绘制曲线 ')
c=Canvas(w,width=300,height=200,bg='white')
c.pack()
# 绘制函数曲线
t=0
while t<=10*pi:
    x=3*(cos(t)+t*sin(t))
    y=3*(sin(t)-t*cos(t))
    x+=150     # 移动坐标
    y+=100
    c.create_rectangle(x,y,x+0.5,y+0.5)
    t+=0.1
```

程序运行结果如图 12-4 所示。

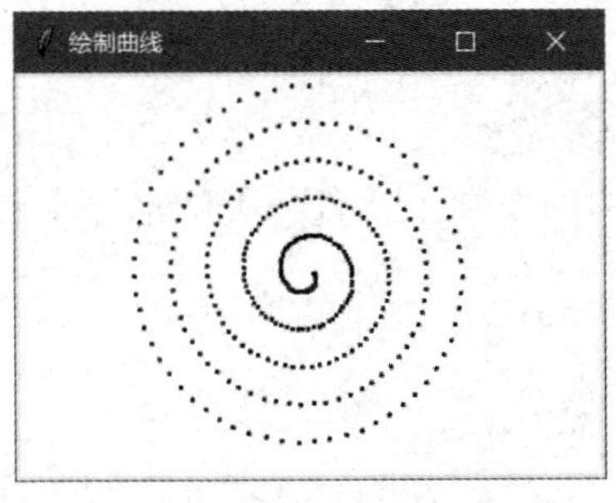

图 12-4　绘制曲线

12.2.2 绘制椭圆与圆弧

1．绘制椭圆

画布对象提供 create_oval() 方法，用于在画布上画一个椭圆，其特例是圆。椭圆的位置和尺寸由其外接矩形决定，而外接矩形由左上角坐标（x_0, y_0）和右下角坐标（x_1, y_1）定义，如图 12-5 所示。

create_oval() 方法的调用格式如下：

```
画布对象名 .create_oval(x0,y0,x1,y1, 属性设置…)
```

create_oval() 方法的返回值是所创建椭圆的标识号，可以将标识号存入变量。

和矩形类似，椭圆的常用属性包括 outline、width、dash、fill、state 和 tags 等。画布对象的 itemconfig() 方法、delete() 方法、move() 方法同样可用于椭圆的属性设置、删除与移动。

例 12-3　创建如图 12-6 所示的圆和椭圆。

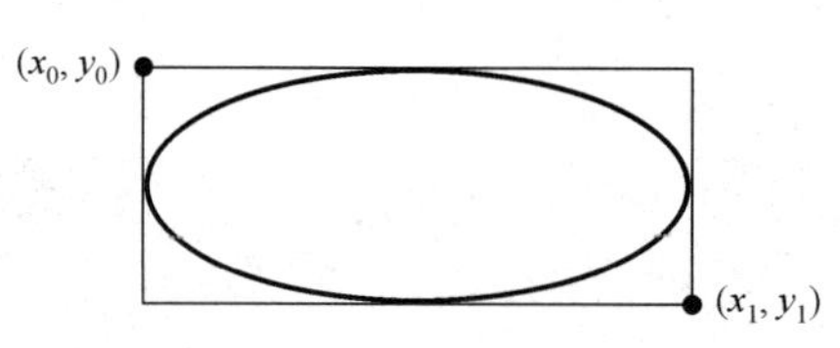

图 12-5　用外接矩形定义椭圆

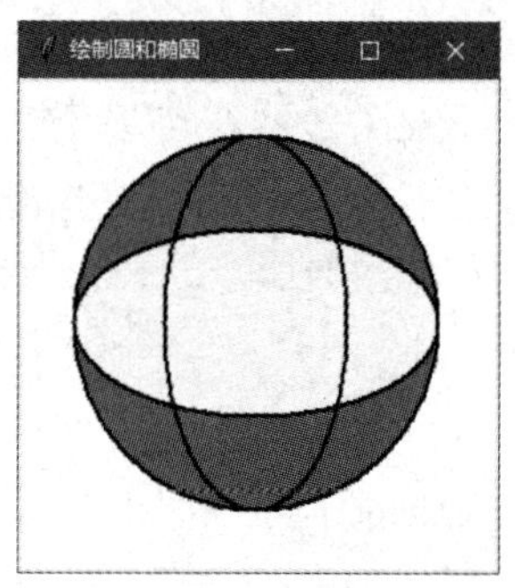

图 12-6　创建圆和椭圆

分析：利用画布的 create_oval 方法绘制一个圆和两个椭圆，注意设置属性和三个图形之间的位置关系。

程序如下：

```
from tkinter import *
w=Tk()
w.title(' 绘制圆和椭圆 ')
c=Canvas(w,width=260,height=260,bg='white')                # 创建画布对象
c.pack()
c.create_oval(30,30,230,230,fill='red',width=2)            # 绘制红色圆
c.create_oval(30,80,230,180,fill='yellow',width=2)         # 绘制黄色椭圆
c.create_oval(80,30,180,230,width=2)                       # 绘制椭圆
```

程序运行结果如图 12-6 所示。

例 12-4　描绘地球绕太阳旋转的轨道。

分析：分别创建一个椭圆和两个圆，并且为大圆形涂上红色表示太阳，为小圆形涂上蓝色表示地球。

程序如下：

```
from tkinter import *
w=Tk()
```

```
w.title('绘制地球绕太阳旋转轨道')
c=Canvas(w,width=300,height=200,bg="white")                   # 创建画布对象
c.pack()
c.create_oval(50,50,250,150,dash=(4,2),width=2)               # 绘制椭圆轨道
c.create_oval(110,80,150,120,fill="red",outline="red")        # 绘制太阳
c.create_oval(240,95,255,110,fill="blue")                     # 绘制地球
```

程序运行结果如图 12-7 所示。

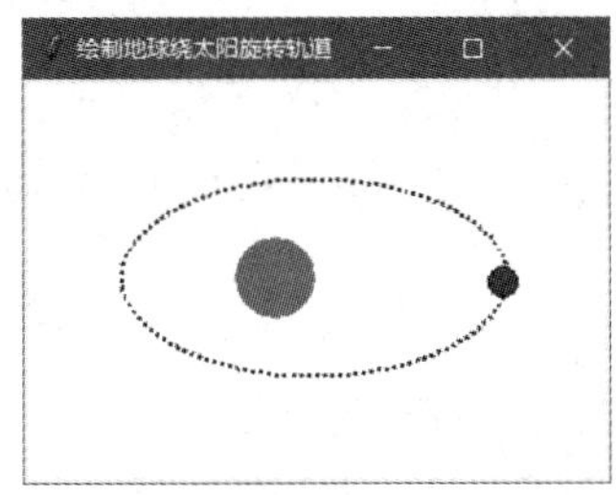

图 12-7 地球绕太阳旋转的轨道

2．绘制圆弧

画布对象提供 create_arc() 方法，用于在画布上创建一个弧形。与椭圆的绘制类似，create_arc() 方法的参数用来定义一个矩形的左上角和右下角的坐标，该矩形唯一确定了一个内接椭圆（特例是圆），而最终要画的弧形是该椭圆的一段。

create_arc() 方法的调用格式如下：

```
画布对象名.create_arc(x0,y0,x1,y1,属性设置…)
```

create_arc() 方法的返回值是所创建的圆弧的标识号，可以将标识号存入变量。

弧形的开始位置由 start 属性定义，其值为一个角度（x 轴方向为 0°）；弧形的结束位置由 extent 属性定义，其值表示从开始位置逆时针旋转的角度。start 属性的默认值为 0°，extent 属性的默认值为 90°。显然，如果 start 属性设置为 0°、extent 属性设置为 360°，则画出一个完整的椭圆，效果和 create_oval() 方法一样。

style 属性用于规定圆弧的样式，可以取三种值：PIESLICE 是扇形，即圆弧两端与圆心相连；ARC 是弧，即圆周上的一段；CHORD 是弓形，即弧加连接弧两端的弦。style 属性的默认值是 PIESLICE。看下面的程序。

```
from tkinter import *
w=Tk()
c=Canvas(w,width=350,height=150,bg="white")
c.pack()
c.create_arc(20,40,100,120,width=2)                  # 默认样式是 PIESLICE
c.create_arc(120,40,200,120,style=CHORD,width=2)
c.create_arc(220,40,300,120,style=ARC,width=2)
```

该程序分别绘制了一个扇形、一个弓形和一条弧，圆弧的三种样式如图 12-8 所示。

弧形的其他常用属性 outline、width、dash、fill、state、tags 的意义和默认值都与矩形类似。注意：只有 PIESLICE 和 CHORD 形状才可填充颜色。画布对象的 itemconfig() 方法、delete() 方法、move() 办法同样可用于弧形的属性设置、删除和移动。

例 12-5　绘制如图 12-9 所示的扇叶图形。

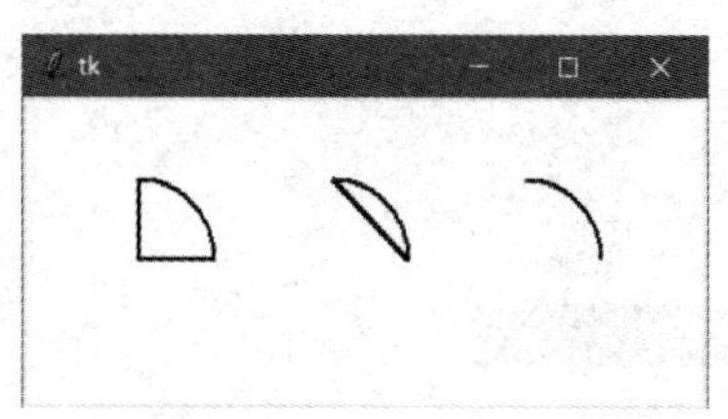

图 12-8　圆弧的三种样式

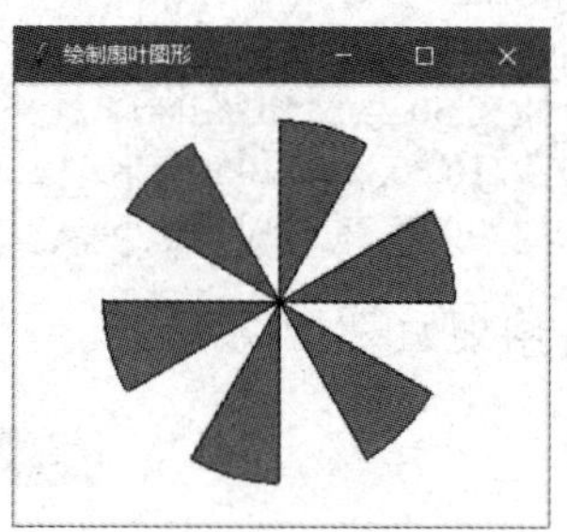

图 12-9　绘制扇叶图形

程序如下：

```
from tkinter import *
w=Tk()
w.title(' 绘制扇叶图形 ')
c=Canvas(w,width=300,height=240,bg='white')
c.pack()
for i in range(0,360,60):
    c.create_arc(50,20,250,220,fill='red',start=i,extent=30)
```

程序运行结果如图 12-9 所示。

12.2.3　绘制线条与多边形

1. 绘制线条

画布对象提供 create_line() 方法，用于在画布上创建连接多个点的线段序列，其调用格式如下：

```
画布对象名 .create_line(x0,y0,x1,y1,…,xn,yn, 属性设置…)
```

create_line() 方法将各点 (x0,y0)，(x1,y1)，…，(xn,yn) 按顺序用线条连接起来，返回值是所创建的线条的标识号，可以将标识号存入变量。

若没有特别说明，则相邻两点间用直线连接，即图形整体上是一条折线。但如果将属性 smooth 设置成非 0 值，则各点被解释成 B 样条曲线的顶点，图形整体是一条平滑的曲线。

线条不能形成边框和内部区域两个部分，因此没有 outline 属性，只有 fill 属性，表示线条的颜色，其默认值为黑色。

线条可以通过属性 arrow 来设置箭头，该属性的默认值是 NONE（无箭头）。如果将属性 arrow 设置为 FIRST，则箭头在 (x0,y0) 两端；设置为 LAST，则箭头在 (xn,yn) 端；设置为 BOTH，则两端都有箭头。

属性 arrowshape 用于描述箭头形状，其值为三元组 (d1,d2,d3)，含义如图 12-10 所示。默认值为 (8,10,3)。

和前面介绍的各种图形一样，线条还具有 width、dash、state、tags 等属性。画布对象的 itemconfig() 方法、delete() 方法、move() 方法同样可用于线条的属性设置、删除和移动。

例 12-6　绘制 $y=\sin x \sin(4\pi x)$ 曲线。

程序如下：

```
from math import *
from tkinter import *
w=Tk()
w.title(' 绘制曲线 ')
W=400; H=220                                    # 画布的宽度、高度
O_X=2; O_Y=H/2                                  # x、y 原点，窗口左边中心
S_X=120; S_Y=100                                # x、y 轴缩放倍数
x0=y0=0                                         # 坐标初始值
c=Canvas(w,width=W,height=H,bg='white')         # 创建画布对象
c.pack()
c.create_line(0,O_Y,W,O_Y)                      # 绘制 x 轴
c.create_line(O_X,0,O_X,H)                      # 绘制 y 轴
for i in range(0,180,1):
    arc=pi*i/180
    x=O_X+arc*S_X
    y=O_Y-sin(arc)*sin(4*pi*arc)*S_Y
    c.create_line(x0,y0,x,y)
    x0=x; y0=y
```

程序运行结果如图 12-11 所示。

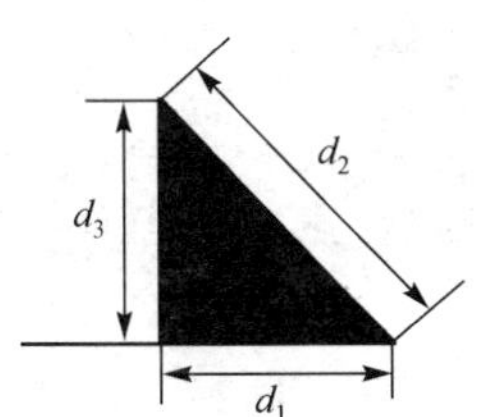

图 12-10　arrowshape 属性取值

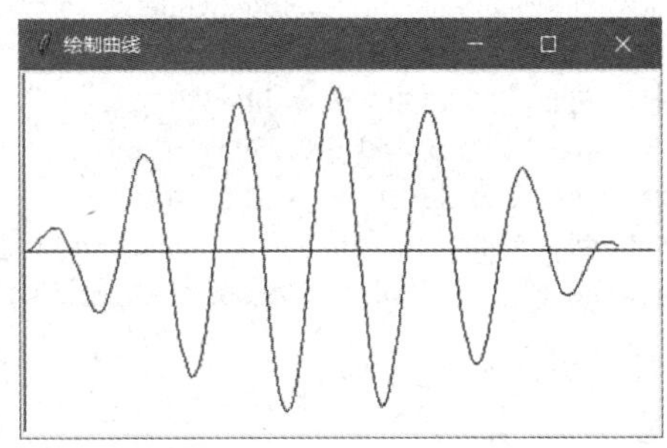

图 12-11　y=sin x sin(4πx) 曲线

2．绘制多边形

画布对象提供 create_polygon() 方法，用于在画布上创建一个多边形。与线条类似，多边形是用一系列顶点（至少三个）的坐标定义的，系统将把这些顶点按次序连接起来。与线条不同的是，最后一个顶点需要与第一个顶点连接，从而形成封闭的形状。

create_polygon() 方法的调用格式如下：

```
画布对象名 .create_polygon(x0,y0,x1,y1,…, 属性设置…)
```

create_polygon() 的返回值是创建多边形的标识号，可以将标识号存入一个变量。

和矩形类似，outline 和 fill 属性分别设置多边形的边框颜色与内部填充色；但与矩形不同的是，多边形的 outline 属性默认值为空串，即边框不可见，而 fill 属性的默认值为黑色。

与线条类似，一般用直线连接顶点，但如果将 smooth 属性设置成非 0 值，则表示用 B 样条曲线连接顶点，这样绘制的是由平滑曲线围成的图形。

多边形的另几个常用属性即 width、dash、state、tags 的用法都和矩形类似。画布对象的

itemconfig() 方法、delete() 方法、move() 方法同样可用于多边形的属性设置、删除和移动。

例 12-7　用红、黄、绿三种颜色填充矩形，如图 12-12 所示。

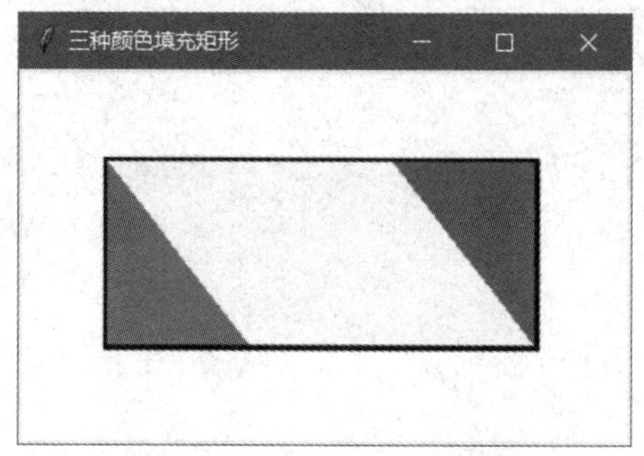

图 12-12　用三种颜色填充矩形

分析：先画矩形，然后用红、黄、绿三种颜色分别绘制三角形、平行四边形和三角形，三个图形连在一起填充矩形。

程序如下：

```
from tkinter import *
w=Tk()
w.title(' 三种颜色填充矩形 ')
c=Canvas(w,width=340,height=200,bg='white')
c.pack()
c.create_rectangle(50,50,290,150,width=5)                    # 绘制矩形
c.create_polygon(50,50,50,150,130,150,fill="red")            # 绘制红色三角形
c.create_polygon(50,50,130,150,290,150,210,50,\
    fill="yellow")                                           # 绘制黄色平行四边形
c.create_polygon(210,50,290,150,290,50,fill="green")         # 绘制绿色三角形
```

程序运行结果如图 12-12 所示。

12.2.4　显示文本

画布对象提供 create_text() 方法，用于在画布上显示一行或多行文本。与普通的字符串不同，这里的文本作为图形对象。

create_text() 方法的调用格式如下：

```
画布对象名 .create_text(x,y, 属性设置…)
```

其中，(x,y) 指定文本显示的参考位置。create_text() 的返回值是所创造的文本的标识号，可以将标识号存入变量中。

文本内容由 text 属性设置，其值就是要显示的字符串。字符串中可以使用换行字符“\n”，从而实现多行文本的显示。

anchor 属性用于指定文本的哪个锚点与显示位置 (x,y) 对齐。文本有一个边界框，tkinter 模块为边界框定义了若干个锚点，锚点用 E（东）、S（南）、W（西）、N（北）、CENTER（中）、SE（东南）、SW（西南）、NW（西北）、NE（东北）等方位常量表示，如图 12-13 所示。通过锚点可以控制文本的相对位置，例如，若将 anchor 设置为 N，则将文本边界框的顶边中点置于参考点（x,y)；若将 anchor 设置为 SW，则将文本边界框的左下角置于参考点 (x,y)。

anchor 的默认值为 CENTER，表示将文本的中心置于参考点 (x,y)。

fill 属性用于设置文本的颜色，默认值为黑色。如果设置为空串，则文本不可见。justify 属性用于控制多行文本的对齐方式，其值为 LEFT、CENTER 或 RIGHT，默认值为 LEFT。width 属性用于控制文本的宽度，超出宽度就要换行。font 属性用于指定文本字体。字体描述使用一个三元组，包含字体名称、大小和字形名称，例如 ("Times New Roman",10,"bold") 表示 10 号加黑新罗马字，(" 宋体 ",12,"italic") 表示 12 号斜体宋体。state 属性、tags 属性的意义与其他图形对象相同。

画布对象的 itemcget() 和 intemconfig() 方法可用于读取或修改文本的内容，画布对象的 delete() 方法、move() 方法可用于文本的删除和移动。

例 12-8　画布文本显示示例。

程序如下：

```
from tkinter import *
w=Tk()
w.title(' 文本显示 ')
c=Canvas(w,width=400,height=100,bg="white")
c.pack()
c.create_rectangle(200,50,201,51,width=8)                    # 显示文本参考位置
c.create_text(200,50,text="Hello Python1",\
    font=("Courier New",15,"normal"),anchor=SE)              # 右下对齐
c.create_text(200,50,text="Hello Python2",\
    font=("Courier New",15,"normal"),anchor=SW)              # 左下对齐
c.create_text(200,50,text="Hello Python3",\
    font=("Courier New",15,"normal"),anchor=NE)              # 右上对齐
c.create_text(200,50,text="Hello Python4",\
    font=("Courier New",15,"normal"),anchor=NW)              # 左上对齐
```

程序中文本显示的参考位置都是 (200,50)，但设置的文本锚点不同，文本显示的相对位置不同，程序运行结果如图 12-14 所示。

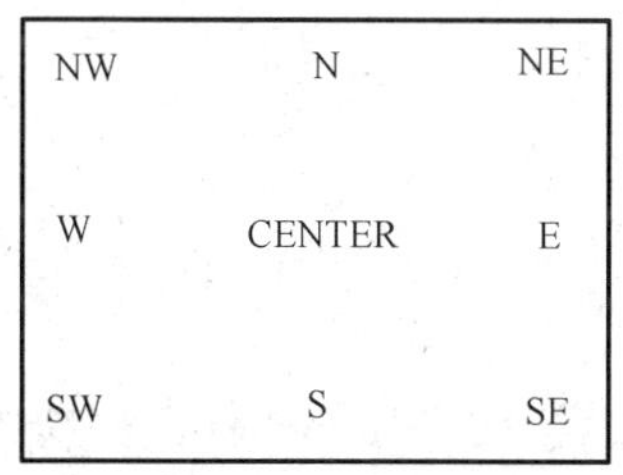

图 12-13　对象的锚点

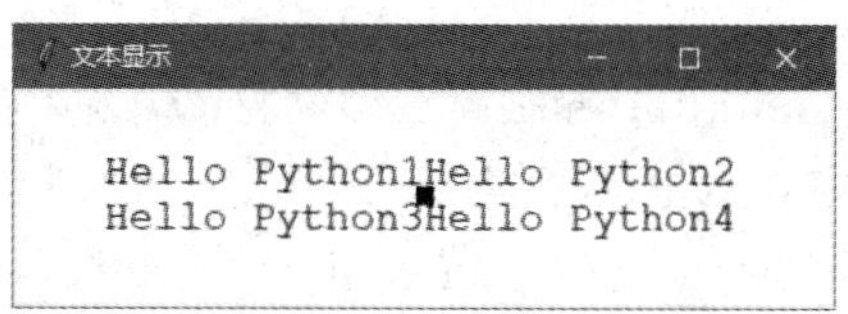

图 12-14　用锚点控制文本显示位置

12.3 turtle 绘图

turtle 模块是 Python 中引入的一个简单的绘图工具，利用 turtle 模块绘图通常称为海龟绘图。为什么叫海龟绘图呢？因为绘图时有一个箭头（比作小海龟），按照命令一笔一笔地画出图形，就像小海龟在屏幕上爬行，并能留下爬行的足迹，于是就形成了图形。海龟就仿佛是绘图的画笔，而屏幕就是用来绘图的纸张了。

1. 导入 turtle 模块

turtle 绘图首先需要导入 turtle 模块，有以下两种导入方法。

```
>>> import turtle
>>> from turtle import *
```

下面假设使用第二种方法导入 turtle 模块中的所有方法。

2. turtle 绘图属性

turtle 绘图有三个要素，分别是位置、方向和画笔。

（1）位置是指箭头在 turtle 图形窗口中的位置。turtle 图形窗口的坐标系采用笛卡儿坐标系，即以窗口中心点为原点，向右为 x 轴正轴方向，向上为 y 轴正轴方向。在 turtle 模块中，reset() 函数使得箭头回到坐标原点。

（2）方向是指箭头的指向，使用 left(degree)、right(degree) 函数使得箭头分别向左、向右旋转 degree 度。

（3）画笔是指绘制的线条的颜色和宽度，有关画笔控制函数如下。

- down()：放下画笔，移动时绘制图形。这也是默认的状态。
- up()：提起画笔，移动时不绘制图形。
- pensize(w) 或 width(w)：绘制图形时画笔的宽度，w 为一个正数。
- pencolor(s) 或 color(s)：绘制图形时画笔的颜色，s 是一个字符串，例如 'red'、'blue' 和 'green' 分别表示红色、蓝色、绿色。
- fillcolor(s)：绘制图形的填充颜色。

3. turtle 绘图命令

turtle 绘图具有许多控制箭头运动的命令，以绘制出各种图形。

- goto(x,y)：将箭头从当前位置径直移动到坐标为 (x,y) 的位置，这时当前方向不起作用，移动后方向也不改变。如果想要移动箭头到 (x,y) 处理，但不要绘制图形，可以使用 up() 函数。例如，下列命令为绘制一条水平直线。

```
from turtle import *
reset()                    # 将整个绘图窗口清空并将箭头置于原点（窗口的中心）
goto(100,0)                # 当前位置 (0,0) 运动到 (100,0) 位置
```

- forward(d)：控制箭头向前移动，其中 d 代表移动的距离。在移动前，需要设置箭头的位置、方向和画笔三个属性。
- backward(d)：与 forward() 函数相反，控制箭头向后移动，其中 d 代表移动的距离。
- speed(v)：控制箭头移动的速度，v 取 [0,10] 范围的整数，数字越大，速度越快。也可以使用 'slow' 和 'fast' 来控制速度。

例 12-9　绘制一个正方形。

程序如下：

```
from turtle import *
color("blue")                  # 定义绘制时画笔的颜色
pensize(5)                     # 定义绘制时画笔的线条宽度
speed(10)                      # 定义绘图的速度
for i in range(4):             # 绘出正方形的四条边
```

```
    forward(100)
    right(90)
```

在设置了绘图状态之后，控制箭头前进（forward）一段距离，右转（right）90°，重复四次即可。

turtle 模块还有一些内置函数，例如画圆的函数 circle(r)，该函数以箭头当前位置为圆的底部坐标、以 r 为半径画圆。

例 12-10　绘制三个同心圆。

程序如下：

```
from turtle import *
for i in range(3):
    up()                    # 提起画笔
    goto(0,-50-i*50)        # 确定画圆的起点
    down()                  # 放下画笔
    circle(50+i*50)         # 画圆
```

开始时，箭头的坐标默认在 (0,0)，就以它为圆心。因为画圆时是从圆的底部开始画的，所以需要找三个圆底部的坐标。第一个圆的半径为 50，底部坐标为 (0,-50)；第二个圆的半径为 100，底部坐标为 (0,-100)；第三个圆的半径为 150，底部坐标为 (0,-150)。

12.4　Matplotlib 绘图

Matplotlib 是应用广泛的 Python 第三方图形库，其中包含大量的模块函数，使用这些函数可以创建各种图形，包括二维图形和三维图形。Matplotlib 的 pyplot 模块（子库）是一个方便的应用接口，很多操作都是通过该模块完成的。

12.4.1　绘图的基本步骤

绘图时需要用到 NumPy 和 Matplotlib 这两个第三方库。NumPy 是 Matplotlib 的基础，即 Matplotlib 是建立在 NumPy 基础之上的 Python 绘图库。绘制 y=f(x) 正弦函数曲线的基本步骤如下。

（1）安装并导入 NumPy，以便利用 NumPy 的数组运算求自变量数组和函数值数组，为绘图准备数据。

（2）安装并导入 Matplotlib，以便利用 Matplotlib 的绘图函数来绘图。

（3）调用 NumPy 的 arange() 函数或 linspace() 函数生成自变量数组 x（横坐标向量）。

（4）根据函数表达式求函数值数组 y（纵坐标向量）。

（5）调用 Matplotlib 的 pyplot 模块中的 plot 函数绘制函数曲线。

（6）调用 pyplot 模块中的 show 函数，显示图形。

当然，为了使图形更美观，可以设置一些图形属性、对图形对象进行各种修饰，但以上步骤是最基本的。

例 12-11　绘制正弦函数曲线。

程序如下。

```
import numpy as np                  # 导入 NumPy 并指定 np 为其别名
import matplotlib.pyplot as plt     # 导入 Matplotlib 的 pyplot 模块
x=np.arange(0,2*np.pi,np.pi/100)    # 从 0 到 2π、步长为 π/100，生成一维数组 x
y=np.sin(x)                         # 求 x 各点的正弦函数值
plt.plot(x,y)                       # 绘制正弦函数曲线
plt.show()                          # 显示图形
```

程序运行结果如图 12-15 所示。

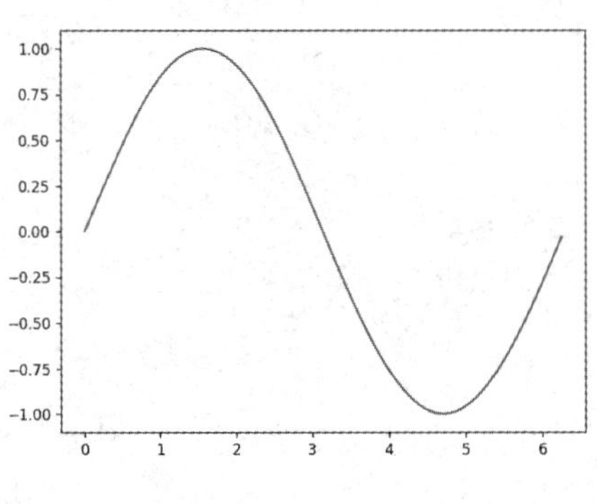

图 12-15　正弦函数曲线

12.4.2　二维绘图

使用 Matplotlib 的 pyplot 模块可快速地绘制二维图形。在绘图前先要导入 pyplot 模块，调用格式如下：

```
import matplotlib.pyplot as plt
```

1．创建图形窗口对象

由于 Matplotlib 的图形均位于图形窗口对象中，所以在绘图前先要创建图形窗口对象。如果没有创建该对象就直接调用绘图函数，Matplotlib 会自动创建一个图形窗口对象。

使用 pyplot 模块的 figure 函数创建图形窗口对象，基本调用格式如下：

```
figure([num,figsize])
```

其中，num 取整数或字符串，为数字时表示图形编号，为字符串时将窗口标题设置为此字符串；figsize 是两个元素的元组，指定图形窗口对象的宽度和高度，单位为英寸。

2．绘制二维曲线

使用 pyplot 模块的 plot 函数可绘制二维曲线，调用格式如下：

```
plot(x,y,label,color,linewidth,linestyle)
plot(x,y,fmt,label)
```

其中，x、y 表示所绘制的图形中各点位置在 x 轴和 y 轴上的数据，用数组表示；label 给所绘制的曲线设置一个名字，此名字在图例（Legend）中显示；color 指定曲线的颜色；linewidth 指定曲线的宽度；linestyle 指定曲线的样式；fmt 是曲线格式化参数，用于指定曲线的颜色和线型，如“b--”表示蓝色虚线，数据点标记为五角星。

3．图形标注与显示

在调用 plot 函数完成绘图后，还可能需要为图形添加各类标注、显示图形，可使用 pyplot 模块中的相关函数来实现。

（1）xlabel()、ylabel() 函数：在当前图形中指定 x 轴和 y 轴的名称

（2）title() 函数：在当前图形中指定图形的标题名称。

（3）xlim()、ylim() 函数：在当前图形中指定 x 轴和 y 轴的范围。

（4）legend()：指定当前图形的图例，可以指定图例的大小、位置和标签。

（5）show()：显示图形。

4．创建子图

在 Matplotlib 中，可以将一个图形窗口对象分为几个绘图区域，在每个绘图区域中可以绘制不同的图形，这种绘图形式称为创建子图。创建子图可以使用 subplot() 函数，调用格式如下：

```
subplot(n, m, k)
```

subplot() 函数将整个图形窗口等分为 n 行 m 列个子区域，选择当前子绘图区域为 k。如果 n、m、k 都小于 10，可以把它们缩写为一个整数，例如 subplot(223) 和 subplot(2,2,3) 等价。

例 12-12　创建四个子图，前三个子图分别绘制单位圆、y=x 和正三角形，第四个子图同时绘制单位圆和 y=x，并用五角星标注交点。

程序如下：

```
import numpy as np
import matplotlib.pyplot as plt
t1=np.linspace(0,2*np.pi,1000)
t2=np.arange(0,8*np.pi/3,2*np.pi/3)
x=np.sin(t1)
y=np.cos(t1)
y1=x
x2=np.sin(t2)
y2=np.cos(t2)
plt.subplot(2,2,1)                      # 第一行的左图
plt.plot(x,y,color='g')                 # 绿色单位圆
plt.axis('equal')                       # 设置 x 轴、y 轴等刻度
plt.subplot(2,2,2)                      # 第一行的右图
plt.plot(x,y1,linewidth=3)              # 设置 y=x 曲线线宽
plt.subplot(2,2,3)                      # 第二行的左图
plt.plot(x2,y2)                         # 三角形
plt.axis('equal')
plt.subplot(2,2,4)                      # 第二行的右图
plt.plot(x,y,'b',x,y1,'g--',linewidth=1) # 绘制两条曲线
for k in np.arange(len(t1)):            # len(t1) 是 t1 的元素个数
    if np.abs(y[k]-y1[k])<0.01:         # 判断交点（两个函数值很接近）
        plt.plot(x[k],y[k],'r*')        # 标注交点
plt.axis('equal')
plt.show()
```

运行程序后，得到的二维图形如图 12-16 所示。程序中通过一个 for 语句逐点判断两曲线的交点并进行标注，也可以利用 NumPy 的 where() 函数来求交点元素的下标，然后对交点进行标注。语句如下：

```
k=np.where(np.abs(y-y1)<0.01)          # 返回交点元素的位置索引
plt.plot(x[k],y[k],'r*')               # 标注交点
```

因为有多个交点，所以这里的 k 是一个一维数组。

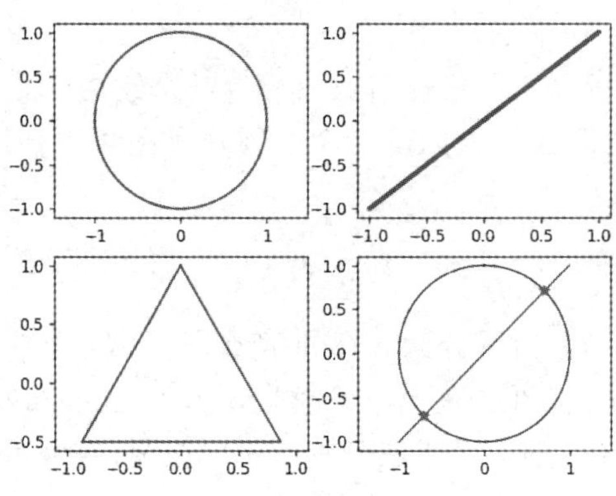

图 12-16　二维图形

12.4.3　其他二维图形

1. 散点图

散点图常用于描述离散数据的分布或变化规律。可以使用 scatter() 函数来绘制散点图，其基本调用格式如下：

```
scatter(x,y,s=None,c=None,marker=None,cmap=None)
```

其中，x、y 代表数据点；s 给出点的大小，默认为 20；c 指定散点的颜色，默认为蓝色 'b'；marker 指定散点的样式，默认为小圆圈 'o'；cmap 指定散点的色图，使用不同的颜色来区分散点的值，默认为 None。

例 12-13　绘制散点图。

程序如下：

```
import numpy as np
import matplotlib.pyplot as plt
x=np.array([1,2,3,4,5,6,7,8])
y=np.array([1,4,9,16,7,11,23,18])
plt.scatter(x, y,s=25,c="purple")          # 设置点的大小及颜色
plt.title("Scatter")                       # 设置标题
plt.show()
```

程序运行结果如图 12-17 所示。

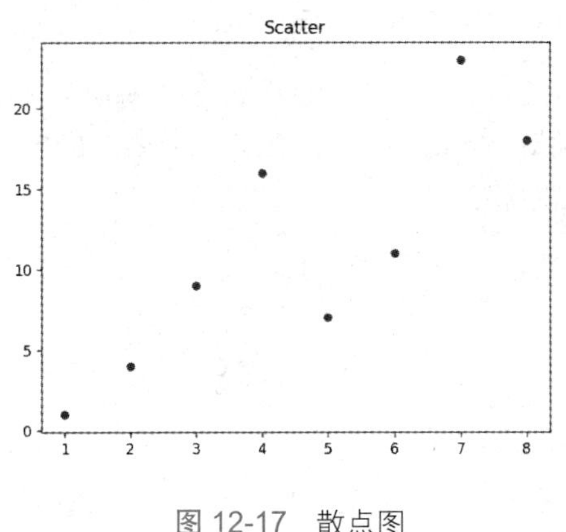

图 12-17　散点图

2．柱形图

柱形图用于显示数据大小或比较各组数据的大小。可以使用 bar() 或 barh() 函数来绘制柱形图，其基本调用格式如下：

```
bar(x,height,width)
```

其中，x 给出柱形图的 x 轴数据；height 代表柱形图的高度，即 x 轴所代表数据的数量；width 代表柱形图的宽度，默认为 0.8。绘制垂直方向的柱形图可以使用 barh() 函数。

例 12-14　绘制柱形图。

程序如下：

```
import matplotlib.pyplot as plt
import numpy as np
x=np.array(['spring','summer','autumn','winter'])
height=np.array([12,34,25,30])
plt.bar(x,height,width=0.5)
plt.title("Bar")                    # 设置标题
plt.show()
```

程序运行结果如图 12-18 所示。

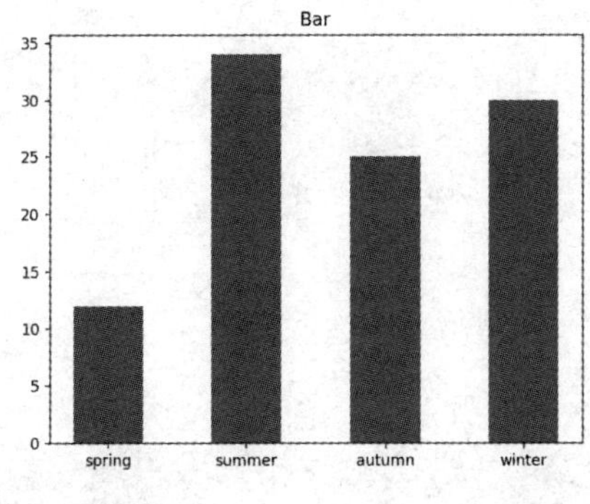

图 12-18　柱形图

3．饼图

饼图用于展示一个数据序列中各类别数据在总量中所占的比例。可以使用 pie() 函数来绘制饼图，其基本调用格式如下：

```
pie(x,explode=None,labels=None,colors=None,autopct=None)
```

其中，x 是用于绘制饼图的数据；explode 表示各个扇形之间的间隔，默认值为 0；labels 表示各个扇形的标签，默认值为 None；colors 表示各个扇形的颜色，默认值为 None；autopct 设置饼图内各个扇形百分比显示格式。

例 12-15　绘制饼图。

程序如下：

```
import matplotlib.pyplot as plt
x=[15, 30, 45, 10]
labels=['A', 'B', 'C', 'D']                                    # 图的标签
colors=['yellowgreen', 'gold', 'lightskyblue', 'lightcoral']   # 图的颜色
explode=(0, 0.1, 0, 0)                                         # 突出显示第二个扇形
plt.pie(x, explode=explode, labels=labels, colors=colors,
    autopct='%1.1f%%')                                         # 绘制饼图，格式化输出百分比
plt.title("Pie")                                               # 设置标题
plt.show()
```

程序运行结果如图 12-19 所示。

4．直方图

直方图用于描述各分组数据的频率分布。可以使用 hist() 函数来绘制直方图，其基本调用格式如下：

```
hist(x,bins=None)
```

其中，x 表示待绘制直方图的数据；bins 表示直方图统计区间的个数，统计每个区间内数据的频数，默认为 10。

例 12-16　绘制直方图。

程序如下：

```
import matplotlib.pyplot as plt
import numpy as np
data=[3,4,5,6,5,5,6,7,9,8,4,8]
plt.hist(data, bins=8, color='skyblue')
plt.title('Hist')
plt.show()
```

程序运行结果如图 12-20 所示。

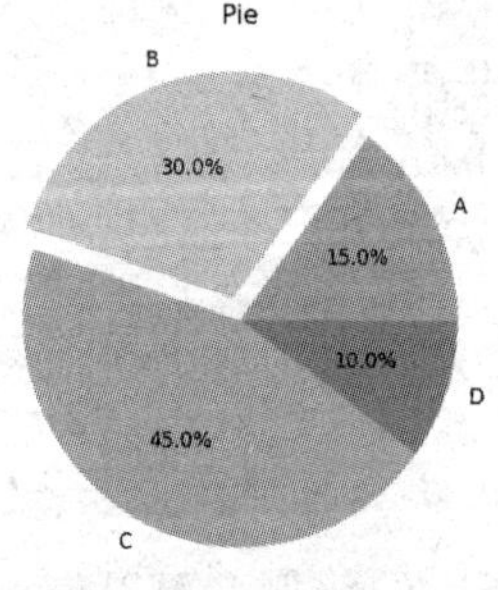

图 12-19　饼图

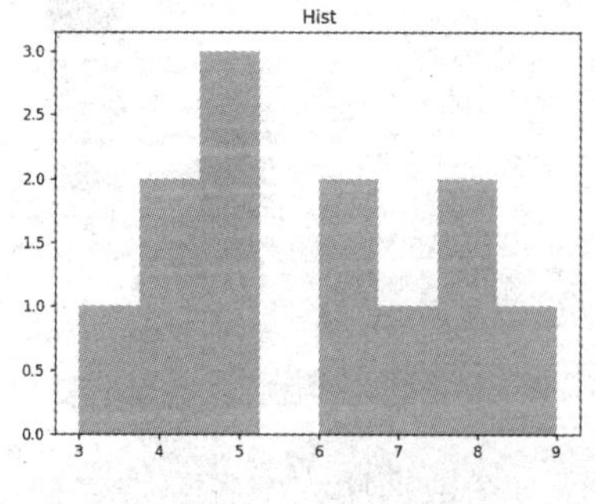

图 12-20　直方图

5. 实心图

实心图将数据的起点和终点连成多边形，并填充颜色。可以使用 fill() 函数来绘制实心图，其基本调用格式如下：

```
fill(x,y)
```

根据 x 和 y 定义多边形或曲线的边界，图形内部填充指定的颜色。

例 12-17 绘制实心图。

程序如下：

```
import matplotlib
import matplotlib.pyplot as plt
import numpy as np
t=np.arange(0,2*np.pi,2*np.pi/6)
x=np.sin(t)
y=np.cos(t)
plt.fill(x,y,'magenta')      # 绘制正六边形，填充品红色
plt.axis('equal')
plt.title('Fill')
plt.show()
```

程序运行结果如图 12-21 所示。

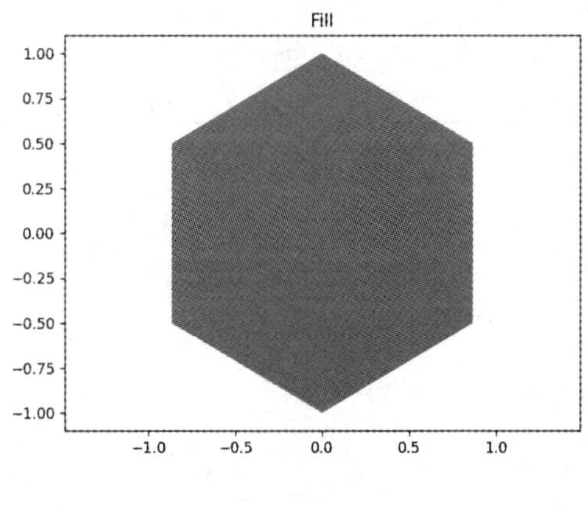

图 12-21 实心图

12.4.4 三维绘图

三维图形具有更强的数据表现能力。mpl_toolkits.mplot3d 是 Matplotlib 专门用来绘制三维图形的模块。先要导入模块，命令格式如下：

```
from mpl_toolkits.mplot3d import Axes3D
```

1. 创建三维坐标轴对象

Matplotlib 图形对象是分层次的，图形窗口对象是其他图形对象的基础，在图形窗口对象之上可以建立坐标轴对象（axes），在坐标轴对象之上可以绘制各种图形。绘制三维图形需要

先创建一个三维坐标轴对象 Axes3D，有以下两种方法。

方法一：利用参数 projection='3d' 来实现。

```
from matplotlib import pyplot as plt
fig=plt.figure()                          # 创建图形窗口对象
ax=plt.axes(projection='3d')              # 创建三维坐标轴对象
```

创建三维坐标轴对象也可以使用以下命令。

```
ax=fig.add_subplot(111,projection='3d')   # 这种方法也可以画多个子图
```

方法二：使用 Axes3D 函数来实现。

```
from matplotlib import pyplot as plt
from mpl_toolkits.mplot3d import Axes3D
fig=plt.figure()
ax=Axes3D(fig, auto_add_to_figure=False)
fig.add_axes(ax)
```

用上面两种方法得到的 ax 都是 Axes3D 对象，接下来就可以调用绘图函数在 ax 对象上绘图了。

2．绘制三维曲线

三维曲线是将空间中的数据点连接起来的图形。使用 Axes3D 对象的 plot 函数可以绘制三维曲线，基本调用格式如下：

```
plot(x, y, z)
```

其中，x、y、z 组成一组曲线的空间坐标，为长度相同的一维数组。

例 12-18　绘制螺旋线，其参数方程如下：

$$\begin{cases} x = \sin t + t\cos t \\ y = \cos t - t\sin t \quad (0 \leqslant t \leqslant 10\pi) \\ z = t \end{cases}$$

按照前面介绍的绘图操作步骤，写出程序如下：

```
import numpy as np
from matplotlib import pyplot as plt
fig=plt.figure()                          # 创建图形窗口对象
ax=plt.axes(projection='3d')              # 创建三维坐标轴对象
t=np.linspace(0,10*np.pi,1000)
x=np.sin(t)+t*np.cos(t)
y=np.cos(t)-t*np.sin(t)
z=t
ax.plot(x,y,z)                            # 绘制空间曲线
plt.show()
```

程序运行结果如图 12-22 所示。

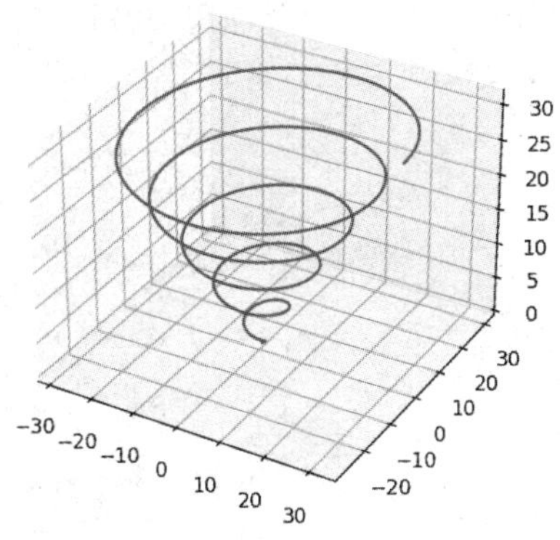

图 12-22　三维曲线

3. 绘制三维曲面

通常，绘制三维曲面图，先要生成网格数据，再调用绘图函数绘制三维曲面。

1）生成网格坐标矩阵

生成二维网格坐标矩阵的方法是：将 x 方向区间 [a,b] 分成 m 份，将 y 方向区间 [c,d] 分成 n 份，由各划分点分别作平行于两坐标轴的直线，将区域 [a,b]×[c,d] 分成 m×n 个小网格，生成代表每个小网格顶点坐标的网格坐标矩阵。例如，在 xy 平面选定一矩形区域，如图 12-23 所示，其左下角顶点的坐标为 (2, 3)，右上角顶点的坐标为 (6, 8)。然后，在 x 方向分成 4 份，在 y 方向分成 5 份，由各划分点分别作平行于两坐标轴的直线，将区域分成 5×4 个小矩形，共有 6×5 个顶点。用矩阵 X、Y 分别存储每个网格顶点的 x 坐标与 y 坐标，矩阵 X、Y 就是该矩形区域的 xy 平面网格坐标矩阵。

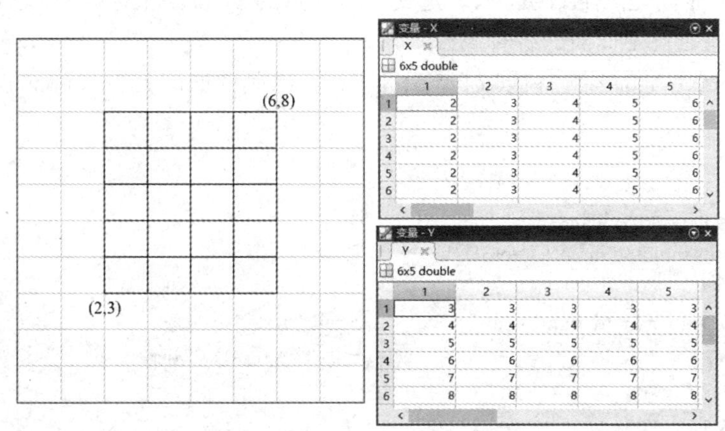

图 12-23　网格坐标示例

通常调用 NumPy 的 meshgrid 函数生成二维网格坐标矩阵，该函数的调用格式如下：

```
X, Y=meshgrid(x, y)
```

其中，x、y 为一维数组，X、Y 为二维数组。语句执行后，数组 X 的每行都是数组 x，行数等于 y 的元素的个数；数组 Y 的每列都是数组 y，列数等于 x 的元素的个数。数组 X 和

Y 相同位置上的元素 (Xij,Yij) 存储二维空间网格顶点 (i,j) 的坐标。例如，生成如图 2-31 所示的网格坐标矩阵，可以使用以下命令。

```
>>> import numpy as np
>>> x=np.arange(2, 7)
>>> y=np.arange(3, 9)
>>> X, Y=np.meshgrid(x, y)
>>> X
array([[2, 3, 4, 5, 6],
       [2, 3, 4, 5, 6],
       [2, 3, 4, 5, 6],
       [2, 3, 4, 5, 6],
       [2, 3, 4, 5, 6],
       [2, 3, 4, 5, 6]])
>>> Y
array([[3, 3, 3, 3, 3],
       [4, 4, 4, 4, 4],
       [5, 5, 5, 5, 5],
       [6, 6, 6, 6, 6],
       [7, 7, 7, 7, 7],
       [8, 8, 8, 8, 8]])
```

2）plot_surface 函数

使用 Axes3D 对象的 plot_surface 函数可以绘制三维曲面，基本调用格式如下：

```
plot_surface(X,Y,Z)
```

通常，X、Y、Z 是同型二维数组，X、Y 定义网格顶点的 xy 平面坐标，Z 定义网格顶点的高度。还可以在函数调用时设定曲面的各种属性。

例 12-19　在 xy 平面内选择区域 [−5,5]×[−5,5]，绘制曲面图 $z=50-(x^2+y^2)$。

程序如下。

```
import numpy as np
from matplotlib import pyplot as plt
from mpl_toolkits.mplot3d import Axes3D
fig=plt.figure()
ax=Axes3D(fig, auto_add_to_figure=False)              # 创建 Axes3D 对象
fig.add_axes(ax)                                      # 添加 Axes3D 坐标轴
x=np.arange(-5,5.1,0.4)
y=np.arange(-5,5.1,0.4)
X,Y=np.meshgrid(x,y)
Z=50-(X*X+Y*Y)
ax.plot_surface(X,Y,Z,cmap='rainbow')                 # 设置 rainbow（彩虹）色图
plt.show()
```

程序运行结果如图 12-24 所示。

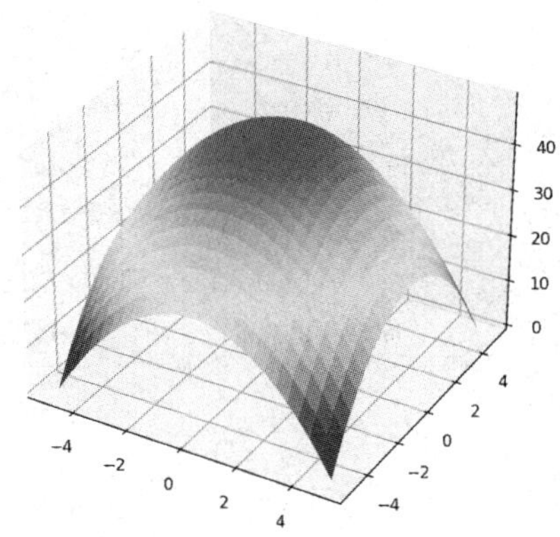

图 12-24　三维曲面

12.5 图形应用举例

本章介绍了在 Python 环境下绘制图形的三种方法：tkinter 绘图、turtle 绘图和 Matplotlib 绘图。本节通过实例进一步说明这些方法的应用。

12.5.1 验证 Fibonacci 数列的性质

设 f 表示数列的第 n 项，Fibonacci 数列有如下性质：

$$f_1^2 + f_2^2 + f_3^2 + \cdots + f_n^2 = f_n \times f_{n+1}$$

取 n=8，Fibonacci 数列的前 8 项是 1、1、2、3、5、8、13、21。这时有 $1^2+1^2+2^2+3^2+5^2+8^2+13^2+21^2=21\times34$，可以直观地表示成图 12-25。图中有 8 个正方形，每个正方形的边长分别是 Fibonacci 数列的前 8 项，前 8 项的平方和即图中 8 个正方形的面积和，显然该和等于 $f_8\times f_9$，即 21×34。

例 12-20　取 n=8，用图解法验证 Fibonacci 数列的性质：

$$f_1^2 + f_2^2 + f_3^2 + \cdots + f_8^2 = f_8 \times f_9$$

分析：用图解法验证 Fibonacci 数列的性质，只需要画出图 12-25 即可。绘图时，要确定各正方形的坐标，坐标与 Fibonacci 数列各项的值有关。为了便于处理，先求 Fibonacci 数列各项并存入一个列表中。

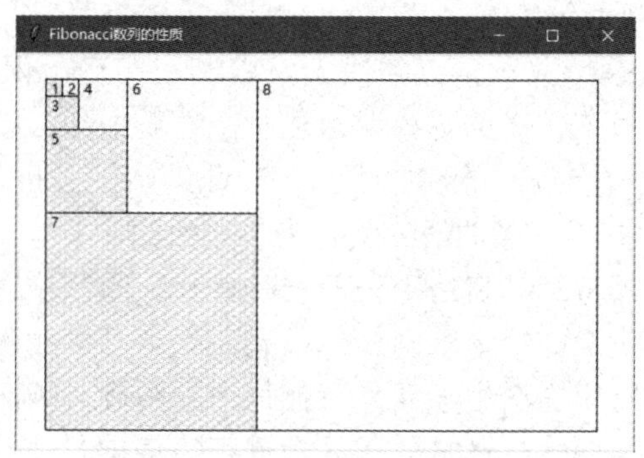

图 12-25　Fibonacci 数列的性质

程序如下：

```
from tkinter import *
w=Tk()
w.title('Fibonacci 数列的性质 ')
c=Canvas(w,width=530,height=330,bg='white')
c.pack()
def fib(n):                              # 求 Fibonacci 数列的前 n 项
    L=[0]
    a,b=0,1
    for i in range(n):
        L.append(b)
        a,b=b,a+b
    return L
lst=fib(8)                               # 将 Fibonacci 数列的前 8 项保存在列表 lst 中
x,y,d=25,22,14
for i in range(1,len(lst)):
    if i%2==1:
        a,b=x,y+d*lst[i-1]               # 左上角坐标
        col='green1'
    else:
        a,b=x+d*lst[i-1],y               # 左上角坐标
        col='yellow'
    cc,dd=a+d*lst[i],b+d*lst[i]          # 右下角坐标
    c.create_rectangle(a,b,cc,dd,fill=col,stipple='gray25')
    c.create_text(a+8,b+8,text=str(i))   # 标注序号
```

程序运行结果如图 12-25 所示。

12.5.2 分形图形

自然界存在许多复杂事物和现象，如蜿蜒曲折的海岸线、天空中奇形怪状的云朵、错综生长的灌木、太空中星罗棋布的星球等，还有许多社会现象，如人口的分布、物价的波动等，它们呈现异常复杂而毫无规则的形态，但它们具有自相似性。人们把这些部分与整体以某种方式相似的形体称为分形（fractal），在此基础上，形成了研究分形性质及其应用的科学，称为分形理论。

例 12-21　绘制科赫曲线。

分析：科赫曲线是典型的分形曲线，由瑞典数学家科赫（Koch）于 1904 年提出。下面说明利用 turtle 绘图绘制科赫曲线的方法。

科赫曲线的构造过程是，取一条直线段 L_0，将其三等分，保留两端的线段，将中间的一段用以该线段为边的等边三角形的另外两边代替，得到曲线 L_1，如图 12-26 所示。再对 L_1 中的四条线段都按上述方式修改，得到曲线 L_2，如此继续下去进行 n 次修改得到曲线 $_L$，当 $n\to\infty$时得到一条连续曲线 L，这条曲线 L 就称为科赫曲线。

科赫曲线的构造规则是将每条直线用一条折线替代，通常称之为该分形的生成元，分形的基本特征完全由生成元决定。给定不同的生成元，就可以生成各种不同的分形曲线。分形曲线的构造过程是通过反复用一个生成元来取代每个直线段，因而图形的每个部分都和它本身的形状相同，这就是自相似性，这是分形最为重要的特点。分形曲线的构造过程也决定了

制作该曲线可以用递归方法，即函数自己调用自己的过程。

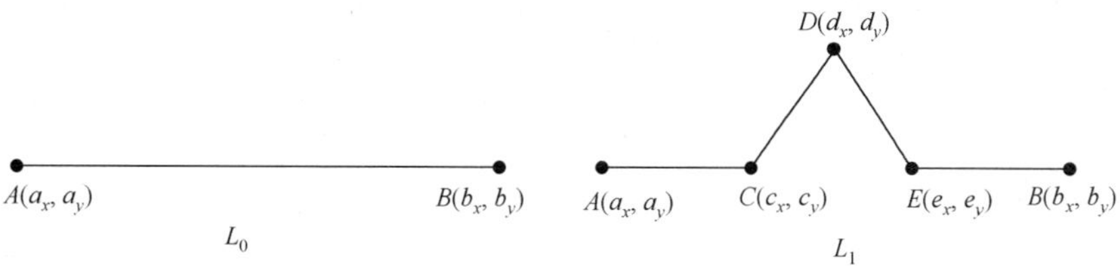

图 12-26 科赫曲线的构造过程

利用 turtle 绘图的程序如下：

```
from turtle import *
def koch(n,k):
    if n==0:
        forward(k)
    else:
        for angle in (60,-120,60,0):
            koch(n-1,k/3)
            left(angle)
up()
goto(-200,-50)
down()
koch(3,400)
```

程序中的参数 n 表示科赫曲线的细分度，参数 k 表示科赫曲线每段的长度。当 n=0 时，科赫曲线是一条直线；当 n=1 时，科赫曲线会在中间 1/3 的位置画出一个边长为 k/3 的等边三角形。当 n=3 时，程序运行结果如图 12-27 所示。改变 n 的值可以获得不同细腻程度的科赫雪花曲线。

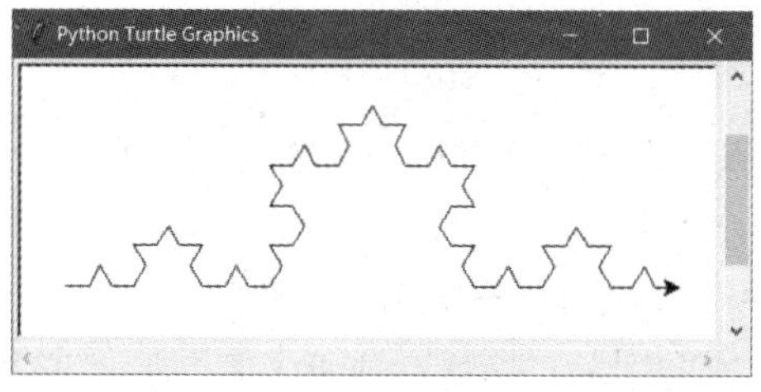

图 12-27 科赫曲线

在程序中三次调用 koch() 函数，将科赫曲线以 60° 旋转组合就形成科赫雪花曲线效果。将程序最后四个语句改为以下八个语句，程序运行结果如图 12-28 所示。

```
up()
goto(-150,90)
down()
koch(3,300)
right(120)
koch(3,300)
right(120)
koch(3,300)
```

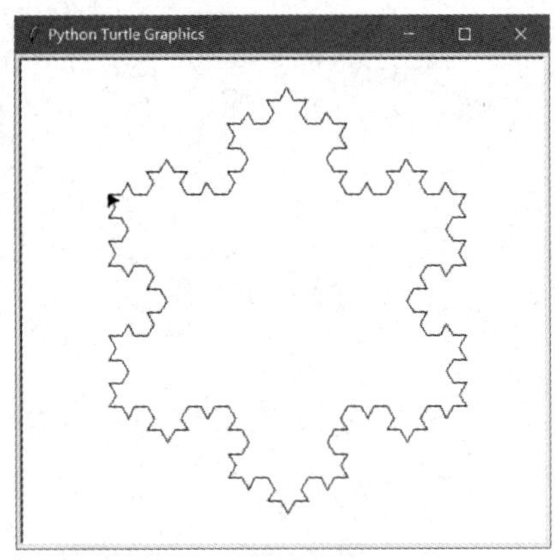

图 12-28　科赫雪花曲线

例 12-22　绘制谢尔平斯基三角形。

分析：谢尔平斯基三角形（sierpinski triangle）是一种分形，由波兰数学家谢尔平斯基在1915 年提出。其构造方法如下。

（1）根据三角形三个顶点的坐标绘制等边三角形 ABC，如图 12-29 所示。

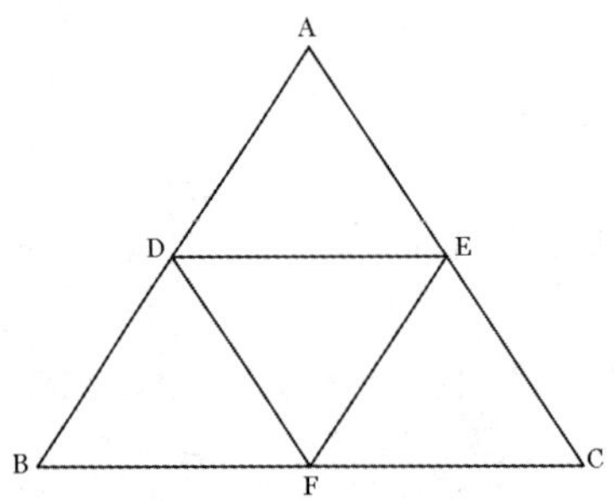

图 12-29　谢尔平斯基三角形构图原理

（2）计算三角形 ABC 三条边的中点坐标，分别绘制三个小三角形 ADE、DBF 和 EFC。

（3）对三个小三角形分别重复第（2）步（不需考虑中间的那个小三角形）。

利用递归实现程序，基本思路是，当层数 n=1 时，根据三个顶点坐标绘制三角形；当层数 n>1 时，计算三角形三条边的中点，绘制三个 n-1 层的三角形分形图（三次递归调用）。

以二层分形图为例，将三角形的三个顶点坐标 A(x1,y1)、B(x2,y2)、C(x3,y3) 放入列表 x 和 y 中，即 x=[x1, x2, x3]，y=[y1, y2, y3]。设三角形三条边的中点坐标为 D(u1,v1)、F(u2,v2)、E(u3,v3)，则 u1=(x1+x2)/2，v1=(y1+y2)/2；u2=(x2+x3)/2，v2=(y2+y3)/2；u3=(x1+x3)/2，v3=(y1+y3)/2。

定义递归函数，以 x、y、n 作为函数的形参，n 表示三角形的层数，也就是递归调用的深度。程序如下：

```
import matplotlib.pyplot as plt
def DrawTri(x,y,n):
    if n==1:
        plt.fill(x,y,'r')                              # 绘制红色三角形
    else:
```

```
        u1=(x[0]+x[1])/2; v1=(y[0]+y[1])/2            # 求第一条边的中点坐标
        u2=(x[1]+x[2])/2; v2=(y[1]+y[2])/2            # 求第二条边的中点坐标
        u3=(x[0]+x[2])/2; v3=(y[0]+y[2])/2            # 求第三条边的中点坐标
        DrawTri([x[0],u1,u3],[y[0],v1,v3],n-1)        # 对第一个三角形递归调用
        DrawTri([u1,x[1],u2],[v1,y[1],v2],n-1)        # 对第二个三角形递归调用
        DrawTri([u3,u2,x[2]],[v3,v2,y[2]],n-1)        # 对第三个三角形递归调用
x=[150,0,300]
y=[300,0,0]
n=int(input(" 输入层数 n="))
DrawTri(x,y,n)
plt.title("n="+str(n))
plt.show()
```

运行程序且输入 n 的值为 5，得到如图 12-30 所示的 6 层谢尔平斯基三角形。

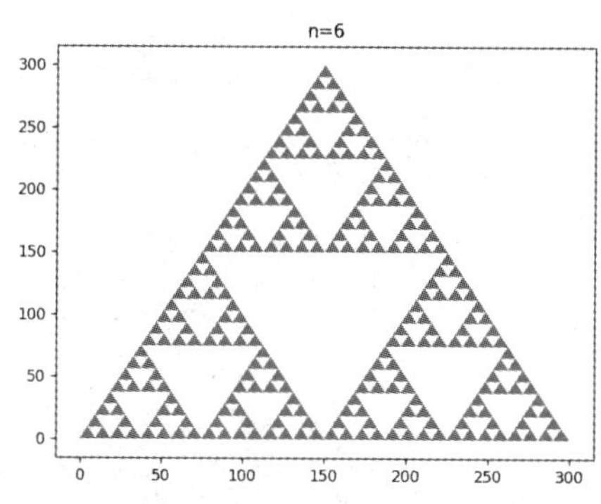

图 12-30　6 层谢尔平斯基三角形

习　题　12

一、选择题

1．画布坐标系的坐标原点是主窗口的（　）。

A．左上角　　B．左下角　　C．右上角　　D．右下角

2．从画布 c 删除图形对象 r，使用的命令是（　）。

A．c.pack(r)　　B．r.pack(c)　　C．r.delete(c)　　D．c.delete(r)

3．从画布 c 中将矩形对象 r 在 x 方向移动 20 像素，在 y 方向移动 10 像素，执行的语句是（　）。

A．r.move(c,20,10)　　B．r.remove(c,10,20)

C．c.move(r,20,10)　　D．c.move(r,10,20)

4．语句 c.create_arc(20,20,100,100,style=PIESLICE) 执行后，得到的图形是（　）。

A．曲线　　B．弧　　C．扇形　　D．弓形

5．下列程序运行后，得到的图形是（　）。

```
from tkinter import *
w=Tk()
c=Canvas(w,bg='white')
c.create_oval(50,50,150,150,fill='red')
```

```
c.create_oval(50,150,150,250,fill='red')
c.pack()
w.mainloop()
```

A．两个相交的大小一样的圆　　B．两个同心圆

C．两个相切的大小不一样的圆　　D．两个相切的大小一样的圆

6．下列程序运行后，得到的图形是（　　）。

```
from turtle import *
reset()
up()
goto(100,100)
```

A．只移动坐标不绘图　　B．水平直线

C．垂直直线　　D．斜线

7．Matplotlib 绘图完成之后，需要调用（　　）将图像显示出来。

A．plt.show()　　B．plt.title()　　C．plt.look()　　D．plt.find()

8．下列程序运行后，得到的图形是（　　）。

```
import numpy as np
from matplotlib import pyplot as plt
t=np.arange(0,2*np.pi,0.01)
for r in range(3,8,2):
    x=r*np.sin(t)
    y=r*np.cos(t)
    plt.plot(x,y)
plt.axis('equal')
plt.show()
```

A．正弦和余弦交错的三条曲线　　B．四个同心正方形

C．四个同心圆　　D．三个同心圆

二、填空题

1．如果使用“import tkinter”语句导入 tkinter 模块，则创建主窗口对象 r 的语句是________。

2．Python 中用于绘制各种图形、标注文本及放置各种图形用户界面控件的区域称为________。

3．画布对象用________方法绘制椭圆或________，其位置和尺寸通过________坐标和________坐标来定义。

4．turtle 绘图有三个要素，分别是________、________和________。

5．需要导入 Matplotlib 的 pyplot 模块且简写为 plt，相应的语句是________。

```
import matplotlib.pyplot as plt
```

三、问答题

1．在 Python 中如何导入 tkinter 模块？

2．画布对象的坐标是如何确定的？和数学中的坐标系有何不同？

3．画布对象中有哪些图形对象？如何创建？

4．利用 tkinter、turtle 和 Matplotlib 绘图各有哪些步骤？

5．利用 Matplotlib 绘制抛物线 $y=10+x^2$。

第 13 章　图形用户界面设计

图形用户界面 GUI 既形象生动，又使用户的操作更加方便灵活，是现代软件广泛采用的一种重要人机交互方式。所谓图形用户界面是指由窗口、菜单、对话框等各种图形元素组成的用户界面，用户通过一定的方法（如鼠标操作或键盘操作）选择、激活这些图形元素，使计算机产生某种动作或变化，如实现计算、绘图等。

当今流行的开发工具都支持图形用户界面的设计，同样 Python 语言也提供了图形用户界面设计的功能。利用 Python 的图形用户界面对象可以设计出界面友好、操作方便的图形用户界面。在第 12 章已经介绍了 Tkinter 图形库的图形绘制功能，这是本章学习的基础。

本章介绍内容包括创建图形用户界面的步骤、常用控件、对象的布局方式、对话框、事件处理、图形用户界面应用举例等。

13.1 创建图形用户界面的步骤

Python 的图形用户界面包括一个主窗口，主窗口中又包含各种控件。主窗口和各种控件都称为对象，对象具有属性和方法。Tkinter 图形库是一个基于面向对象思想的图形用户界面设计工具包，图形用户界面的设计也是围绕各种对象的设计而展开的。Tkinter 图形库的主体内容是 tkinter 模块。使用 tkinter 模块创建一个图形用户界面应用程序需要以下步骤。

（1）创建主窗口。

（2）在主窗口中添加各种控件并设置其属性。

（3）调整对象的位置和大小。

（4）为控件定义事件处理程序。

（5）进入主事件循环。

1．创建主窗口

创建主窗口的方法在 12.1.2 节中已介绍过。主窗口是图形用户界面的顶层窗口，也是控件的容器。每个图形用户界面程序必须有且只能有一个主窗口，并且要先于其他对象创建，其他对象都是主窗口的子对象。事实上，如果程序没有显式创建主窗口而直接创建其他控件，系统仍然会自动创建主窗口。例如：

```
>>> from tkinter import *
>>> lbl=Label(text="Python")
```

第二条语句直接创建一个标签控件，同时自动创建主窗口。

2．在主窗口中添加各种控件并设置其属性

tkinter 模块中定义了许多控件类，利用这些控件类的构造函数可以创建控件对象，从而建立图形用户界面。例如：

```
>>> from tkinter import *
```

```
>>> w=Tk()
>>> aLabel=Label(w,text="Hello,world!")
>>> aLabel.pack()
```

上述程序创建主窗口，并在其中添加一个标签控件。该程序的第三行创建标签控件 aLabel，Label 构造函数的第一个参数 w 表示该标签对象是主窗口的子对象，第二个参数指定标签的文本内容。第四行表示用 pack 布局管理器对标签控件进行布局，使得标签在主窗口中以紧凑的方式摆放。

1）常用控件

下面列出常用控件的名称及其简要功能。

- Label：标签，用于显示说明文字。
- Message：消息，类似标签，但可显示多行文本。
- Button：按钮，用于执行命令。
- Radiobutton：单选按钮，用于从多个选项中选择一个选项。
- Checkbutton：复选框，用于表示是否选择某个选项。
- Entry：单行文本框，用于输入、编辑一行文本。
- Text：多行文本框，用于显示和编辑多行文本，支持嵌入图像。
- Frame：框架，是容器控件，用于控件组合与界面布局。
- Listbox：列表框，用于显示若干个选项。
- Scrollbar：滚动条，用于滚动显示更多内容。
- OptionMenu：可选项，单击可选项按钮时，打开选项列表，按钮中显示被选中的项目。
- Scale：刻度条，允许用户通过移动滑块来选择数值。
- Menu：菜单，用于创建下拉式菜单或弹出式菜单。
- Toplevel：顶层窗口，这是一个容器控件，用于多窗口应用程序。
- Canvas：画布，用于绘图。

2）控件对象属性

每个控件都是对象，创建对象时设置的各种参数都是对象的属性，如标签控件的 text 属性。控件有许多属性，在用构造函数创建控件对象时可以为一些属性设置属性值，而没有设置属性值的属性也都有预定义的默认值。创建对象时采用“属性名 = 属性值”的形式来设置属性值。

控件对象的属性值既可以在创建时指定，也可以在将来任何时候设置或修改。每种控件类都提供 configure() 方法（configure 可简写为 config）用于修改属性值。例如：

```
aLabel.config(text="Goodbye")
```

执行语句后，aLabel 标签控件的文本变成了“Goodbye”。

tkinter 模块还提供了另一种修改控件对象属性值的方法。将对象视为一个字典，该字典以属性名作为关键字，以属性值作为字典的值。按照修改字典值的语法形式，上面的语句可以写成：

```
aLabel["text"]="Goodbye"
```

使用字典方法每次只能修改一个属性的值，而使用 config() 方法一次可以修改多个属性的值，例如下面的语句同时修改了标签的文本、前景色和背景色。

```
aLabel.config(text="Goodbye",fg="red",bg="blue")
```

3．调整对象的位置和大小

调用对象的 pack()、grid() 或 place() 方法，通过布局管理器可调整对象的位置和大小。大多数控件在创建之后并不会立即显示在主窗口中，必须经由布局管理器进行布置之后才能变成可见的，因此多数控件都要经历创建和布局两个步骤。

4．为控件定义事件处理程序

用户操作会引发事件，如果控件绑定了事件处理程序，则在控件上发生该事件时会调用相应的事件处理程序。

5．进入主事件循环

最后调用主窗口的 mainloop() 方法，进入主事件循环，准备处理事件。除非用户关闭主窗口，否则程序将一直处于主循环中。

例 13-1　创建图形用户界面，该界面中有一个按钮和一个标签，单击按钮对象时，标签的内容会发生改变。

程序如下：

```
from tkinter import *
w=Tk()
w.title(" 创建 GUI 演示 ")
w.geometry("250x100+100+100")
def show():                                # 定义按钮的回调函数
    lbl.config(text="Python 程序设计 ")
#command 属性指定按钮的回调函数 show
btn=Button(w,text=" 显示 ",width=8,command=show)
lbl=Label(w,text=" 这是标签对象 ")
btn.place(x=100,y=30)                      # 设置按钮的位置
lbl.place(x=100,y=60)                      # 设置标签的位置
w.mainloop()                               # 进入主事件循环
```

程序运行结果如图 13-1 所示。

图 13-1　图形用户界面示例

单击“显示”按钮时，标签控件的显示变为“Python 程序设计”。

13.2 常用控件

利用 tkinter 模块进行图形界面设计，创建控件是很重要的操作。本节介绍常用控件的使用方法。注意，创建控件之前首先要导入 tkinter 模块并创建主窗口，即执行以下语句。

```
>>> from tkinter import *
```

```
>>> w=Tk()
```

13.2.1 提示性控件

标签（label）和消息（message）都用于在主窗口中显示文本提示信息，但消息对象可以用于显示多行文本。

1. 标签

tkinter 模块定义了 Label 类来创建标签控件。创建标签时需要指定其父控件和文本内容，前者由 Label 构造函数的第一个参数指定，后者用属性 text 指定。例如前面已介绍过的语句：

```
>>> aLabel=Label(w,text="Hello,World!")
```

该语句创建了一个标签控件对象，但该控件在主窗口中仍然不可见。为使控件在主窗口中可见，需要调用布局管理器对该控件进行位置安排。下面的语句对标签对象 aLabel 调用方法 pack，即用 pack 布局管理器来设置这个标签的位置。

```
>>> aLabel.pack()
```

于是，标签在主窗口中得以显示，同时主窗口的大小也改变了，变成刚好可以放置新加入的标签控件，这正是 pack 的效果，pack 有“打包”之意，即所有对象以紧凑的方式布置。pack 布局管理器简单易用，但不适合进行复杂布局，13.3 节介绍其他布局管理器。

标签控件除具有 text 属性外，还有其他许多属性。上面的语句中只为标签的 text 属性提供了值“Hello,World!”，其他属性都使用默认值。font 属性指定文本字体。字体描述使用一个三元组，包含字体名称、尺寸（以磅为单位）和字形名称，常用的英文字体有 Arial、Verdana、Helvetica、Times New Roman、Courier New、Comic Sans MS 等，也可以用中文字体，如宋体、楷体、仿宋、隶书等。字形名称可以是 normal、bold、roman、italic、underline 和 overstrike 等。下面的语句设置了标签的字体属性。

```
>>> Label(w,text="Python",font=('Arial',12,'bold')).pack()
```

下面的语句为标签设置了更多的其他属性。

```
>>> Label(w,text="OK",bg="blue",fg="red",width=40).pack()
```

语句中的属性 bg（或 background）、fg（或 foreground）、width 分别表示标签文本的背景颜色、文本颜色（前景颜色）和标签的宽度。该语句采用了将对象创建和对象方法调用结合在一起的方式。先调用构造函数 Label() 创建一个标签对象，然后直接对这个对象调用方法 pack()，而不是先定义一个对象，然后通过对象来调用对象的方法。显然，对象创建与对象方法调用合并的写法不适合需要多次引用一个对象的场合。

2. 标签框架

标签框架是一个带标签的矩形框，这是一个容器控件，其中能容纳其他的控件。tkinter 模块提供 LabelFrame 类来创建标签框架对象。例如，下面的语句创建标签框架，并在其中创建标签对象。

```
>>> lf=LabelFrame(w,text="LabelFrame")
>>> lf.pack()
>>> lbl=Label(lf,text="Label1")
```

```
>>> lbl.pack()
>>> lbl=Label(lf,text="Label2")
>>> lbl.pack()
```

3．消息

消息和标签的用法基本一样。例如：

```
>>> msg= Message(w,text="Hello,World!")
>>> msg.pack()
```

语句执行后，在主窗口中分两行显示”Hello,World!”，这也是消息与标签不同的地方，消息可以显示多行文本。如果不想让它换行，则指定足够大的宽度。例如：

```
>>> Message(w,text="Hello,World!",width=100).pack()
```

消息还有许多属性，例如，使用 aspect 属性指定消息的宽高比例。在默认情况下，消息的宽高比是 150，即消息的宽度是高度的 150%。假如将 aspect 属性设置为 400，即宽为高的 4 倍。

13.2.2　按钮控件

按钮（button）也称命令按钮（command button），它是图形用户界面中最常见的控件，是用户命令程序执行某项操作的基本手段。下面的语句在主窗口中创建了一个按钮控件。

```
>>> btn=Button(w,text="Quit",command=w.quit)
```

对按钮控件来说，最重要的属性是 command，它用于指定按钮的事件处理函数，将按钮与某个函数或方法关联起来。对按钮的操作是用鼠标单击，该函数或方法就是单击按钮时要执行的操作。上面的语句中将按钮与主窗口的内置方法 quit() 相关联，其功能是退出主循环。注意，传递给 command 属性的是函数对象，函数名后不能加括号。

按钮控件在主窗口中的位置也需要用布局管理器来安排，例如用 pack 布局管理器，语句如下：

```
>>> btn.pack()
```

与标签控件的情形一样，btn 按钮在主窗口中以紧凑方式布置并变得可见。由于 pack() 方法是在 tkinter 模块的基类中定义的，而所有控件都是这个基类的子类，从而都继承了这个方法，所以对标签和按钮及其他各种控件都可以调用 pack() 方法。

为了验证按钮的功能，先进入主窗口事件循环，语句如下：

```
>>> w.mainloop()
```

这时可以看到 Python 解释器的 >>> 提示符没有了，表明现在由 tkinter 程序接管了控制权。然后单击“Quit”按钮，可以看到又回到了 Python 解释器的提示符状态，这就是 w.quit() 方法的作用。

在实际应用程序中，通常由程序员自己定义与按钮相关联的函数，以实现某种操作。看下面的例子。

例 13-2　主窗口中有一“显示”按钮，单击该按钮时在主窗口中显示“Python 程序设计”。

程序如下：

```
def btnf():
    Message(w,text='Python 程序设计 ',width=200).pack()
from tkinter import *
w=Tk()
w.geometry("200x60")
w.title(" 按钮操作演示 ")
btn=Button(w,text=' 显示 ',command=btnf)
btn.pack()
w.mainloop()
```

程序运行后单击“显示”按钮，结果如图13-2所示。

图 13-2　按钮操作演示

按钮控件还有其他一些属性，如宽度属性width、高度属性height、文本颜色属性fg、背景颜色属性bg、边框大小属性bd（borderwidth，默认为两个像素）、状态属性state（有正常NORMAL、激活ACTIVE、禁用DISABLED三种状态）、边框3D效果属性relief（默认为FLAT，有FLAT、GROOVE、RAISED、RIDGE、SOLID、SUNKEN等效果设置）。

13.2.3　选择性控件

1. 复选框

复选框（check button）用于提供一些供用户选择的选项，用户可以选择多项。例如，学生的兴趣爱好就可以使用复选框实现。复选框在外观上由一个小方框和一个相邻的描述性标题组成，未选中时，小方框为空白，选中时在小方框中打钩（√），再次选择一个已打钩的复选框将取消选中。对复选框的选择操作一般是用鼠标单击小方框或标题。

tkinter模块的Checkbutton类用于创建复选框控件，其最简单的用法如下：

```
>>> Checkbutton(w,text="Python").pack()
```

在实际应用中，通常将多个复选框组合为一组，为用户提供多个相关的选项，用户可以从中选择一个或多个选项，当然也可以不选。如果在程序中查询和设置选项的状态，则可以使用variable属性将复选框与一个IntVar或StringVar类型的控制变量关联。用法如下：

```
>>> v=IntVar()
>>> Checkbutton(w,text="Python",variable=v).pack()
```

在程序中可以通过v.get()和v.set()来查询或设置复选框的状态。处于选中状态时，对应1或字符1；处于未选中状态时，对应0或字符0。

例 13-3　复选框组包括三个复选框，要求将一整数与复选框的状态关联，每次单击复选框，显示当前选中的内容。利用复选框的command属性指定复选框的事件处理函数。

程序如下：

```
def callChk():
```

```
    str=" 选择了 "
    if v1.get()==1:
        str+=" 计算机！ "
    if v2.get()==1:
        str+=" 自动化！ "
    if v3.get()==1:
        str+=" 通信工程！ "
    Label(w,text=str).pack()
from tkinter import *
w=Tk()
w.geometry("250x120")
w.title(" 复选框操作演示 ")
v1=IntVar()
v2=IntVar()
v3=IntVar()
v1.set(1)       # 设置复选框的状态
v2.set(0)
v3.set(1)
Checkbutton(w,variable=v1,text=' 计算机 ',command=callChk).pack()
Checkbutton(w,variable=v2,text=' 自动化 ',command=callChk).pack()
Checkbutton(w,variable=v3,text=' 通信工程 ',command=callChk).pack()
w.mainloop()
```

程序运行后，“计算机”和“通信工程”处于选中状态，选择“自动化”选项后，结果如图 13-3 所示。

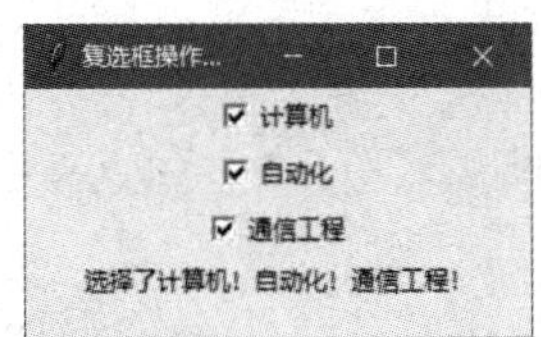

图 13-3　复选框操作演示

图 13-3 中的各复选框选项排列得不太整齐，这是因为 pack() 方法在布局时默认采用了居中对齐方式。布局管理器提供了其他对齐方式，详见 13.3 节。此外，在实际图形用户界面设计中，为了表示一组复选框的相关性，通常用一个框架将它们组合起来（参见 13.2.4 节）。

2. 单选按钮

同复选框一样，单选按钮（radio button）也是图形用户界面设计中使用较多的控件。复选框和单选按钮都是用于提供一些供用户选择的选项，这些选项有选中或未选中两种状态。两者的区别是，复选框主要适合多选多的情况，单选按钮适合多选一的情况，同组的单选按钮在任意时刻只能有一个被选中，每当换选其他单选按钮时，原先选中的单选按钮被取消。例如，选择学生的“性别”就适合用单选按钮。

单选按钮的外观是一个小圆圈加上相邻的描述性标题，未选中时，小圆圈内是空白的；选中时，小圆圈中出现一个圆点。对单选按钮的选择操作是用鼠标单击小圆圈或标题。

tkinter 模块提供的 Radiobutton 类可用于创建单选按钮，最简单的用法如下：

```
>>> Radiobutton(w,text="Python").pack()
```

在实际应用中都是将若干个相关的单选按钮组合成一个组，使得每次只能有一个单选按钮被选中。为了实现单选按钮的组合，可以先创建一个 IntVar 或 StringVar 类的控制变量，然后将同组的每个单选按钮的 variable 属性都设置成该控制变量。由于多个单选按钮共享一个控制变量，而控制变量每次只能取一个值，所以选中一个单选按钮就会导致取消另一个。

为了在程序中获取当前被选中的单选按钮的信息，可以为同组中的每个单选按钮设置 value 属性的值。这样，当选中一个单选按钮时，控制变量即被设置为它的 value 值，程序中即可通过控制变量的当前值来判断是哪个单选按钮被选中了。注意，value 属性的值应当与控制变量的类型匹配，如果控制变量是 IntVar 类型，则应为每个单选按钮赋予不同的整数值；如果控制变量是 StringVar 类型，则应为每个单选按钮赋予不同的字符串值。

例 13-4　创建一个包含三个单选按钮的单选按钮组，并在主窗口中输出单选按钮的选定状态。

程序如下：

```
def callRad():
    Message(w,text=v.get()).pack()
from tkinter import *
w=Tk()
w.geometry("250x100")
w.title(" 单选按钮操作演示 ")
v=StringVar()
v.set('1')
lst=[' 计算机 ',' 自动化 ',' 通信工程 ']
for i in range(3):
    Radiobutton(w,variable=v,text=lst[i],\
        value=str(i),command=callRad).pack()
w.mainloop()
```

程序中的三个单选按钮共享一个 StringVar 类的控制变量 v，且分别设置了字符“0”、“1”和“2”。语句 v.set('1') 的作用是设置默认选项。程序运行时选择第三项，输出其对应的字符“2”，如图 13-4 所示。

例 13-5　用标签显示一行文字，通过单选按钮选择文字颜色，通过复选框选择字形，程序运行界面如图 13-5 所示。

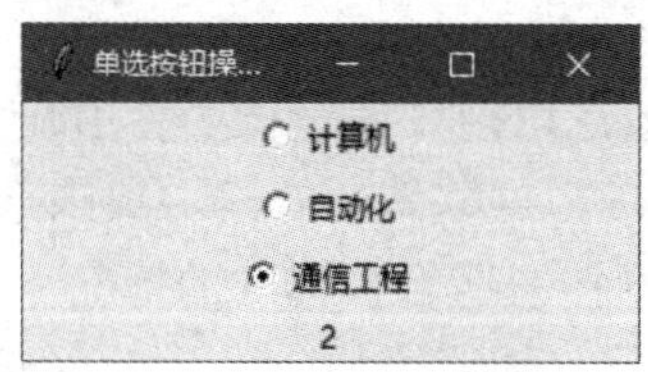

图 13-4　单选按钮操作演示

图 13-5　选择文字颜色和字形

程序如下：

```
def colorChecked():                # 改变标签文本颜色
    lbl.config(fg=color.get())
def typeChecked():                 # 改变文本字形
    if typeBlod.get()==1 and typeItalic.get()==0:
```

```
        lbl.config(font=(" 宋体 ",12,"bold"))
    elif typeItalic.get()==1 and typeBlod.get()==0:
        lbl.config(font=(" 宋体 ",12,"italic"))
    elif typeBlod.get()==1 and typeItalic.get()==1:
        lbl.config(font=(" 宋体 ",12,"bold","italic"))
    else:
        lbl.config(font=(" 宋体 ",12))
from tkinter import *
w=Tk()
w.title(" 复选框 & 单选按钮 ")
lbl=Label(w,text="Python 程序设计 !",height=3,\
    font=(" 宋体 ",12),fg='blue')
lbl.pack()
color=StringVar()
color.set('blue')                    # 设置默认选项
Radiobutton(w,text=" 红色 ",variable=color,value="red",\
    command=colorChecked).pack(side=LEFT)
Radiobutton(w,text=" 蓝色 ",variable=color,value="blue",\
    command=colorChecked).pack(side=LEFT)
Radiobutton(w,text=" 绿色 ",variable=color,value="green",\
    command=colorChecked).pack(side=LEFT)
typeBlod=IntVar()
typeItalic=IntVar()
Checkbutton(w,text=" 粗体 ",variable=typeBlod,\
    command=typeChecked).pack(side=LEFT)
Checkbutton(w,text=" 斜体 ",variable=typeItalic,\
    command=typeChecked).pack(side=LEFT)
w.mainloop()
```

程序运行结果如图 13-5 所示，其中颜色只能单选，字形可以多选。

3．列表框

列表框（list box）可以包含一个或多个选项供用户选择。tkinter 模块的 Listbox 类用于创建列表框控件。

使用列表框的 insert() 方法来向列表框中添加一个选项。insert() 方法有两个参数：第一个为添加项的索引值，第二个为添加的项目。索引值有两个特殊的值：ACTIVE 和 END。ACTIVE 是向当前选中的项目前插入一个（使用当前选中的索引作为插入位置），END 是向列表框的最后一项插入一项。

例 13-6　创建一个列表框，向其中添加三个选项。

程序如下：

```
from tkinter import *
w=Tk()
w.geometry("250x100")
w.title(" 列表框操作演示一 ")
lb=Listbox(w)
for item in [' 计算机 ',' 自动化 ',' 通信工程 ']:
    lb.insert(END,item)
lb.pack()
w.mainloop()
```

程序运行结果如图 13-6 所示。

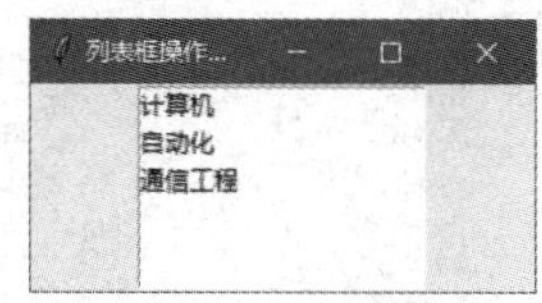

图 13-6　列表框操作演示一

使用列表框的 delete() 方法可以删除选项。delete() 方法也有两个参数：第一个为开始的索引值，第二个为结束的索引值。如果不指定第二个参数，则只删除第一个索引项。例如：

```
>>> lb.delete(1,3)
>>> lb.delete(0,END)
```

第一个语句删除第 2 ～ 4 项，对应的索引值为 1、2、3。第二个语句指定第一个索引值 0 和最后一个项目索引 END，删除全部项目。

调用 size() 方法得到当前列表框中的项目个数，selection_set() 方法选中指定的项目，get() 方法返回指定索引的项目，curselection() 方法返回当前选项的索引，selection_includes() 判断一个选项是否被选中。

列表框可以与变量绑定，通过变量来修改项目。看下面的例子。

例 13-7　列表框操作演示二。

程序如下：

```
from tkinter import *
w=Tk()
w.geometry("250x100")
w.title(" 列表框操作演示二 ")
v=StringVar()
lb=Listbox(w,listvariable=v,width=10,heigh=3)
v.set((' 计算机 ',' 自动化 ',' 通信工程 '))    # 改变列表框的项目，元组与选项对应
Message(w,text=v.get()).pack()              # 显示当前列表中的项目
lb.pack()
w.mainloop()
```

程序运行结果如图 13-7 所示。

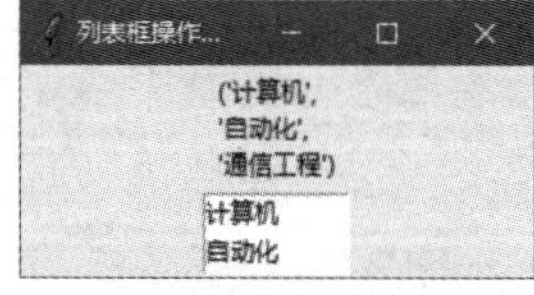

图 13-7　列表框操作演示二

4．滚动条

滚动条（scrollbar）用于移动选项的可见范围，可以单独使用，但大部分还是与列表框、多行文本框、画布等其他控件配合使用。

tkinter 模块的 Scrollbar 类用于创建滚动条控件，滚动条分垂直滚动条和水平滚动条两种，

默认创建垂直滚动条。下面的程序创建水平滚动条，并通过 set() 方法来设置滑块的位置。

```
from tkinter import *
w=Tk()
sl=Scrollbar(w,orient=HORIZONTAL)       # 创建水平滚动条
sl.set(0.5,1)
sl.pack()
w.mainloop()
```

通过 set() 方法将值设置为 (0.5,1)，即滑块占整个滚动条的一半。

单独使用滚动条比较少见，大部分还是与其他控件绑定使用，以下是将一个列表框与滚动条绑定的例子。

例 13-8　列表框与滚动条绑定使用。

分析：以在列表框中使用垂直滚动条为例。为了在列表框中添加垂直滚动条，需要做两项操作：一是指定列表框的 yscrollbar 属性的回调函数为滚动条的 set() 方法；二是指定滚动条的 command 属性的回调函数是列表框的 yview() 方法。

程序如下：

```
from tkinter import *
w=Tk()
w.geometry("250x100")
w.title(" 列表框与滚动条绑定操作 ")
lb=Listbox(w)
sl=Scrollbar(w)
sl.pack(side=RIGHT,fill=Y)          # side 指定滚动条居右，fill 指定充满整个剩余区域
# 指定列表框的 yscrollbar 属性的回调函数为滚动条的 set() 方法
lb['yscrollcommand']=sl.set
for i in range(100,1000):
    lb.insert(END,str(i))
lb.pack(side=LEFT)                  # side 指定列表框居左
# 指定滚动条的 command 属性的回调函数是列表框的 yview() 方法
sl['command']=lb.yview
w.mainloop()
```

程序运行结果如图 13-8 所示。可以这样理解两者之间的关系：当列表框改变时，滚动条调用 set() 方法改变滑块的位置；当滚动条改变了滑块的位置时，列表框调用 yview() 方法以显示新的列表选项。

图 13-8　列表框与滚动条绑定操作

5. 可选项

可选项（option menu）提供一个选项列表，平时是收拢状态，单击可选项按钮时，打开列表供用户选择，被选中的选项显示在按钮中。

tkinter 模块提供 OptionMenu 类来创建可选项。创建时需要两个必要的参数：一是与当前值绑定的变量，通常为一个 StringVar 类的变量；另一个是提供可选的项目列表。当可选项与变量绑定后，直接使用给变量赋值的方法即可改变当前的值。

例 13-9　可选项操作演示。

程序如下：

```
from tkinter import *
w=Tk()
w.geometry("200x50")
w.title(" 可选项操作演示 ")
v=StringVar(w)
v.set(' 自动化系 ')
om=OptionMenu(w,v,' 计算机系 ',' 通信系 ',' 电气系 ',' 自动化系 ')
om.pack()
print(v.get())
w.mainloop()
```

上面程序指定默认选项为“自动化系”，程序运行界面如图 13-9(a) 所示，单击按钮将出现如图 13-9(b) 所示的全部选项。

(a) 默认选项　　(b) 全部选项

图 13-9　可选项操作演示

6．刻度条

刻度条（scale）用于在指定的范围内通过移动滑块来选择的数值。tkinter 模块提供 Scale 类来创建刻度条。创建时需要为刻度条指定最小值、最大值和移动的步距，可以和变量绑定，还可以使用回调函数打印当前的值。下面的程序创建一个水平刻度条，最小值为 0，最大值为 100，步距为 0.1。

```
from tkinter import *
w=Tk()
def show(text):
    print('v=',v.get())
v=StringVar()
scl=Scale(w,from_=0,to=100,resolution=0.1,orient=HORIZONTAL,\
    variable=v,command=show)
scl.set(50)   # 将滑块的值设置为 50
scl.pack()
w.mainloop()
```

上面程序中的回调函数有一个参数，这个值是滑块的当前值，每移动一个步距就会调用一次函数。注意 from_ 选项的使用方式，在其后添加了下画线（_），避免与关键字 from 冲突。

例 13-10　通过拖动刻度条来改变窗口文字的大小。

程序如下：

```
def change(value):                                      # 改变文字大小的函数
    lbl.config(font=(' 仿宋 ',sl.get(),'bold'))          # 改变字体大小
from tkinter import *
w=Tk()
w.geometry('250x100')
w.title(" 刻度条操作演示 ")
lbl=Label(w,text='Python 程序设计 !',font=(' 仿宋 ',10,'bold'))
lbl.pack()
sl=Scale(w,from_=5,to=50,orient=HORIZONTAL,command=change)
sl.set(10)                                              # 设置滑块起始位置
sl.pack()
w.mainloop()
```

程序运行结果如图 13-10 所示。

图 13-10　利用刻度条改变文字大小

13.2.4　文本框与框架控件

文本框用于输入和编辑文本。在输入过程中可以随时进行编辑，如光标定位、修改、插入等。Python 的文本框包括单行文本框（entry）和多行文本框（text）。对文本编辑区一般可以设置行和列的大小，并且可以通过滚动条来显示、编辑更多的文本。

框架（frame）是一种容器，用于将一组相关的基本控件组合成一个复合控件。利用框架对窗口进行模块化分隔，可建立复杂的图形用户界面。每个框架都是一个独立的区域，可以独立地对其包含的控件进行布局。

1. 单行文本框

tkinter 模块提供的 Entry 类可以实现单行文本的输入和编辑。下面的语句创建并布置一个单行文本框控件：

```
>>> Entry(w).pack()
```

该语句运行后，在窗口中出现一行空白区域，单击此区域后会出现一个闪烁的光标，这时就可以在其中输入文本了。

当用户输入了数据之后，应用程序显然需要用某种手段来获取用户的输入，以便对数据进行处理。为此，可以通过 Entry 对象的 textvariable 属性将文本框与一个 StringVar 类的控制变量相关联，具体做法如下：

```
>>> v=StringVar()
```

```
>>> ety=Entry(w,textvariable=v)
>>> ety.pack()
```

此后，在程序中就可以利用 v.get() 来获取文本框中的文本内容。假设用户在文本框内输入了文本“Python”，那么就有

```
>>> print(v.get())
Python
```

另外，程序中还可以通过 v.set() 来设置文本框的内容。例如：

```
>>> v.set('Programming')
```

可以看到文本框中的文本立即成了“Programming”。

很多应用程序利用文本框作为用户登录系统时输入用户名和密码的界面元素，其中密码文本框一般不回显用户的输入，而是用“*”代替，这在 tkinter 模块中很容易做到，只需将文本框对象 show 属性设置为“*”即可，如下：

```
ety.config(show='*')
```

例 13-11　在文本框中输入文本后，单击“显示”按钮，把在文本框中输入的文本显示在标签中。

程序如下：

```
def entf():
    Label(w,text=v.get()).pack()
from tkinter import *
w=Tk()
w.geometry("250x100")
w.title(" 文本框操作演示 ")
v=StringVar()
Entry(w,textvariable=v).pack()
Button(w,text=' 显示 ',command=entf).pack()
w.mainloop()
```

上面程序运行后，在文本框中输入“Python 程序设计”，再单击“显示”按钮，结果如图 13-11 所示。

图 13-11　文本框操作演示

2. 多行文本框

除 Entry 类外，tkinter 模块还提供一个支持多行文本输入与编辑的文本框控件类 Text。Text 类的用途非常多，用法也比 Entry 类复杂，但两者的基本用法是类似的。例如：

```
>>> txt=Text(w)
>>> txt.pack()
```

其运行结果是在窗口中出现了一个多行的空白区域，在此区域中可输入、编辑多行文本。

多行文本框提供文本的获取、删除、插入和替换等功能，相关的方法如下。

- txt.get(index1,index2)：获取指定范围的文本。
- txt.delete(index1,index2)：删除指定范围的文本。
- txt.insert(index,text)：在 index 位置插入文本。
- txt.replace(index1,index2,text)：替换指定范围的文本。

在方法调用语句中，index 参数代表文本的位置，其格式为“行标号 . 列标号”，行标号从 1 开始，列标号从 0 开始，1.0 表示第一行第一列。index 参数也可以用位置标签，INSERT 代表光标的插入点；CURRENT 代表鼠标的当前位置；END 代表文本框的最后一个字符之后的位置；SEL_FIRST 代表选中文本域的第一个字符，如果没有选中文本域则会引发异常；SEL_LAST 代表选中文本域的最后一个字符，如果没有选中文本域则会引发异常。

例 13-12　多行文本框操作示例。

程序如下：

```
from tkinter import *
w=Tk()
w.geometry("250x100")
w.title(" 多行文本框操作演示 ")
t=Text(w)
t.insert(1.0,'0123456789')
t.insert(END,'\n')
t.insert(1.0,'ABCDEFGHIJ')
t.insert(2.0,'ABCDEFGHIJ')
t.replace(1.0,1.5,'ZZZZZ')
t.pack()
w.mainloop()
```

程序运行结果如图 13-12 所示。

图 13-12　多行文本框操作演示

多行文本框还支持其他高级编辑功能，包括剪贴板的操作、操作撤销与重做等。

3．框架

tkinter 模块提供了 Frame 类来创建框架控件，框架的宽度和高度分别用 width 和 height 属性来设置，框架的边框粗细用 bd（或 border、borderwidth）属性来设置（默认值为 0，即没有边框），边框的 3D 风格用 relief 属性来设置（与按钮相同）。例如：

```
>>> f=Frame(w,width=300,height=400,bd=4,relief=GROOVE)
>>> f.pack()
```

这个框架的边框风格是 GROOVE。下面的例子演示了如何将框架作为容器来组合控件。

例 13-13　框架操作示例。

程序如下：

```
from tkinter import *
w=Tk()
w.geometry("250x100")
w.title(" 框架操作演示 ")
f=Frame(w,bd=4,relief=GROOVE)
f.pack()
Checkbutton(f,text=" 计算机 ").pack()
Checkbutton(f,text=" 自动化 ").pack()
Checkbutton(f,text=" 通信工程 ").pack()
w.mainloop()
```

程序运行结果如图 13-13 所示。

框架除可作为容器来组合多个控件外，还可用于图形界面的空间分隔或填充。看下面的程序。

```
from tkinter import *
w=Tk()
Label(w,text=" 计算机 ").pack()
Frame(height=2,bd=1,relief=RIDGE).pack(fill=X,pady=5)
Label(text=" 自动化 ").pack()
w.mainloop()
```

程序运行结果如图 13-14 所示。程序第四条语句定义的框架只起着分隔两个标签控件的作用，该框架在主窗口中以 x 方向填满（fill=X）、y 方向上下各填充 5 个像素空间（pady=5）的方式进行 pack 布局。

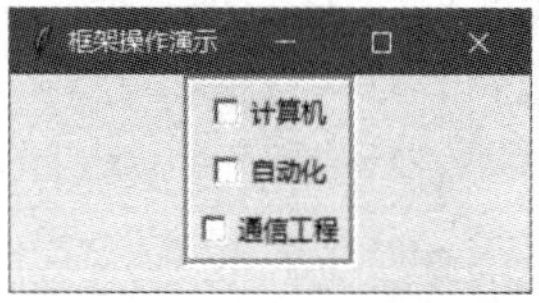

图 13-13　框架操作演示

图 13-14　框架用于空间分隔

13.2.5　菜单与顶层窗口控件

在 Python 中，菜单（menu）是常用的控件之一。菜单控件是一个由许多菜单项组成的列表，每个菜单项表示一条命令或一个选项。用户通过鼠标或键盘选择菜单项，以执行命令或选中选项。菜单项通常以相邻的方式放置在一起，形成窗口的菜单栏，并且一般置于窗口顶端。除菜单栏里的菜单外，还常用一种上下文菜单，这种菜单平时在界面中是不可见的，当用户在界面中单击鼠标右键时才会弹出一个与单击对象相关的菜单。有时，菜单中一个菜单项的作用是展开另一个菜单，形成级联式菜单。

tkinter 模块支持多窗口应用，除创建主窗口外，还可以创建顶层窗口。顶层窗口的外观与主窗口一样，可以独立地移动和改变大小，并且不需要像其他控件那样必须在主窗口中进行布局后才显示。一个应用程序只能有一个主窗口，但可以创建任意多个顶层窗口。

1．菜单

tkinter 模块提供 Menu 类用于创建菜单控件，具体用法是先创建一个菜单控件对象，并与某个窗口（主窗口或者顶层窗口）进行关联，然后再为该菜单添加菜单项。与主窗口关联的菜单实际上构成了主窗口的菜单栏。菜单项可以是简单命令、级联式菜单、复选框或一组单选按钮，可分别用 add_command()、add_cascade()、add_checkbutton() 和 add_radiobutton() 方法来添加。为了使菜单结构清晰，还可以用 add_separator() 方法在菜单中添加分隔线。

例如，下面的程序创建了一个菜单，运行结果如图 13-15 所示。

```
from tkinter import *
w=Tk()
m=Menu(w)
w.config(menu=m)   # 与 w['menu']=m 等价
m.add_command(label="Plot")
m.add_command(label="Help")
```

图 13-15　创建菜单对象

程序第三条语句在主窗口中创建菜单对象 m，第四条语句将主窗口的 menu 属性设置为 m，这导致将菜单对象 m 布置于主窗口的顶部，构成菜单栏，程序最后两条语句创建 m 的两个菜单项。从上面的程序可以看到，菜单控件与前面介绍的控件都不同，不需要调用布局管理器来使之可见，tkinter 模块会自动布局并显示菜单。

上面的程序没有为菜单项编写相应的处理程序或定义级联菜单。下面看一个更实用的例子。

例 13-14　设计绘图菜单，选择菜单项能绘制相应图形。

程序如下：

```
from tkinter import *
def callback1():
    c=Canvas(w,width=300,height=200,bg='white')
    c.pack()
    c.create_rectangle(50,50,200,100)
def callback2():
    c=Canvas(w,width=300,height=200,bg='white')
    c.pack()
    c.create_polygon(35,10,10,60,60,60)
```

```
def callback3():
    w.quit()
def callback4():
    print("Python is very useful.")
w=Tk()
w.title(" 菜单设计 ")
m=Menu(w)
w.config(menu=m)
plotmenu=Menu(m)
m.add_cascade(label="Plot",menu=plotmenu)
plotmenu.add_command(label="Rectangle",command=callback1)
plotmenu.add_command(label="Triangle",command=callback2)
plotmenu.add_separator()
plotmenu.add_command(label="Exit",command=callback3)
helpmenu=Menu(m)
m.add_cascade(label="Help",menu=helpmenu)
helpmenu.add_command(label="About...",command=callback4)
w.mainloop()
```

上面程序首先在主窗口中创建菜单对象 m，并将 m 设置为主窗口的菜单栏；然后以在 m 中创建另两个菜单对象 plotmenu 和 helpmenu，它们分别构成菜单 m 的级联式菜单项“Plot”和“Help”。菜单 plotmenu 又由三个命令项组成（中间有一条分隔线），菜单 helpmenu 中只有一个命令项。各个菜单在界面中的位置由 tkinter 模块自动布局，不需要调用布局管理器。各个命令项关联到不同的函数实现不同的功能。运行程序并单击“Plot”菜单项之后，结果如图 13-16 所示。

从图 13-16 可以看到，“Plot”菜单项下面有一条虚线，单击该虚线可以将菜单项和主窗口分离。在创建级联式菜单时，设置 tearoff 属性为 0，则禁止分离，语句如下：

```
plotmenu=Menu(m,tearoff=0)
```

2. 上下文菜单

上下文菜单也叫快捷菜单，它是在右击某个对象时弹出的菜单。创建上下文菜单先要创建菜单，然后绑定对象的鼠标右击事件，并在事件处理函数中弹出菜单。例如，将例 13-14 的菜单改为上下文菜单，方法是：不要将主窗口 w 的 menu 属性设置为菜单对象 m，即去掉“w.config(menu=m)”或“w['menu']=m”语句，而用以下语句代替。

```
def popup(event):                              # 事件处理函数
    m.post(event.x_root,event.y_root)          # 在鼠标右键位置显示菜单
w.bind('<Button-3>',popup)
```

绑定鼠标右键事件，右击时调用 popup() 函数。这里与菜单绑定的是主窗口 w，也可以设置为其他的控件，在绑定的控件上右击就可以弹出菜单。

运行修改后的程序，可以看到各个菜单项的功能与原来是一样的，只是弹出的方式不同而已，如图 13-17 所示。关于事件绑定，将在 13.5.2 节详细介绍。

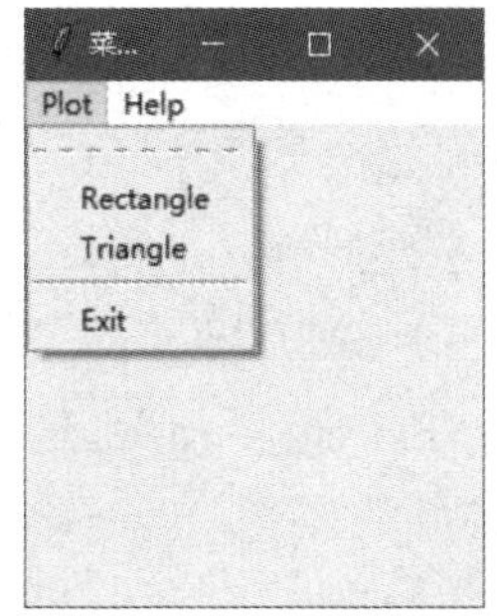

图 13-16　简易的绘图菜单

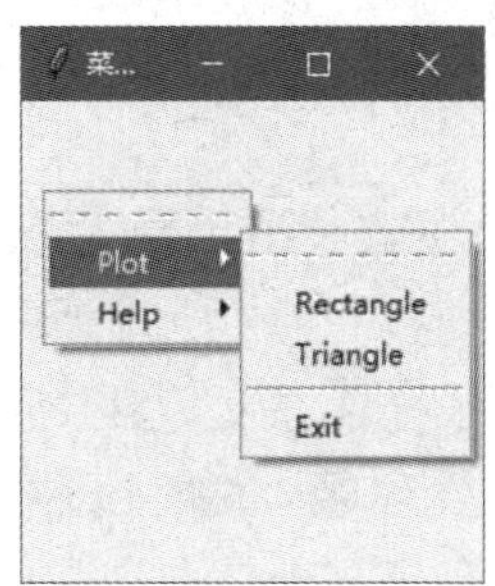

图 13-17　上下文菜单

3. 顶层窗口

tkinter 模块提供 Toplevel 类用于创建顶层窗口控件。例如：

```
from tkinter import *
w=Tk()
Label(w,text="hello").pack()
top=Toplevel()
Label(top,text="world").pack()
```

这个程序先创建主窗口，在主窗口中创建一个标签，然后创建了一个顶层窗口，又在顶层窗口中创建了一个标签。

需要说明的是，虽然创建顶层窗口对象 top 时没有指定以主窗口 w 作为父控件，但 top 确实是 w 的子控件，因此关闭 top 并不会结束程序，因为主窗口仍在工作。但若关闭主窗口，则包含 top 在内的整个界面都会关闭。因此，顶层窗口虽然具有相对的独立性，但它不能脱离主窗口而存在。即使在没有主窗口的情况下直接创建顶层窗口，系统也会自动先创建主窗口。

与主窗口类似，可以调用 Toplevel 类的 title() 和 geometry() 方法来设置它的标题与大小。例如：

```
top.title(' 顶层窗口 ')
top.geometry('400x300')
```

当然，也可以为顶层窗口建立菜单，操作方法和主窗口类似。

13.2.6　ttk 子模块控件

tkinter 模块包括 ttk 子模块。ttk 子模块包括 tkinter 模块中没有的 Combobox、Notebook、Progressbar、Separator、Sizegrip、Treeview 等控件，使得 tkinter 模块更实用。

ttk 子模块的 Style 对象可以统一设置控件的样式。例如，设置每个按钮的内边距（padding）和背景颜色（background），可以使用下面的程序。

```
from tkinter import ttk
import tkinter
w=tkinter.Tk()
style=ttk.Style()
style.configure("TButton",padding=5,background="yellow")
ttk.Button(text="Sample").pack()
```

```
ttk.Button(text=" 显示 ").pack()
w.mainloop()
```

13.3 对象的布局方式

布局指的是子控件在父控件中的位置安排。tkinter 模块提供三种布局管理器，即 pack、grid 和 place 布局管理器，其任务是根据设计要求来安排控件的位置。

13.3.1 pack 布局管理器

pack 布局管理器将所有控件组织成一行或一列，默认的布局方式是，根据控件创建的顺序将控件自上而下地添加到父控件中。可以使用 side、fill、expand、ipadx/ipady、padx/pady 等属性对控件的布局进行控制。

（1）side 属性改变控件的排列位置，LEFT 居左放置，RIGHT 居右放置。

（2）fill 属性设置填充空间，取值为 X 则在 x 方向填充，取值为 Y 则在 y 方向填充，取值为 BOTH 则在 x、y 两个方向填充，取值为 NONE 则不填充。

（3）expand 属性指定如何使用额外的“空白”空间，取值为 1 则随着父控件的大小变化而变化，取值为 0 则子控件大小不能扩展。

（4）ipadx/ipady 属性设置控件内部在 x/y 方向的间隙。

（5）padx/pady 属性设置控件外部在 x/y 方向的间隙。

例 13-15　pack 布局管理器应用示例。

程序如下：

```
from tkinter import *
w=Tk()
w.geometry('250x100')              # 改变 w 的大小为 250x100
Lbl1=Label(w,text=' 北京 ',bg='yellow1')
Lbl1.pack(expand=1,side=LEFT,ipadx=20)
Lbl2=Label(w,text=' 天津 ',bg='yellow2')
Lbl2.pack(fill=BOTH,expand=1,side=LEFT,padx=10)
Lbl3=Label(w,text=' 上海 ',bg='yellow3')
Lbl3.pack(fill=X,expand=0,side=RIGHT,padx=10)
w.mainloop()
```

程序运行结果如图 13-18 所示。

图 13-18　pack 布局管理器的应用

13.3.2 grid 布局管理器

grid 布局管理器将窗口或框架视为一个由行和列构成的二维表格，并将控件放入行列交叉处的单元格中。使用 grid 布局管理器进行布局管理非常容易，只需要创建控件，然后使用

grid() 方法告诉 grid 布局管理器在合适的行和列去显示它们。不用事先指定每个网格的大小，grid 布局管理器会自动根据里面的控件进行调节。

grid 布局管理器用 grid() 方法的选项 row 和 column 指定行、列编号。行、列都从 0 开始编号，row 的默认值为当前的空行，column 的默认值总为 0。可以在布置控件时指定不连续的行号或列号，这相对于预留了一些行、列，但这些预留的行列是不可见的，因为行、列上没有控件存在，也就没有宽度和高度。

grid() 方法的 sticky 选项用来改变对齐方式。tkinter 模块中常利用方位概念来指定对齐方式，具体方位值包括 N、S、E、W、CENTER，分别代表上、下、左、右、中心点，还可以取 NE、SE、NW、SW，分别代表右上角、右下角、左上角、左下角。将 sticky 选项设置为某个方位，就表示将控件沿单元格的某条边或某个角对齐。

如果控件比单元格小，未能填满单元格，则可以指定如何处理多余空间，例如在水平方向或垂直方向上拉伸控件以填满单元格。可以利用方位值的组合来延伸控件，例如若将 sticky 选项设置为 E+W，则控件将在水平方向上延伸，占满单元格的宽度；若设置为 E+W+N+S（或 NW+SE），则控件将在水平和垂直两个方向上延伸，占满整个单元格。

如果想让一个控件占据多个单元格，则使用 grid() 方法的 rowspan 和 columnspan 选项来指定在行、列方向上的跨度。

例 13-16　grid 布局管理器应用示例。

程序如下：

```
from tkinter import *
w=Tk()
var1=IntVar()
var2=IntVar()
Label(w,text=" 姓名 ").grid(row=0,column=0,sticky=W)
Label(w,text=" 住址 ").grid(row=1,column=0,sticky=W)
Entry(w).grid(row=0,column=1)
Entry(w).grid(row=1,column=1)
lframe=LabelFrame(w,text=' 性别 ')
radiobutton1=Radiobutton(lframe,text=' 男 ',variable=var1)
radiobutton2=Radiobutton(lframe,text=' 女 ',variable=var2)
lframe.grid(sticky=W)
radiobutton1.grid(sticky=W)
radiobutton2.grid(sticky=W)
photo=PhotoImage(file="e:\\mypython\\photo.gif")
label=Label(image=photo)
label.image=photo
label.grid(row=2,column=1,sticky=W+E+N+S,padx=5,pady=5)
w.mainloop()
```

上面程序没有为左边的两个标签指定具体的位置，在这种情况下，column 从 0 开始，而 row 从第一个没有使用的值开始。程序运行结果如图 13-19 所示。

图 13-19　grid 布局管理器的应用

13.3.3　place 布局管理器

place 布局管理器直接指定控件在父控件（窗口或框架）中的位置坐标。为使用这种布局，只需先创建控件，再调用控件的 place() 方法，该方法的选项 x 和 y 用于设定坐标。父控件的坐标系以左上角为 (0,0)，x 轴方向向右，y 轴方向向下。

(x,y) 坐标确定的是一个点，而子控件可看成一个矩形，这个矩形怎么放置在一个点上呢？ place 布局管理器通过“锚点”来处理这个问题：利用方位值指定子控件的锚点，再利用 place() 方法的 anchor 选项将子控件的锚点定位于父控件的指定坐标处。利用这种精确的定位，可以实现一个或多个控件在父控件中的各种对齐方式。anchor 的默认值为 NW，即控件的左上角。例如，下面两条语句分别将两个标签置于主窗口的 (0,0) 和 (199,199) 处，定位锚点分别是 NW（默认值）和 SE。

```
>>> Label(w,text="Hello").place(x=0,y=0)
>>> Label(w,text="World").place(x=199,y=199,anchor=SE)
```

place 布局管理器既可以像上例这样用绝对坐标指定位置，也可以用相对坐标指定位置。相对坐标通过选项 relx 和 rely 来设置，取值范围为 0 ～ 1，表示控件在父控件中的相对比例位置，如 relx=0.5 表示父控件在 x 方向上的 1/2 处。相对坐标的好处是，当窗口大小改变时，控件位置将随之调整，不像绝对坐标那样固定不变。例如，下面这条语句将标签布置于水平方向 1/4、垂直方向 1/2 处，定位锚点是 SW。

```
>>> Label(w,text="Hello").place(relx=0.25,rely=0.5,anchor=SW)
```

除可以指定控件位置外，place 布局管理器还可以指定控件大小。既可以通过选项 width 和 height 来定义的控件的绝对尺寸，也可以通过选项 relwidth 和 relheight 来定义控件的相对尺寸，即相对于父控件两个方向上的比例值。

place 是最灵活的布局管理器，但用起来比较麻烦，通常不适合对普通窗口和对话框进行布局，其主要用途是实现复合控件的定制布局。

13.4　对话框

除利用窗口中的各种控件外，应用程序与用户进行交互的另一个重要手段是对话框。对话框是一个独立的顶层窗口，通常是在程序执行过程中根据需要而弹出的窗口，用于从用户获取输入或者向用户显示消息。对话框包括自定义对话框和标准对话框。

13.4.1　自定义对话框

设计自定义对话框与创建其他窗口并无本质上的不同，主要步骤都是先创建顶层窗口对象，然后添加所需的按钮和其他控件。

例 13-17　简易对话框应用示例。

程序如下：

```
from tkinter import *
def Msg():
    top=Toplevel(width=400,height=200)
```

```
    Label(top,text='Python').pack()
w=Tk()
Button(w,text='OK',command=Msg).pack()
w.mainloop()
```

运行此程序，可看到主窗口中有一个“OK”按钮，如图 13-20(a) 所示。单击“OK”按钮将调用函数 Msg()，此函数创建一个顶层窗口，并在其中添加一个标签，这相当于设计了一个简易对话框，如图 13-20(b) 所示。

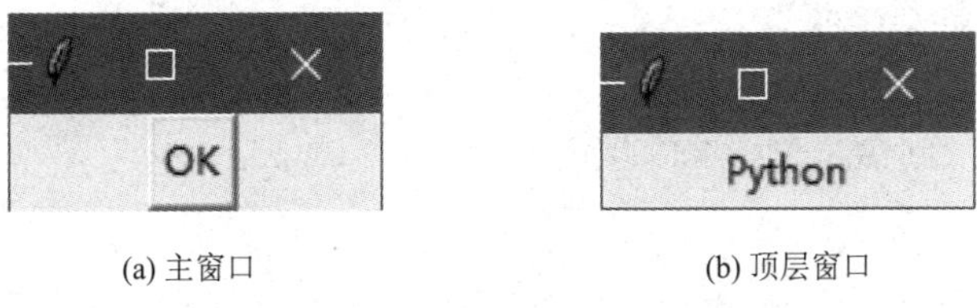

(a) 主窗口　　(b) 顶层窗口

图 13-20　简易对话框操作

13.4.2　标准对话框

tkinter 模块还提供一些子模块用于创建通用的标准对话框。

1．messagebox 子模块

messagebox 子模块提供一系列用于显示信息或进行简单对话的消息框，可通过调用 askyesno()、askquestion()、askyesnocancel()、askokcancel()、askretrycancel()、showerror()、showinfo() 和 showwarning() 等函数创建。看下面的程序。

```
from tkinter.messagebox import *
ask=askyesno(title=' 消息框演示 ',message=' 是否继续？ ')
if ask:
    showinfo(title=' 信息提示 ',message=' 继续！ ')
else:
    showinfo(title=' 信息提示 ',message=' 终止！ ')
```

程序运行结果如图 13-21 所示。如果用户单击“是”按钮，则 askyesno() 函数返回 True；如果用户单击“否”按钮，则 askyesno() 函数返回 False。根据用户的不同选择，弹出不同的信息提示框，单击“是”按钮时弹出如图 13-22 所示的信息提示框。

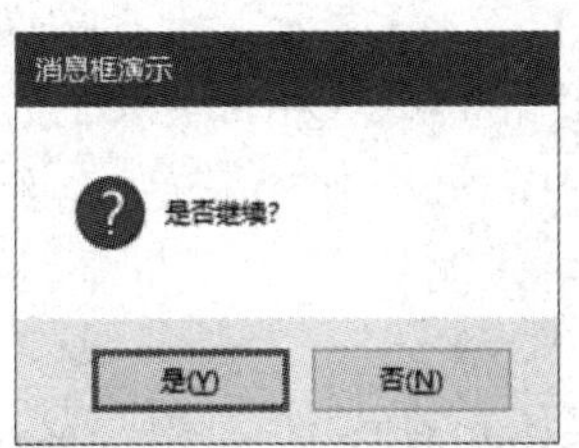

图 13-21　消息框示例

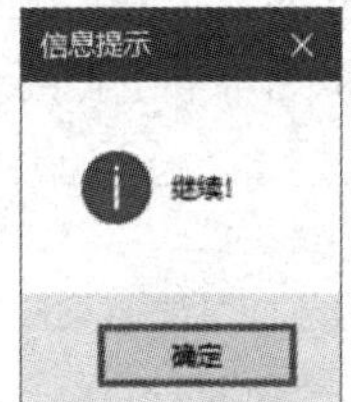

图 13-22　信息提示框

2．filedialog 子模块

filedialog 子模块提供用于文件浏览、打开和保存的对话框，可通过调用 askopenfilename()、asksaveasfilename() 等函数创建。例如：

```
from tkinter.filedialog import *
askopenfilename(title=' 文件对话框 ',\
    filetypes=[('Python 源文件 ','.py')])
```

上面程序执行后，创建一个标准的文件操作对话框。

3．colorchooser 子模块

colorchooser 子模块提供用于选择颜色的对话框，可通过 askcolor() 函数创建。例如：

```
from tkinter.colorchooser import *
askcolor(title=' 颜色对话框 ')
```

上面程序执行后，创建一个标准的颜色对话框。

13.5 事件处理

使用前面介绍的图形用户界面中各种控件的用法及对象的布局方法，就可以设计应用程序用户界面的外观部分，用户界面的另一个重要部分是各界面对象所对应的操作功能。图形用户界面应用程序与一般字符界面应用程序的重要区别是，程序的执行与界面对象的事件相关联，由此产生了一种新的程序执行模式——事件驱动。本节详细介绍 tkinter 模块的事件处理机制。

13.5.1 事件处理程序

在用户通过键盘或鼠标与图形用户界面交互操作时，会触发各种事件（event）。事件发生时需要应用程序对它做出响应或进行处理。tkinter 模块中定义了很多种事件，用于支持图形用户界面应用程序开发。

1．事件的描述

tkinter 事件可以用特定形式的字符串来描述，一般形式如下：

```
< 修饰符 >-< 类型符 >-< 细节符 >
```

其中，修饰符用于描述鼠标的单击、双击，以及键盘组合按键等情况；类型符指定事件类型，最常用的类型有分别表示鼠标事件和键盘事件的 Button 与 Key；细节符指定具体的鼠标键或键盘按键，如鼠标的左、中、右三个键分别用 1、2、3 表示，键盘按键用相应字符或按键名称表示。修饰符和细节符是可选的，而且事件经常可以使用简化形式。例如，在 <Double-Button-1> 描述符中，修饰符是 Double，类型符是 Button，细节符是 1，综合描述的事件就是双击鼠标左键。

1）常用鼠标事件

- <ButtonPress-1>：按下鼠标左键，可简写为 <Button-1> 或 <1>。类似的有 <Button-2>（按下鼠标中键）和 <Button-3>（按下鼠标右键）。
- <B1-Motion>：按下鼠标左键并移动鼠标。类似的有 <B2-Motion> 和 <B3-Motion>。
- <Double-Button-1>：双击鼠标左键。
- <Enter>：鼠标指针进入控件。
- <Leave>：鼠标指针离开控件。

2）常用键盘事件

● <KeyPress-a>：按下 a 键。可简写为 <Key-a> 或 a（不用尖括号）。可显示字符（字母、数字和标点符号）都可像字母 a 这样使用，但有两个例外：空格键对应的事件是 <space>，小于号键对应的事件是 <less>。注意，不带尖括号的数字（如 1）是键盘事件，而带尖括号的数字（如 <1>）是鼠标事件。

● <Return>：按下回车键。不可显示字符都可像回车键这样用 < 键名 > 表示对应事件，例如 <Tab>、<Shift_L>、<Control_R>、<Up>、<Down>、<F1> 等。

● <Key>：按下任意键。

● <Shift-Up>：同时按下 Shift 键和 ↑ 键。类似的还有 Alt 键组合、Ctrl 键组合。

2. 事件对象

每个事件都导致系统创建一个事件对象，并将该对象传递给事件处理函数。事件对象具有描述事件的属性，常用的属性如下。

● x 和 y：鼠标单击位置相对于控件左上角的坐标，单位是像素。

● x_root 和 y_root：鼠标单击位置相对于屏幕左上角的坐标，单位是像素。

● num：单击的鼠标键号，1、2、3 分别表示左、中、右键。

● char：如果按下可显示字符键，则此属性是该字符。如果按下不可显示字符键，则此属性为空串。例如，按下任意键可触发 <Key> 事件，在事件处理函数中可以根据传递来的事件对象的 char 属性来确定具体按下的是哪一个键。

● keysym：如果按下可显示字符键，则此属性是该字符。如果按下不可显示字符键，则此属性设置为该键的名称，例如回车键是 Return、插入键是 Insert、光标上移键是 Up。

● keycode：所按键的 ASCII 码。注意，此编码无法得到上档字符的 ASCII 码。

● keysym_num：这是 keysym 的数值表示。对普通单字符键来说，就是 ASCII 码。

3. 事件处理函数的一般形式

事件处理函数是在触发了某个对象的事件时而调用执行的程序段，它一般都带一个 event 类型的形参。触发事件调用事件处理函数时，将传递一个事件对象。事件处理函数的一般形式如下：

```
def 函数名 (event):
    函数体
```

在函数体中可以调用事件对象的属性。因为事件处理函数在应用程序中定义，但不由应用程序调用，而是由系统调用，所以一般称为回调（call back）函数。

13.5.2　事件绑定

图形用户界面应用程序的核心是对各种事件的处理程序。应用程序一般在完成建立图形用户界面的工作后都会进入一个事件循环，等待事件发生并触发相应事件处理程序。事件与相应事件处理程序之间是通过绑定建立关联的。

1. 事件绑定方式

在 tkinter 模块中有以下四种不同的事件绑定方式。

1）对象绑定和窗口绑定

对象绑定是最常见的事件绑定方式。针对某个控件对象进行事件绑定称为对象绑定，也称为实例绑定。对象绑定只对该控件对象有效，对其他对象（即使是同类型的对象）无效。对象绑定调用控件对象的 bind() 方法实现，一般形式如下：

```
控件对象 .bind( 事件描述符 , 事件处理程序 )
```

上面语句的含义是，若控件对象发生了与事件描述符相匹配的事件，则调用事件处理程序。调用事件处理程序时，系统会传递一个 Event 类的对象作为实际参数，该对象描述了所发生事件的详细信息。

对象绑定的一种特例是窗口绑定（窗口也是一种对象），此时绑定对窗口（主窗口或顶层窗口）中的所有控件对象有效，用窗口的 bind() 方法实现。

例 13-18　窗口绑定应用示例。

程序如下：

```
from tkinter import *
def callback(event):
    print("clicked at",event.x,event.y)
w=Tk()
w.bind("<Button-1>",callback)
w.mainloop()
```

上面程序把主窗口与 <Button-1> 事件进行了绑定，对应的事件回调函数是 callback()，每当单击主窗口时，都将触发 callback() 函数执行。调用 callback() 函数时，将一个描述事件的 Event 类对象作为参数传递给该函数，该函数从事件对象参数中提取单击位置信息并在 Python 解释器窗口中输出单击位置的坐标信息。如果在主窗口中有控件对象，则窗口鼠标单击事件对控件对象也有效。

2）类绑定和应用程序绑定

除对象绑定和窗口绑定外，tkinter 模块还提供了其他两种事件绑定方式：类绑定和应用程序绑定。因类绑定针对控件类，故对该类的所有对象有效，可用任何控件对象的 bind_class() 方法实现，一般形式如下：

```
控件对象 .bind_class( 控件类描述符 , 事件描述符 , 事件处理程序 )
```

例 13-19　类绑定应用示例。

程序如下：

```
from tkinter import *
def callback(event):
    print("Python")
w=Tk()
b1=Button(w,text="OK1")
b2=Button(w,text="OK2")
b1.bind_class("Button","<Button-1>",callback)
b1.pack()
b2.pack()
w.mainloop()
```

上面程序为 Button 类绑定鼠标单击事件，使得所有按钮对象都以同样方式响应鼠标单击事件，执行同一事件处理函数。

应用程序绑定对应用程序中的所有控件都有效，可以用任意控件对象的 bind_all() 方法实现，一般形式如下：

```
控件对象 .bind_all( 事件描述符 , 事件处理程序 )
```

例 13-20 应用程序绑定应用示例。

程序如下：

```
from tkinter import *
def callback(event):
    print("Python")
w=Tk()
b1=Button(w,text="OK1")
b2=Button(w,text="OK2")
l=Label(w,text="OK3")
b1.bind_all("<Button-1>",callback)
b1.pack()
b2.pack()
l.pack()
w.mainloop()
```

上面程序在例 13-19 的基础上，在主窗口放置了两个按钮和一个标签，通过应用程序绑定，使主窗口的全部对象执行同样的事件处理函数。

2. 键盘事件与焦点

焦点（focus）就是当前正在操作的对象，例如，用鼠标单击某个对象，该对象就成为焦点。当用户按下键盘中的一个键时，要求焦点在所期望的位置。图形用户界面中有唯一焦点，在任何时刻既可以通过对象的 focus_set() 方法来设置焦点，也可以用键盘上的 Tab 键来移动焦点。因此，键盘事件处理比鼠标事件处理多了一个设置焦点的步骤。

例 13-21 焦点应用示例。

程序如下：

```
from tkinter import *
def show1(event):
    print("pressed",(event.char).lower())
def show2(event):
    print("pressed",(event.char).upper())
w=Tk()
b1=Button(w,text='OK1')
b1.bind('<Key>',show1)
b2=Button(w,text='OK2')
b2.bind('<Key>',show2)
b1.focus_set()
b1.pack()
b2.pack()
w.mainloop()
```

上面程序创建了两个按钮控件，按钮都与按任意键事件 <Key> 进行绑定，事件处理程序是回调函数 show1() 和 show2()。程序中用 b.focus_set() 语句将“OK1”按钮设为焦点，以后可以用 Tab 键来移动焦点。当按下任意键时，由焦点所在按钮响应键盘事件并调用相应的回调函数。回调函数中分别显示按键所对应的字符，对于字母分别输出其小写和大写。

13.6 图形用户界面应用举例

前面介绍了利用 Tkinter 图形库进行图形用户界面设计的步骤和方法，下面再以一个综合性例子说明图形用户界面的应用。

例 13-22　设计并实现一个简易计算器，其界面如图 13-23 所示。计算器能进行加、减、乘、除运算，具有退格键（Backspace）、清除键（Clear）和负号键（±）。计算器有菜单栏，其中有“计算”和“视图”两个菜单，分别有“退出”命令和“显示千位分隔符”复选框（Checkbutton）菜单项。

图 13-23　简易计算器界面

程序如下：

```
from tkinter import *
from tkinter.ttk import *
# 将框架（Frame）的共同属性作为默认值，以简化创建过程
def my_frame(master):
    w=Frame(master)
    w.pack(side=TOP,expand=YES,fill=BOTH)
    return w
# 将按钮（Button）的共同属性作为默认值，以简化创建过程
def my_button(master,text,command):
    w=Button(master,text=text,command=command,width=6)
    w.pack(side=LEFT,expand=YES,fill=BOTH,padx=2,pady=2)
    return w
# 将数字串最末的字符删除并返回
def back(text):
    if len(text)>0:
        return text[:-1]
    else:
        return text
# 利用 eval 函数计算表达式字符串的值
def calc(text):
    try:
        if sep_flag.get()==0:
            return eval(del_sep(text))
        else:
            return add_sep(str(eval(del_sep(text))))
    except (SyntaxError,ZeroDivisionError,NameError):
```

```
        return 'Error'
# 向参数传入的数字串中添加千位分隔符，分三种情况 ：纯小数部分、纯整数部分、同时有整数和
# 小数部分。由于字符串是不可改变的，所以先由字符串生成列表，以便执行 insert 操作和 extend
# 操作，操作完成后再由列表生成字符串返回
def add_sep(text):
    dot_index=text.find('.')
    if dot_index>0:
        text_head=text[:dot_index]
        text_tail=text[dot_index:]
    elif dot_index<0:
        text_head=text
        text_tail=''
    else:
        text_head=''
        text_tail=text
    list_=[char for char in text_head]
    length=len(list_)
    tmp_index=3
    while length-tmp_index>0:
        list_.insert(length-tmp_index,',')
        tmp_index += 3
    list_.extend(text_tail)
    new_text=''
    for char in list_:
        new_text+=char
    return new_text
# 删除数字串中所有的千位分隔符
def del_sep(text):
    return text.replace(',','')
# 开始计算器界面的实现
wind=Tk()
wind.title(" 简易计算器 ")                    # 设置主窗口标题
main_menu=Menu(wind)                        # 创建顶层主菜单
# 创建 " 计算 " 菜单，并加入主菜单
calc_menu=Menu(main_menu,tearoff=0)
calc_menu.add_command(label=' 退出 ',command=lambda:exit())
main_menu.add_cascade(label=' 计算 ',menu=calc_menu)
# 创建 " 视图 " 菜单，并加入主菜单，其中 " 显示千位分隔符 " 菜单项是一个 Checkbutton
text=StringVar()
sep_flag=IntVar()
sep_flag.set(0)
view_menu=Menu(main_menu,tearoff=0)
view_menu.add_checkbutton(label=' 显示千位分隔符 ',variable=sep_flag,\
    command=lambda t=text:t.set(add_sep(t.get())))
main_menu.add_cascade(label=' 视图 ',menu=view_menu)
wind['menu']=main_menu    # 将主菜单与主窗口 wind 绑定
# 创建文本框
Entry(wind,textvariable=text).pack(expand=YES,fill=BOTH,\
    padx=2,pady=4)
# 创建 ttk 子模块的 Style 对象，设置按钮内边距
style=Style()
style.configure('TButton',padding=3)
```

```
# 创建第一行的三个按钮
fedit=my_frame(wind)
my_button(fedit,'Backspace',lambda t=text:t.set(back(t.get())))
my_button(fedit,'Clear',lambda t=text:t.set(''))
my_button(fedit,'±',lambda t=text:t.set('-('+t.get()+')'))
# 创建其余四行的按钮，每行四个按钮
for key in ('789/','456*','123-','0.=+'):
    fsymb=my_frame(wind)
    for char in key:
        if char=='=':
            my_button(fsymb,char,\
                lambda t=text:t.set(calc(t.get())))
        else:
            my_button(fsymb,char,\
                lambda t=text,c=char:t.set(t.get()+c))
wind.mainloop()
```

程序运行结果如图 13-23 所示。

习　题　13

一、选择题

1．在下列控件类中，可用于创建单行文本框的是（　　）。

A．Button　　B．Label　　C．Entry　　D．Text

2．输入学生的兴趣爱好的比较好的方法是采用（　　）。

A．单选按钮　　B．复选框　　C．文本框　　D．列表框

3．输入学生的性别的比较好的方法是采用（　　）。

A．单选按钮　　B．复选框　　C．文本框　　D．列表框

4．为使 tkinter 模块创建的按钮起作用，应在创建按钮时，为按钮控件类的（　　）方法指明回调函数或语句。

A．pack　　B．command　　C．text　　D．bind

5．下面关于 tkinter 主窗口和顶层窗口（Toplevel 对象）关系的描述中，错误的是（　　）。

A．关闭主窗口，则自动关闭顶层窗口　　B．创建顶层窗口，则自动创建主窗口

C．顶层窗口和主窗口是相互独立的　　D．顶层窗口不能脱离主窗口而存在

6．下列选项中，可用于将 tkinter 模块创建的控件放置于窗口的是（　　）。

A．pack　　B．show　　C．set　　D．bind

7．事件 <Button-1> 表示（　　）。

A．单击鼠标右键　　B．单击鼠标左键　　C．双击鼠标右键　　D．双击鼠标左键

8．以下表示按下回车键事件的是（　　）。

A．< ↙ >　　B．< 回车 >　　C．<Enter>　　D．<Return>

9．在下列程序运行后按回车键，此时出现的结果是（　　）。

```
def cb1():
    print('button1')
def cb2(Event):
```

```
    print('button2')
from tkinter import *
w=Tk()
b1=Button(w,text='Button1',command=cb1)
b2=Button(w,text='Button2')
b2.bind("<Return>",cb2)
b1.pack()
b2.pack()
b2.focus_set()
w.mainloop()
```

A．button1　　B．button2　　C．Button1　　D．Button2

10．关于下列程序运行结果的描述中，正确的是（　　）。

```
def hf():
    tkinter.messagebox.showinfo("Hello","Python Programming!")
import tkinter
import tkinter.messagebox
win=tkinter.Tk()
tkinter.Button(win,text=" 开始 ",command=hf).pack()
win.mainloop()
```

A．在主窗口显示“Hello”和“Python Programming!”两行文字

B．单击“开始”按钮后在主窗口中显示“Python Programming!”文字

C．单击“开始”按钮弹出“Hello”信息提示框

D．单击“Hello”按钮弹出“开始”信息提示框

二、填空题

1．通过控件的________和________属性，可以设置控件的宽度和高度。

2．通过控件的________属性，可以设置内容停靠位置；通过控件的________属性，可以设置其显示的内容；通过______属性，可指定多行的对齐方式。

3．通过控件的________属性，可以设置其 3D 显示样式；通过控件的______或______属性，可以设置其边框宽度。

4．通过控件的______和______属性，可以设置其显示内容与边框之间的填充宽度和高度；通过控件的________属性，可以绑定 StringVar 对象到控件上。

5．tkinter 模块提供了三种几何布局管理器，它们分别是________、______和________。

6．利用 tkinter 模块中的子模块________、________和________，可以创建通用的标准对话框。

7．用户实施的某个操作引发一个______。就操作的设备来说，常见的事件有______事件和________事件。

8．需要用户输入一个特定范围内的值时，可以使用________控件或________控件。

三、问答题

1．创建图形用户界面的步骤是什么？

2．控件类和控件对象有何区别？

3．Python 有哪些常用控件？它们的作用是什么？设置控件的属性有哪些方法？

4．菜单有哪些类型？各自的设计方法是什么？

5．什么叫事件绑定？事件绑定的方式有哪些？

附录A　实验指导

学习 Python 程序设计，上机实验十分重要。只有通过上机实践，才能熟练掌握 Python 的语法知识，充分理解程序设计的基本思想和方法，并应用所学知识去解决实际问题。

本附录设计了 15 个实验。这些实验和课堂教学紧密配合，既包含与 Python 语法规则相关的内容，也包含许多实际问题的程序设计，读者可以根据实际情况选择部分内容作为上机练习。

实验1　Python 语言基础

一、实验目的

1．熟悉 Python 程序的运行环境与运行方式。

2．掌握 Python 的基本数据类型。

3．掌握 Python 的算术运算规则及表达式的书写方法。

二、实验内容

1．分别启动命令行形式和图形用户界面形式的 Python 解释器，在命令和程序两种方式下执行下列语句。

```
a=2
b="1234"
c=a+int(b)%10
print(a,'\t',b,'\t',c)
```

2．先导入 math 模块，再查看该模块的帮助信息，具体语句如下：

```
>>> import math
>>> dir(math)
>>> help(math)
```

根据语句执行结果，写出 math 模块包含的函数，并说明 log()、log10()、log1p()、log2()等函数的作用及它们的区别。

3．在 Python 提示符下，输入以下语句，语句执行结果说明了什么？

```
>>> x=12
>>> y=x
>>> id(x),id(y)
```

4．求下列表达式的值。

（1）int(float('7.34'))%4　　（2）1<<10|10

（3）$\frac{4}{3}\pi^3$　　（4）$\frac{2}{1-\sqrt{7i}}$（其中 i 为虚数单位）

5．已知 x=12，y=10^{-5}，求下列表达式的值。

（1）$1+\frac{x}{3!}-\frac{y}{5!}$

（2）$\frac{2\ln|x-y|}{e^{x+y}-\tan y}$

（3）$\frac{\sin x+\cos y}{x^2+y^2}+\frac{x^y}{xy}$

（4）$e^{\frac{\pi}{2}x}+\frac{\lg|x-y|}{x+y}$

6．计算并输出 π^2。请补充程序，并上机运行该程序。

```
import math
p=___①___
print(p)
```

7．先执行下列语句。

```
>>> a=list(range(15))
>>> b=tuple(range(1,15))
```

然后完成操作或回答问题：

（1）显示变量 a、b 的值，并说出变量 a、b 的数据类型。

（2）range() 函数的作用是什么？ range(15) 与 range(1,15) 有何区别？

（3）生成由 100 以内的奇数构成的列表 c，请写出语句并上机验证。

8．编写一个 Python 程序，使其运行后输出“Hello,Python Program”。

实验 2　顺序结构程序设计

一、实验目的

1．掌握 Python 程序的书写规则。

2．掌握赋值语句的基本格式及执行规则。

3．掌握输入 / 输出语句的基本格式及执行规则。

4．掌握顺序结构程序的设计方法。

二、实验内容

1．阅读下列程序。

```
i,j=3,4
i,j=2j,i
s=i+j
print("s=",s)
```

（1）分析输出结果，并上机运行程序，验证结果。

（2）将程序的第二行改为“#i,j=2j,i”，运行程序时的输出结果是什么？产生这种结果的原因是什么？

（3）将程序的第二行改为“i,j=2*j,i”，运行程序时的输出结果是什么？产生这种结果的原因是什么？

（4）选中全部语句，再选择“Format”→“Indent Region”命令或按组合键 Ctrl+]，设置批量缩进后运行程序，并观察程序运行情况。选择“Format”→“Dedent Region”命令或按组合键 Ctrl+[，取消缩进后运行程序，并观察程序运行情况。这两种运行状况说明了什么？

2．写出下列程序的执行结果并上机验证。

```
print(1,2,3,sep='-',end='\t')
print('数量{0}，单价{1}'.format(100,45.8))
print(f'数量{100:4d}，单价{45.8:3.3f}')
```

3．输入自己的出生年、月、日，按下列格式输出自己的出生日期信息。

```
2005,12,5 ↙
```

我的出生日期是2005年12月5日。

4．输入一个正的实数x，分别输出x的整数部分和小数部分。

5．输入三个浮点数，求它们的平均值并保留1位小数，对小数点后第二位数进行四舍五入，最后输出结果。

6．先输入三个整数给a、b、c，然后交换它们的值：把a中原来的值给b，把b中原来的值给c，把c中原来的值给a。

7．随机产生一个3位整数，将它的十位数变为0。假设生成的3位整数为738，则输出为708。

8．已知$y=\dfrac{e^{-x}-\tan 73^\circ}{10^{-5}+\ln\left|\sin^2 x-\sin x^2\right|}$，其中$x=\sqrt[3]{1+\pi}$，求$y$的值。

实验3　选择结构程序设计

一、实验目的

1．掌握Python中表示条件的方法。

2．掌握if语句的格式及执行规则。

3．掌握选择结构程序设计的方法。

二、实验内容

1．从键盘输入55，写出以下程序的输出结果。

```
a=int(input())
if a>40:
    print("a1=",a)
    if a<50:
        print("a2=",a)
if a>30:
    print("a3=",a)
```

2．分析以下程序的输出结果，说明出现该结果的原因。应该如何修改程序？

```
x=2.1
y=2.0
if x-y==0.1:
    print("Equal")
else:
    print("Not Equal")
```

3．下面程序的功能是判断一个整数是否能被3或7整除，若能被3或7整除，则输出“Yes”，否则输出“No”，请补充程序。

```
m=int(input())
if__①__:
    print("Yes")
else:
    print("No")
```

4．输入一个整数，若为奇数则输出其平方根，否则输出其立方根。要求分别用单分支、双分支及条件运算实现。

5．输入整数 x、y 和 z，若 $x^2+y^2+z^2$ 大于1000，则输出 $x^2+y^2+z^2$ 千位以上的数字，否则输出三个数之和。

6．输入三个数，判断它们能否组成三角形。若能，则输出三角形是等腰三角形、等边三角形、直角三角形，还是普通三角形；若不能，则输出“不能组成三角形”提示信息。

7．输入一个人的出生日期和当前的日期（年、月、日），输出其实足年龄。

8．某运输公司在计算运费时，按运输距离（s）对运费打一定的折扣（d），其标准如下：

$s<250$	没有折扣
$250 \leqslant s<500$	2.5% 折扣
$500 \leqslant s<1000$	4.5% 折扣
$1000 \leqslant s<2000$	7.5% 折扣
$2000 \leqslant s<2500$	9.0% 折扣
$2500 \leqslant s<3000$	12.0% 折扣
$3000 \leqslant s$	15.0% 折扣

输入基本运费 p，货物重量 w，距离 s，计算总运费 f。总运费的计算公式为 $f=p\times w\times s\times(1-d)$。其中，$d$ 为折扣，由距离 s 根据上述标准求得。

实验4 循环结构程序设计

一、实验目的

1．掌握while语句的基本格式及执行规则。

2．掌握for语句的基本格式及执行规则。

3．掌握多重循环的使用方法。

4．掌握循环结构程序设计的方法。

二、实验内容

1．写出下列程序的运行结果。

```
i=1
while i+1:
    if i>4:
        print(i)
        i+=1
        break
    print(i)
```

```
    i+=2
```

2．写出下列程序的运行结果。

```
sum=j=1
while j<=3:
    f=1
    for i in range(2,2*(j+1)):
        f*=i
    sum+=f
    j+=1
print("sum=",sum)
```

3．阅读下面的 Python 程序，程序的功能是什么？

```
import math
n=0
for m in range(101,201,2):
    k=int(math.sqrt(m))
    for i in range(2,k+2):
        if m%i==0:break
    if i==k+1:
        if n%10==0:print()
        print(m,end=' ')
        n+=1
```

4．从键盘输入 5 组数，每组有 6 个数，求出各组中元素绝对值之和的最大者和最小者，请补充程序。

```
max1=min1=0
for i in range(1,6):
    sum=0
    for j in range(1,7):
        ___①___
        sum+=abs(x)
    if sum>max1: ___②___
    if i==1___③___sum<min1:min1=sum
print(max1,min1)
```

5．利用下列公式

$$\frac{\pi}{4}=1-\frac{1}{3}+\frac{1}{5}-\frac{1}{7}+\cdots+\frac{1}{4n-3}-\frac{1}{4n-1}$$

（1）n 取 1000 时，计算 π 的近似值。

（2）求 π 的近似值，直到最后一项的绝对值小于 10^{-6} 为止。

6．有数列 $\frac{2}{1},\frac{3}{2},\frac{5}{3},\frac{8}{5},\frac{13}{8},\cdots$，求该数列前 20 项之和。

7．求满足如下条件的 3 位数：它除以 9 的商等于它各位数字的平方和。例如 224，它除以 9 的商为 24，而 $2^2+2^2+4^2=24$。

8．如果一个整数等于它的因子（不包括该数本身）之和，则称该数为完数。例如，6 的因子为 1，2，3，因为 6=1+2+3，所以 6 就是完数。找出 1000 以内的所有完数。

实验 5　常用的算法设计方法

一、实验目的

1．掌握累加求和问题的算法。

2．掌握根据整数的一些性质求解数字问题的算法。

3．掌握求解一元方程根的迭代算法。

4．掌握定积分的近似求解方法。

二、实验内容

1．从键盘输入 N 的值，求 $Z=\sum_{i=1}^{N}(X_i-Y_i^2)$ 的值。

其中，$X_i=\begin{cases} i & (i\text{ 为奇数}) \\ \dfrac{i}{2} & (i\text{ 为偶数}) \end{cases}$，$Y_i=\begin{cases} i^2 & (i\text{ 为奇数}) \\ i^3 & (i\text{ 为偶数}) \end{cases}$。

2．设 $s=1+\dfrac{1}{2}+\dfrac{1}{3}+\cdots+\dfrac{1}{n}$，求与 8 最接近的 s 的值及与之对应的 n 值。

3．[1,100] 间有奇数个不同因子的整数共多少个？其中最大的一个是什么数？

4．梅森尼数是指 2^n-1 为素数的数 n，求 [1,21] 内有多少个梅森尼数及最大的梅森尼数。

5．已知 $A>B>C$，且 $A+B+C<100$，求满足 $\dfrac{1}{A^2}+\dfrac{1}{B^2}=\dfrac{1}{C^2}$ 的解共有多少组。

6．已知 $f(t)=\sqrt{\cos t+4\sin(2t)+5}$，求 $s=\int_0^{2\pi}f(t)\mathrm{d}t$。

（1）借助矩形法和梯形法用循环结构实现。

（2）利用 Python 第三方库实现。

7．求方程 $\mathrm{e}^{-x}-x=0$ 在 $x=-2$ 附近的一个实根，直到满足 $|x_{n+1}-x_n|\leqslant 10^{-6}$ 为止。

（1）用牛顿迭代法实现。

（2）利用 Python 第三方库实现。

8．设 $f(x)=x^3-a$，用牛顿迭代法推导求方程 $f(x)=0$ 的根的迭代公式，显然方程的根为 $x=\sqrt[3]{a}$，据此可以得到求 $\sqrt[3]{a}$ 的迭代公式。从键盘输入 a，利用迭代公式求 $x=\sqrt[3]{a}$，其中初始值 $x_0=a$，误差要求为 10^{-5}。

实验 6　字符串与文本分析

一、实验目的

1．掌握字符串的索引与分片。

2．掌握字符串的操作方法。

3．掌握正则表达式的构成方法。

4．掌握文本分析的基本方法。

二、实验内容

1．写出程序的运行结果。

```
c='123'+'456'+'789'
c+=c[-3:]*2
print(c)
```

2．写出下列程序的功能。

```
for k in range(1,11):
    w=input()
    if 'AEIOUaeiou'.find(w[0])>=0:print(w)
```

3．下面是打印如图实验 6-1 所示的金字塔图案的程序，请补充程序。

```
for i in range(1,6):
    print(' '*(15-i),end='')
    print('*'* ____①____)
```

```
    *
   ***
  *****
 *******
*********
```

图实验 6-1　金字塔图案

4．从键盘输入一个语句，判断它是否为循环语句。

5．输入一行字符，分别统计出其中英文字母、空格、数字和其他字符的个数。

6．输入一个英文句子，将其中的小写字母转换成大写字母后输出。

7．输入一个字母标识符，计算标识符中各个字母的数值之和，其中 A=a=1，B=b=2，…，Z=z=26。例如，“Lucy”的数值为 12+21+3+25=61。

8．搜索人民网主页上的信息，剔除其中的非中文词汇，然后利用 jieba 库对其进行分词，并通过词云图展示其中的新闻热词。

实验 7　列表与元组的应用

一、实验目的

1．掌握序列的通用操作方法。

2．掌握列表的专用操作方法。

3．理解元组与列表的区别。

二、实验内容

1．写出程序的运行结果。

```
a=[50,75,53,92,77,64,79,21]
s=[0]*10
for i in range(len(a)):
    k=a[i]//10
    s[k]=s[k]+1
m=s[0]
k=1
while k<10:
    if s[k]>m:
        m=s[k]
    k+=1
```

```
print('m=',m)
```

2．下面的程序希望从键盘输入 10 个数，并用它们建立元组 p，但程序运行时出现错误：

```
AttributeError: 'tuple' object has no attribute 'append'
```

请修改程序，使程序能达到要求。

```
p=()
for i in range(10):
    x=int(input())
    p.append(x)
print(p)
```

3．筛选法求 [2, n] 范围内全部素数的基本思路是：在 2 ～ n 中消去 2 的倍数（不包括 2），再消去 3 的倍数（不包括 3），由于 4 已被消去，再找 5 的倍数，…，直到消去不超过 n 的倍数，剩下的数都是素数。下面是用筛选法求 [2,n] 范围内的全部素数的程序，请补充程序。

```
from math import *
n=int(input(" 请输入 n:"))
m=int(sqrt(n))
p=[i for i in range(n+1)]
for i in range(2,m+1):
    if p[i]:
        for j in range(2*i,n+1, __①__ ):          # 去掉 i 的倍数
            p[j]=0
for i in range(2,n+1):                             # 输出全部素数
    if __②__:
        print(p[i])
```

4．将列表的元素按逆序重新存放。

5．将列表 s 中的偶数变成它的平方，奇数保持不变。

6．生成包含 100 个 2 位随机整数的元组，统计每个数出现的次数。

7．生成包含 20 个随机整数的元组，将前 10 个数按升序排列，后 10 个数按降序排列。

8．输入 5×5 矩阵 a，完成下列要求：

（1）输出矩阵 a。

（2）将第 2 行和第 5 行元素对调后，输出新的矩阵 a。

（3）用对角线上的各元素分别去除各元素所在行，输出新的矩阵 a。

实验 8　字典与集合的应用

一、实验目的

1．理解字典和集合的概念。

2．掌握字典的操作方法。

3．掌握集合的操作方法。

二、实验内容

1．写出程序的运行结果。

```
d={'Jack':'jack@mail.com','Tom':'Tom@mail.com'}
d['Jim']='Jim@sin.com'
del d['Tom']
s=list(d.keys())
s=sorted(s)
print(s)
```

2．写出程序的运行结果。

```
numbers={}
numbers[(1,2,3)]=1
numbers[(2,1)]=2
numbers[(1,2)]=3
sum=0
for k in numbers:
    sum+=numbers[k]
print(len(numbers),sum,numbers)
```

3．写出程序的运行结果。

```
a=set('ababcdabca')
x={x for x in a if x not in 'ab'}
print(a-x)
print(a|x)
print(a^x)
print(a&x)
```

4．从键盘输入整数 x，判断它是否为集合 a、b、c 的元素，若是分别输出 1、2、3，都不输出 4，则要求从键盘输入集合 a。请补充程序。

```
x=int(input())
a=__①__
for i in range(5):
    a. __②__ (int(input()))
b={12,43,56,2}
c={3,2,67}
if x in a:
    y=1
elif x in b:
    y=2
elif x in c:
    y=3
else:
    y=4
print('y=',y)
```

5．创建由 Monday ～ Sunday（代表星期一到星期日）的 7 个值组成的字典，输出键列表、值列表及键值列表。

6．从键盘输入若干个数据建立一个字典，然后读取其键和值，并分别存入两个列表中。

7．输入全班 30 名学生的姓名和成绩，输出其中最高分和最低分，并求全班同学的平均分。要求利用字典实现。

8．随机生成 10 个 [0, 10] 范围的整数，分别组成集合 A 和集合 B，输出集合 A 和集合 B 的内容、长度、最大值、最小值，以及它们的并集、交集和差集。

实验 9 函数的应用

一、实验目的

1．掌握函数定义与调用的方法。

2．掌握函数参数的传递规则。

3．掌握匿名函数的定义与使用方法。

4．掌握递归函数的定义与调用过程。

二、实验内容

1．写出下列程序的运行结果。

```
def foo(num):
    for j in range(2,num//2+1):
        if num%j==0:
            return False
        else:
            return True
def main():
    n,c=8,0
    for i in range(2,n+1):
        if foo(i):
            c+=i
    print(c)
if __name__=='__main__':
    main()
```

2．写出下列程序的运行结果。

```
def foo(list,num):
    if num==1:
        list.append(0)
    elif num==2:
        foo(list,1)
        list.append(1)
    elif num>2:
        foo(list,num-1)
        list.append(list[-1]+list[-2])
mylist=[]
foo(mylist,10)
print(mylist)
```

3．下列程序的作用是求两个正整数 m、n 的最大公约数，请补充程序。

```
def gcd(m,n):
    if m<n:
        m,n=n,m
    if m%n==0:
```

```
        ①
    else:
        return ②
ans=gcd(84,342)
print(ans)
```

4．计算空间一点 $P(x,y,z)$ 的方向弦，其计算公式如下：

$$\cos\alpha = \frac{x}{\sqrt{x^2+y^2+z^2}},\quad \cos\beta = \frac{y}{\sqrt{x^2+y^2+z^2}},\quad \cos\gamma = \frac{z}{\sqrt{x^2+y^2+z^2}}$$

其中，α、β、γ为点 P 到原点直线与坐标轴 x、y、z 的夹角。

5．定义一个函数，它返回整数 n 从右边开始数的第 k 个数字。

6．定义一个函数，如果数字 d 在整数 n 的某位中出现，则返回 True，否则返回 False。

7．已知：

$$y = \frac{s(x,n)}{s(x+1.75,n)+s(x,n+5)}$$

其中，$s(x,n) = x + \frac{x^2}{2!} + \frac{x^3}{3!} + \cdots + \frac{x^n}{n!}$，输入 x 和 n 的值，求 y 值。要求分两种情况实现：直接在程序中定义函数 s(x,n)；在模块中定义函数 s(x, n)。

8．若 Fibonacci 数列的第 n 项记为 fib(a,b,n)，则有下面的递归定义：

```
fib(a,b,1)=a
fib(a,b,2)=b
fib(a,b,n)=fib(b,a+b,n-1)(n>2)
```

用递归方法求 5000 之内最大的一项。

实验 10　面向对象程序设计方法

一、实验目的

1．理解面向对象程序设计的基本概念。

2．掌握类与对象的定义和使用方法。

3．掌握类的继承和多态的实现方法。

4．掌握面向对象程序设计的应用方法。

二、实验内容

1．写出程序的运行结果。

```
class P1:
    def foo(self):
        print('called P1-foo')
class P2:
    def foo(self):
        print('called P2-foo')
    def bar(self):
        print('called P2-bar')
```

```
class C1(P1,P2):
    pass
class C2(P1,P2):
    def bar(self):
        print('called C2-bar()')
class GC(C1,C2):
    pass
gc=GC()
gc.foo()
gc.bar()
```

2．写出程序的运行结果。

```
import math
class Circle:
    def __init__(self,radius):
        self.radius=radius
    def getRadius(self):
        return self.radius
    def getArea(self):
        return math.pi*self.radius*self.radius
def main():
    c1=Circle(10)
    print(c1.getRadius())
    print('{:7.2f}'.format(c1.getArea()))
if __name__=='__main__':
    main()
```

3．定义一个 Circle 类，根据圆的半径求周长和面积。再由 Circle 类创建两个圆对象，其半径分别为 5 和 10，要求输出各自的周长和面积。请补充程序。

```
import math
class Circle:
    def __①__(self,radius=5):
        self.radius=radius
    def getPerimeter(self):                    # 返回圆的周长
        return 2*math.pi*self.radius
    def getArea(self):                         # 返回圆的面积
        return math.pi*self.radius*self.radius
c1=Circle()                                    # 创建两个圆对象
c2=__②__
print(c1.radius,c1.getPerimeter(),c1.getArea())
print(c2.radius,c2.getPerimeter(),c2.getArea())
```

4．利用面向对象方法求 n!，并输出 10! 的值。

5．定义 change 类，用于实现角度和弧度之间的转换。

6．设计点类，并为这个点类设置一个方法来计算两个点之间的距离。

7．设计长方形类，并用其成员函数计算两个给定的长方形的周长和面积。

8．已有若干个学生数据，这些数据包括学号、姓名、程序设计基础成绩、高等数学成绩和英语成绩，要求定义学生类，并用其成员函数求各门课程的平均分。

实验11 文件操作

一、实验目的

1．理解文件的基本概念。

2．掌握文件操作方法。

3．掌握文件的应用。

二、实验内容

1．写出程序的运行结果。

```
f=open("a.dat","w")
for i in range(10):
    f.write(str(i))
f.close()
f=open("a.dat","r")
s=list(f.read())
f.close()
t=0
for i in s:
    t+=int(i)
print(t)
```

2．写出程序的运行结果。

```
s=0
fo=open("file.txt","w+")
for i in range(1,10):
    fo.write(str(i))
fo.seek(0)
ls=fo.read()
fo.close()
for x in ls:
    s+=int(x) if int(x)%2 else 0
print(" 输出 :{:d}".format(s))
```

3．有一个文本文件 sample.txt，其内容包含小写字母和大写字母。请将该文件复制到另一文件 sample_copy.txt 中，并将原文件中的小写字母全部转换为大写字母，其余格式均不变。请补充程序。

```
f=open("sample.txt")
L1=f.readlines()
f2=open("sample_copy.txt", ___①___)
for line in L1:
    ___②___ (line.upper())
f.close()
f2.close()
```

4．设文件 integer.dat 中存放了一组整数，统计文件中正整数、零和负整数的个数，将统计结果追加到文件 integer.dat 的尾部，同时输出到屏幕上。

5．将文本文件 f2.txt 的内容复制到文本文件 f1.txt。

6．将文本文件 f2.txt 的内容连接到文本文件 f1.txt 的后面。

7．当前目录下有一个名为 score1.txt 的文本文件，存放着某班学生的计算机课成绩，共有学号、平时成绩、期末成绩三列。请根据平时成绩占 30%、期末成绩占 70% 的比例计算总评成绩（取整数），并分学号、总评成绩两列写入另一文件 score2.txt 中。同时，在屏幕上输出学生总人数，按总评成绩计算 90 分以上、80 ～ 89 分、70 ～ 79 分、60 ～ 69 分、60 分以下各成绩档的人数和班级总平均分（取整数）。

8．读入 Python 源程序文件 practice.py，删除程序中的注释后显示。

实验 12　异常处理

一、实验目的

1．理解异常处理的概念。

2．掌握捕获和处理异常的方法。

二、实验内容

1．写出下列语句的执行结果，如果出现异常则写出异常类型。

```
>>> x+y=9
>>> Print(12)
>>> print(xyxy)
>>> print(12/0)
>>> print(12/'0')
>>> f=open('aaa.dat')
>>> x=[1,2,3,4,5]
>>> print(x[5])
```

2．写出程序的运行结果。

```
x="Python"
try:
    print(x[5])
    print(x[6])
except IndexError:
    print("Index wrong!")
```

3．写出程序的运行结果。

```
try:
    s=(1,2,3,4,5)
    try:
        print(s+'a')
    except:
        print("AAAAA")
    s[0]=4
except:
    print("BBBBB")
```

4．写出程序的运行结果。

```
def foo(a,index,value):
    message="success"
```

```
    try:
        a[index]=value
    except IndexError:
        message="list index out of range"
    return message
def main():
    a=[1,2,3]
    index,value=1,10.0
    message=foo(a,index,value)
    print("message=",message,",value=",value)
    index,value=3,30.0
    message=foo(a,index,value)
    print("message=",message,",value=",value)
    print(a)
if __name__=='__main__':
    main()
```

5．写出程序的运行结果。

```
class DivisionException(Exception):
    def __init__(self,x,y):
        self.x=x
        self.y=y
def main():
    try:
        x=1
        y=2
        if x%y>0:          # 如果余数大于 0，则抛出异常
            print(x/y)
            raise DivisionException(x,y)
    except DivisionException:
        print("DivisionExcetion:",x/y)
main()
```

6．从键盘输入 x 和 y 的值，计算 $y=\ln(3x-y+1)$ 的值。要求设置异常处理，对负数求对数的情况给出提示。

7．对第 6 题，考虑用户输入数据的多种可能性，进行异常处理。

8．对第 6 题，用断言语句进行异常处理。

实验 13　图形绘制

一、实验目的

1．掌握画布绘图的方法。

2．掌握 turtle 模块与 Matplotlib 的使用方法。

3．比较 tkinter、turtle 和 Matplotlib 绘图的特点。

二、实验内容

1．写出程序的运行结果。

```
from tkinter import *
```

```
from math import *
w=Tk()
c=Canvas(w,bg='white')
c.pack()
c.create_oval(50,50,100,100)
c.create_oval(100,50,150,100)
c.create_oval(50,100,100,150)
c.create_arc(100,100,150,150,style=ARC,extent=360+0.1)
```

2．绘制一个矩形，并在其中画宽度为 15 像素的均匀红色彩条，如图实验 13-1 所示。请补充程序。

```
from tkinter import *
from math import *
  ①  
c=Canvas(w,bg='white')
  ②  
c.create_rectangle(30,30,325,230,width=5)
x0=35
for i in range(10):
     ③  (x0,35,x0+15,225,fill='red',outline='red')
    x0+=30
```

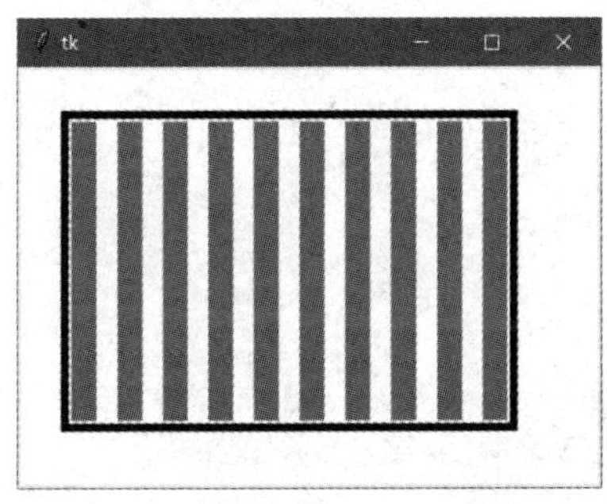

图实验 13-1　带均匀红色彩条的矩形

3．绘制曲线 $y=2\mathrm{e}^{-0.5x}\sin(2\pi x)$。

4．设计奥运五环旗。

5．画一个射箭运动所用的箭靶，从小到大分别为黄、红、蓝、黑、白色的同心圆，每个环的宽度都等于黄色圆形的半径。

6．绘制一个圆，将圆 3 等分，每等份使用不同颜色填充。

7．在某次考试中，优秀、良好、中等、及格、不及格人数分别为 8、16、25、18、6，在子图中以散点图、条形图和饼图分别展示成绩的分布情况。

8．分别用 tkinter、turtle 和 Matplotlib 绘制一个正方形及其内接圆。

实验 14　图形用户界面设计

一、实验目的

1．熟悉创建图形用户界面的步骤。

2．掌握常用控件的作用与使用方法。

3．掌握事件处理方法。

二、实验内容

1．分析下列程序的执行结果。

```
from tkinter import *
from tkinter.messagebox import *
def button_click():
    showinfo(title='message box',message='Hello,world!')
w=Tk()
b=Button(w,text='OK',command=button_click)
b.pack(side=TOP)
w.mainloop()
```

2．建立如图实验 14-1 所示的界面，选择相应单选按钮时，将窗口背景设置成相应颜色。请完善程序。

```
def callb():
    w.config(bg=tf[int(v.get())])
from tkinter import *
w=Tk()
w.title(" 改变窗口背景颜色 ")
w.geometry("250x100")
v=StringVar()
__①__          # 将第三个单选按钮设为默认按钮
f= __②__ (w,bd=4,relief=GROOVE)        # 建立框架
f.pack()
tf=['red','blue','yellow']
for n in range(len(tf)):
    r=__③__ (f,variable=v,text=tf[n],value=n,command=callb)
    r.grid(row=n,column=1,sticky=W)       # 靠左放
w.mainloop()
```

3．创建图形用户界面，在其中单击按钮时，可以在界面中显示“Hello,World!”。

4．创建 grid 几何布局程序，实现用户登录界面。

5．创建图形用户界面，实现简单的加法运算。

6．利用复选框和单选按钮，创建调查个人信息和兴趣爱好的程序。

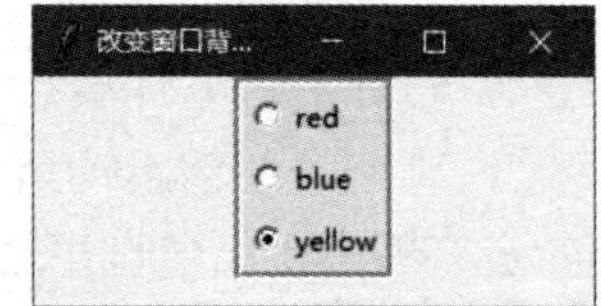

图实验 14-1　改变窗口背景颜色

7．在窗口中添加菜单栏，在菜单栏中添加菜单项，并添加下拉菜单，通过选择不同的菜单项可以执行不同的操作。请自行设计菜单栏、菜单项和相应操作。

8．编写一个跟踪鼠标位置的图形用户界面程序，单击鼠标时在所处位置绘制一个十字，同时在窗口上方显示鼠标所在位置的坐标，双击鼠标时擦除十字。

实验15 综合程序设计

一、实验目的

1．加深对 Python 语言程序设计所学知识的理解，学会编写结构清晰、风格良好、数据结构适当的 Python 语言程序。

2．掌握一个实际应用项目的分析、设计及实现的过程，得到软件设计与开发的初步训练。

3．本实验内容可以作为课程设计的内容。

二、实验内容

1．分别利用 tkinter 和 Matplotlib 绘制科赫曲线。

2．产生 [1, 1000] 之间的整数，利用图形用户界面设计猜数字游戏程序。程序运行时，输入猜的数字并单击“开始”按钮，判断猜测结果，界面显示出当前可猜的数字范围。单击“退出”按钮退出程序运行，程序界面可以参考图实验 15-1。注意，猜数时利用二分检索原理。

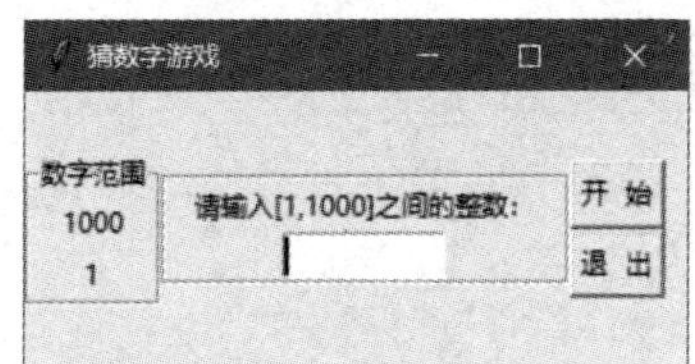

图实验 15-1 猜数字游戏程序界面

3．某物理系统可用下列线性方程组来表示：

$$\begin{bmatrix} m_1\cos\theta & -m_1 & -\sin\theta & 0 \\ m_1\sin\theta & 0 & \cos\theta & 0 \\ 0 & m_2 & -\sin\theta & 0 \\ 0 & 0 & -\cos\theta & 1 \end{bmatrix}\begin{bmatrix} a_1 \\ a_2 \\ N_1 \\ N_2 \end{bmatrix}=\begin{bmatrix} 0 \\ m_1 g \\ 0 \\ m_2 g \end{bmatrix}$$

从键盘输入 m_1、m_2 和 θ 的值，求 a_1、a_2、N_1 和 N_2 的值。其中，g 取 9.8，输入 θ 时以角度为单位。

提示：有两个基本的思路。

（1）从原始的算法设计开始，选择一种数值计算方法，如高斯消去法、矩阵求逆法、三角分解法、追赶法等，用 Python 语言编写求解任意阶线性方程组的程序。具体方法可参考有关计算方法方面的文献资料。

（2）利用第三方库中的函数直接求解。

4．线性病态方程组问题。下面是一个线性病态方程组：

$$\begin{bmatrix} 1/2 & 1/3 & 1/4 \\ 1/3 & 1/4 & 1/5 \\ 1/4 & 1/5 & 1/6 \end{bmatrix}\begin{bmatrix} x_1 \\ x_2 \\ x_3 \end{bmatrix}=\begin{bmatrix} 0.95 \\ 0.67 \\ 0.52 \end{bmatrix}$$

（1）求方程的解。

（2）将方程右边向量的第三个元素由 0.52 改为 0.53，再求解，并比较右边向量元素的变化和方程解的相对变化。

（3）计算系数矩阵 $\boldsymbol{A}$ 的条件数并分析结论。

提示：矩阵 $\boldsymbol{A}$ 的条件数等于 $\boldsymbol{A}$ 的范数与 $\boldsymbol{A}$ 的逆矩阵的范数的乘积，即 $\mathrm{cond}(\boldsymbol{A})=\|\boldsymbol{A}\|\cdot\|\boldsymbol{A}^{-1}\|$。这样定义的条件数总是大于 1 的。条件数越接近于 1，矩阵的性能越好；反之，矩阵的性能越差。矩阵 $\boldsymbol{A}$ 的条件数 $\mathrm{cond}(\boldsymbol{A})=\|\boldsymbol{A}\|\cdot\|\boldsymbol{A}^{-1}\|$，其中 $\|\boldsymbol{A}\|=\max\limits_{1\leqslant j\leqslant n}\left\{\sum_{i=1}^{m}|a_{ij}|\right\}$，$a$ 是矩阵 $\boldsymbol{A}$ 的元素。

5．选择自己喜欢的文学作品或新闻文本，绘制词云图。

参 考 文 献

[1] 教育部高等学校大学计算机课程教学指导委员会．新时代大学计算机基础课程教学基本要求 [M]．北京：高等教育出版社，2023.

[2] 刘卫国．Python 语言程序设计 [M]．北京：电子工业出版社，2016.

[3] ZELLE J．Python 程序设计语言：第 3 版 [M]．王海鹏，译．3 版．北京：人民邮电出版社，2018.

[4] MATTHES E．Python 编程从入门到实践 [M]．袁国忠，译．北京：人民邮电出版社，2016.

[5] LANGTANGEN H P．科学计算基础编程：Python 版：第五版 [M]．张春元，刘万伟，毛晓光，等译．5 版．北京：清华大学出版社，2020.

[6] MEHTA H K．Python 科学计算基础教程 [M]．陶俊杰，陈小莉，译．北京：人民邮电出版社，2017.

[7] LUTZ M．Learning Python[M]．5th Edition．O'Reilly，2013.

反侵权盗版声明

举报电话：（010）88254396；（010）88258888

传　　真：（010）88254397

E-mail：　dbqq@phei.com.cn

通信地址：北京市海淀区万寿路 173 信箱

　　　　　电子工业出版社总编办公室

邮　　编：100036